Die Schälbeschädigung durch Hochwild,

speciell in Fichtenbeständen.

Ihre Ursache, ihre wirthschaftlich-finanzielle Bedeutung und die Mittel zu ihrer Abwendung.

Von

H. Reuß jun.,
Forstmeister.

Berlin.
Verlag von Julius Springer.
1888.

ISBN 978-3-642-51299-5 ISBN 978-3-642-51418-0 (eBook)
DOI 10.1007/978-3-642-51418-0

Softcover reprint of the hardcover 1st edition 1888

Seiner Durchlaucht,

dem hochgeborenen Herrn

Josef Fürsten zu Colloredo-Mannsfeld,

dem allzeit werkthätigen Gönner
und hochverdienten Förderer der Bodenkultur,

in größter Ehrerbietung

gewidmet

vom Verfasser.

Vorwort.

Mehrfach angeregt durch befreundete Fachgenossen und von dem Wunsche beseelt, ein bescheidenes Scherflein zur Klärung einer forst- und jagdwirthschaftlich hochwichtigen Tagesfrage beizutragen, übergebe ich die nachfolgenden Blätter der Oeffentlichkeit.

Sie verzeichnen die Ergebnisse langjähriger, in den Fichtenforsten Oesterreichs (speciell Böhmens) und Deutschlands gepflogenen Beobachtungen, Studien und Erhebungen über die Schälschäden durch Rothwild, über deren forstliche Bedeutung, Vorbeugung und über ihre Beziehungen zum Niedergange des Wildstandes im Allgemeinen.

Soweit thunlich war ich bemüht, alle wichtigeren Ausführungen durch Ziffern zu belegen und zwar durch Ziffern, die in vergleichenden Untersuchungen gewonnen, jedenfalls das für sich haben, daß sie mit ihren im geschälten und nicht geschälten Bestande erhobenen Daten dem Leser einen vielleicht recht willkommenen Anhalt und Maßstab zu selbstständiger Beurtheilung und Würdigung mancherlei Erscheinungen bieten.

Die gewisse Zurückhaltung, welche die einschlägige Fachlitteratur, insbesondere bei Behandlung der nachtheiligen Folgen der Schälschäden in wohl verzeihlicher Parteinahme für das Edelwild bisher unverkennbar sich auferlegte, habe ich fallen lassen; — nicht etwa, weil meine persönlichen Sympathien für den „König des Waldes", für die hohe Jagd, minder lebhaft wären, sondern weil ich entschieden die Ansicht nicht theilen kann, daß die vollste Klarheit und Wahrheit über die waldwirthschaftliche Gefährlichkeit der Schälbeschädigung in irgend welcher Richtung, und am allerwenigsten auf Existenz und Gedeihen des Edelwildesstandes selbst, einen nachtheiligen Einfluß üben könnte. — Im Gegentheil! Der Wald, der Waldbesitzer, Forstwirth und Jäger werden mit voller Wahrheitserkenntniß am Besten fahren; der Waldwirthschaft und Jagd wird am Meisten gedient sein, wenn an Stelle der einschläfernd wirkenden Vertuschung und Beschönigung eine fruchtbare Initiative tritt, die in richtiger Erkenntniß und Würdigung der Gefahren, welche dem Walde sowohl wie auch dessen Bewohnern selbst in den Schälschäden drohen, sich darüber klar wurde, daß das Wohl und Leid des Wildstandes an ein kräftiges und blühendes Gedeihen des Waldes gebunden ist, und daß zum Heile beider baldige Abhülfe geschafft werden muß.

Erkannte Gefahr — halbe Gefahr! Scheuen wir uns nicht, sie voll und ganz zu würdigen, ihr offnen Auges entgegenzutreten, damit wir mit vereinten Kräften auf Abhülfe ernstlich Bedacht nehmen. — Forstwirthschaft und Forstwissenschaft haben schon andere, vielleicht heimtückischere Gefahren zu bekämpfen gehabt; mögen sie auch hier nicht verzagen.

Die nachstehenden Ausführungen arbeiten sonach für Wald und Wild zugleich, für die Hege und Erhaltung des braven Hirsches im ertragsreichen Wirthschaftswalde des Culturstaates; sie treten, fern von der oft gehörten Alternative „Wald **oder**

Wild" unter der Devise „Wald und Wild" rückhaltslos in die Schranken für ein edles, ewig unzertrennliches Geschwisterpaar: für Forstwirthschaft und Jagd. —

Möge in diesem Sinne die bescheidene Arbeit von den Besitzern, Freunden und Pflegern des „belebten Waldes" freundlich entgegengenommen werden.

Dobřisch, zu Neujahr 1888.

Der Verfasser.

Inhalt.

I.

Einleitung und allgemeine Bemerkungen über Character und Form der Schälschäden.

Der Forstwirth erachtet es für eine seiner vornehmlichsten Pflichten und Aufgaben, den Wald vor allen Feinden und Schäden zu schützen, und wohl mit Befriedigung dürfen wir constatiren, daß die Wirth- und Wissenschaft in der Lage sind, allen Gefahren und Unbilden, die den Wald in seiner Gesammtheit, sowie im Einzelnen bedrohen, sei es durch vorbeugende wirthschaftliche Maßregeln, sei es durch directes Eingreifen, entgegenzuarbeiten und in gewisse Schranken zurückzudrängen. Einer planlosen, den Interessen der Landescultur widerstrebenden Verwüstung der Wälder, wie sie finanzielle Verlegenheiten und die unselige Lust am vorübergehenden Geldgewinn so oft dictirten, stellt die gesetzgebende Gewalt ebenso, wie dem kleinen Eingriffe von unberufener Menschenhand ihre mehr oder minder wirksamen Schranken entgegen; die Elemente finden eine vorsichtige Wirthschaft durch richtige Hiebsfolge und Schlagführung, durch zweckmäßige Bestandesgründung und -pflege gegen verderbliche Wirkungen gesichert; dem verheerenden Auftreten forstschädlicher Insecten beugen wir durch mannigfache Mittel vor, treten ihnen auch vertilgend mit Erfolg entgegen, und selbst die unheimliche Thätigkeit der oft in tiefster Verborgenheit lebenden und wirkenden mikroskopischen Feinde des Waldes lernen wir in neuerer Zeit an der Hand der rastlos forschenden

Physiologie erkennen und bekämpfen, kurz — überall, wo es sich um Gefahren und Beschädigungen handelt, die nach ihrem Wesen, nach Ursache und Folgen bekannt und ergründet sind, haben wir mit den steten Fortschritten der Wirthschaft und Wissenschaft auch die Mittel gefunden, ihnen entgegenzuarbeiten und ihre Wirkung zu beschränken. Gerade das Gegentheil läßt sich vom Schälen des Rothwildes behaupten.

Wir stehen in diesem einer Gefahr gegenüber, die im Laufe dieses Jahrhunderts mit dem Ausbau unseres grünen Faches außerordentlich sich gesteigert hat, die so zu sagen unter unseren und unserer Väter Augen von einer Stammbeschädigung zu einer Bestandesbeschädigung und von dieser zu einer Waldbeschädigung herangewachsen ist, die von Jahr zu Jahr an Intensität und localer Verbreitung noch heute zunimmt, und die wir als eine lästige Calamität zu bezeichnen um so mehr berechtigt sind, als wir ihr heute noch völlig machtlos gegenüber stehen, kein stichhaltig vorbeugendes Mittel gefunden haben, das uns über die Zukunft des Wildes im Wirthschaftswalde einigermaßen Beruhigung gewähren könnte.

Schon seit langen Jahren hat die Schälfrage die Besitzer, Pfleger und Freunde des Waldes in gleichem Maße beschäftigt, und die Namen unserer Fachautoritäten, welche diese Frage discutirten, legen zur Genüge dar, daß man schon lange ihren bedenklichen Character erkannt und gewürdigt hat. Eine Waldbeschädigung, welche ein Pfeil, Hartig, v. Berg, Ratzeburg, v. Hagen und andere wiederholt behandeln, ist eben dadurch schon zu einer forstlich bedeutungsvollen gestempelt, und in der That deuten ja auch Form und Art der Beschädigung auf so innigen Zusammenhang mit dem Lebensprocesse des einzelnen Baumes, mit den Interessen und Existenzbedingungen des Waldes im Allgemeinen hin, daß es nicht Wunder nehmen kann, wenn die Frage in immer lebhafterem Tempo und mit stets wachsendem Eifer ventilirt wird, wenn in allen Forstvereinen, in allen Zeitschriften und noch mehr im stillen

Walde selbst, in dem das Wild wohl seinen wärmsten Freunden begegnet, über die Verheerungen geklagt wird, die der Rothwildstand von heute in den hoffnungsvollsten Fichtenstangenorten anrichtet.

Vielleicht ist es noch heute ein gewagtes Beginnen, die Feder dringend gegen das Schälen des Rothwildes und damit — in Vieler Augen wenigstens — auch gegen das Rothwild selbst zu rühren, denn diese Feder schürt nolens volens den unerquicklichen Kampf zwischen Wald und Jagd, zwischen Forstmann und Jäger, und dieser Kampf, so alt er auch ist und werden mag, ist so heikler Natur, ja, wohl einzig in seiner Art, weil die kämpfenden Parteien „Forstmann und Jäger" zumeist in derselben Person sich vereinen. Nichts scheint deßhalb auch natürlicher, als die warme Parteinahme, die sich zu allen Zeiten in Wort und Schrift für das Wild kundgab, wo die Bedeutung des Schälens für den Wald und die Forstwirthschaft in unbefangenen und nüchternen Erwägungen behandelt wurde, und wenn wir Forstwirthe heute von Neuem die Initiative ergreifen und, alle Rücksichten der Courtoisie außer Acht lassend, unsere Beobachtungen über das Schälen als einen mahnenden Zuruf aus dem stillen Walde frank und frei in die Oeffentlichkeit hineintragen, so wird uns der Vorwurf „Feinde der Jagd zu sein" wohl nicht erspart bleiben; aber angesichts der durch das Schälen eingeleiteten, bedeutenden Bestandesentwerthung, über deren Umfang und finanziellen Effect die allmählig in die älteren Schälbestände eintretende Hauptnutzung wahrhaft erschreckende Aufklärungen bietet, darf eine derartige Rücksicht heute nicht mehr abhalten, für die volle Wahrheit rückhaltslos einzutreten in dem Bewußtsein und in der Ueberzeugung, daß nur diese uns lehren wird, einen modus vivendi zu finden, den wir nun schon fast ein Jahrhundert hindurch vergebens suchen. Wir wollen und dürfen nicht davor zurückschrecken, schonungslos einen wunden Fleck in unserer Waldschutz- und Forstpolizeipflege aufzudecken, über den der Waldbesitzer und Jäger noch häufig leichtfertig sich hinwegsetzen, und dessen tiefeingreifende wirthschaftlich-finanzielle Bedeutung noch heute von mancher einflußreichen Seite in blinder Ueberzeugung bekämpft oder auch in übertriebenen und verständnißlosen Sympathien für Wild und Jagd vertuscht wird. Ist uns Forstwirthen nicht das Wohl des Waldes ebenso, wie das des Wildes anvertraut? Haben wir nicht für beide zu sorgen, nicht beide zu pflegen? Müssen wir nicht darüber wachen, daß nicht das eine unserer Pflegebefohlenen auf Kosten des anderen über Gebühr begünstigt werde, und schließlich eines mit dem anderen leidet, verkommt und zu Grunde geht? Können wir nicht Freunde des „belebten Waldes" sein, ohne uns den Wald von dem „Leben im Walde" entwerthen und ruiniren zu lassen?

Wir glauben — ja, glauben sogar, gerade deßhalb wahre Freunde des belebten Waldes zu sein, für den wir wirken und schaffen; aber wir wollen einen belebten schönen Wald und in diesem ein gesundes, urwüchsiges Leben erhalten wissen; wir wollen keine traurig belebte Waldöde, in der sich das Edelwild auf die Dauer nicht behaupten kann; wir arbeiten für einen Wald, in dem das Herz des Forstwirthes noch ebenso stolz aufschlagen kann, wie das des Jägers im Forstwirth, nicht für einen überlebten Wald, in welchem der Jäger das Commando führt und alle forstlichen Dispositionen nur dann gut geheißen werden, wenn sie gegen die leider oft so grundfalschen Ansichten der modernen Wildhege und -pflege nicht verstoßen.

Wenn der Forstwirth berufen ist, den Wald vor allen nachtheiligen Einflüssen zu schützen, so soll und muß er auch den feindlichen Eingriffen des Wildes und der Jagd überhaupt entgegentreten; er darf nicht mit gebundenen Händen einer der bedenklichsten Waldbeschädigungsformen gegenübergestellt werden, die heute noch vielfach dem Wilde als ein aus grauer Vorzeit überkommenes, privilegirtes Recht zuerkannt wird; er muß denken und handeln, und einsehen, daß es die höchste Zeit ist, Zustände zurückzuerkämpfen, unter denen sich Wald und Wild recht wohl befanden, Forstwirth und Jäger in Eintracht neben einander schafften. Und wenn wir in diesem Kampfe oft auch zu Maßregeln greifen, die in den Augen des Jägers auf den Ruin der hohen Jagd hinauszugehen scheinen — möge man uns walten lassen. Auch wir wissen die Reize und Genüsse des edlen Waidwerkes zu würdigen und sind Jäger genug, um die Jagd nie und nimmer aus dem Walde bannen zu wollen; aber wir sind auch Wald- und Volkswirthe genug, um rechtzeitig zu erkennen, was dem Walde frommt, und zu handeln, wie es unser schöner Beruf als Pfleger und Mehrer des wichtigsten und höchsten Nationalgutes als erste und heiligste Pflicht uns auferlegt.

Art und Form der Beschädigungen, welche das Rothwild in den Fichtenbeständen namentlich im Stangenalter anrichtet, sind genügend bekannt. Man unterscheidet die Winterschäle oder das sogenannte Schaben und die Saftschäle.

Die erstere ist im Allgemeinen die minder gefährliche. Sie beschränkt sich auf die Zeit der Vegetationsruhe, während welcher die Rinde sich von dem trockenen Splinte nicht ablöst. Das Wild pflegt mit leicht seitwärts geneigtem Geäse anzugreifen und die Rinde mit den Schneidezähnen abzuschaben. Die Zähne wirken nach Art leicht ausgerundeter Meißelchen, nehmen aber immer nur den Theil der fest am Stamme haftenden Rinde, welchen die Schneidefläche des Zahnes unmittelbar erfaßt und löst. In Folge dessen bleiben bei oberflächlichen Angriffen in der Regel schmale Bast- und Rindenstreifchen stehen und wird überhaupt der Splint seltener ganz bloßgelegt; die zurückgebliebene Cambialschicht leitet in der nächsten Saftzeit eine energische Reproductionsthätigkeit ein und ersetzt die verloren gegangenen Rindenpartikelchen in verhältnißmäßig kurzer Zeit. Die Beschädigung vernarbt in wenigen Jahren, ohne irgend welche störende Einflußnahme auf Leben und Gedeihen des Baumes zur Aeußerung zu bringen, — kaum daß die Rinde in Folge leichter Verharzung ein grindiges Aussehen annimmt.

In den hier markirten Grenzen ist die Winterschäle wirthschaftlich und forstpolizeilich bedeutungslos, deßhalb auch nicht Gegenstand unserer weiteren Betrachtungen. Dagegen aber treten bei intensiveren oder häufiger sich wiederholenden Angriffen, wie sie auf Wechseln, in der Umgebung der Futterplätze und in beliebten Winterständen vorzukommen pflegen, ebenfalls Erscheinungen zu Tage, deren bedenklicher Character in der Regel schon durch starken Harzausfluß genügend gekennzeichnet ist. Erreicht die Beschädigung diesen Grad, so läßt das auf stärkere Verwundung mit mehr oder minder breiter Bloßlegung des Splintes schließen, und dann hat das Beschaben dieselbe Bedeutung, unterliegt dessen Behandlung nach Wesen und Folgeübeln denselben Rücksichten wie die Saft- oder Sommerschäle.

Die Schälverwundung zur Saftzeit trägt selbst im geringen Umfange immer einen gefährlichen Character. Das Wild faßt gewöhnlich in natürlicher Höhe des Geäses mit den Schneidezähnen unter die Rinde, klemmt den losgelösten Lappen gegen den Oberkiefer und zieht die Rinde in langen Streifen nach oben — seltener auch nach unten — ab, bis sie an einem Aste reißt oder der nach oben keilförmig sich verjüngende Striemen in seiner Spitze vom Stamme sich trennt. Je nach Stärke und Beastung des Baumes, je nach Qualität der Rinde ꝛc. wiederholt sich der Angriff mehrmals hintereinander, doch kommen gleichalterige Schälwunden, die sich im Zusammenhange über ein Dritttheil der Stammperipherie hinaus erstrecken, selten vor — vielleicht, weil das Wild dann seine Stellung ändern und einmal in Bewegung, lieber zum nächsten Stamme schreitet. Spätere Angriffe erfolgen dann in der Regel ziemlich genau der älteren Wunde gegenüber. — Bei dieser Form des Schälens wird natürlich der Splintkörper vollständig bloßgelegt, und damit ist wohl die hohe physiologische Bedeutung, die Gefährlichkeit dieser Schälschäden schon genügend erwiesen. Bei sehr schmalen Verwundungen pflegt unter Umständen die directe Rindenreproduction durch das zurückgebliebene Cambium nicht gerade ausgeschlossen zu sein; aber in den meisten Fällen ist die Wunde zu umfangreich; das Cambium vertrocknet und die „Heilung" kann nur in regulärem mehr oder minder langwierigen Ueberwallungsproceß erfolgen.

Am stärksten schält das Wild in der Regel im Frühjahr in der Zeit, wo das erste junge Grün in Wald und Flur aufsproßt, und namentlich arten die Beschädigungen bei anhaltend nasser Witterung aus, ein Umstand, der selbst in den Sommermonaten einen unverkennbaren Einfluß auf das Verhalten des Wildes zum Ausdruck bringt und man kann deßhalb im Allgemeinen behaupten, daß die Schälschäden weit weniger an eine bestimmte Jahreszeit als an die Witterungseinflüsse sich binden. Bezüglich der Tagesstunde scheint das Wild mit Vorliebe in der Abend- und Morgendämmerung der Schälbeschäftigung nachzugehen und entsprechend dieser Beobachtung pflegt man auch da, wo Terrain, Beastung, Stammstellung und Rindenzustand nicht andere Rücksichten zur Geltung brachten, die meisten Schälwunden von der Ost- und Westseite, also von der Seite des in den Dämmerstunden einfallenden Lichtes her angelegt zu sehen. Schälgewohntes und namentlich an die Fütterung gewohntes Wild schält übrigens zu allen Tageszeiten, regelt aber die Aufnahme der Rindenäsung gern nach den bei der Fütterung gehaltenen Mahlzeiten.

Zu beliebter und lebhafter Discussion hat zu allen Zeiten die Frage reichlichen Stoff geboten, ob das männliche oder weibliche Geschlecht mit besonderer Vorliebe schäle. Die Einen sagen, die Hirsche, die Anderen sagen, die Altthiere sind die Hauptsünder, noch Andere bestreiten jeden Unterschied. Alle Ansichten sind jedenfalls Resultate directer Beobachtungen seitens erfahrener Jäger, wohl aber mehr localer Natur und deßhalb nicht von allgemeiner Giltigkeit. Am wahrscheinlichsten aber ist das Schälen individuell verschieden, ohne daß dem einen oder dem anderen Geschlechte eine besondere Neigung vindicirt werden kann. Witterung, Standort, Gesundheits- und Nährzustand, Aesungsangebot ꝛc. sind in dieser Richtung jedenfalls von Einfluß. Uebrigens kann den Erörterungen über die Frage, ob Hirsch oder Mutterwild fleißiger schält, eine große Bedeutung nicht beigelegt werden, denn sie ist in ihren practischen Consequenzen absolut gleichgiltig; — wir werden nie einen Wildstand getrennten Geschlechts erhalten können.

Die Schälschäden binden sich nicht etwa an eine bestimmte Holzart, und wenn auch zweifellos jeder Wildstand gewisse, in seinem Waldgebiete vorkommende Holzarten mit besonderer Vorliebe angeht, so ist doch keiner unserer wichtigeren, bestandbildenden Waldbäume der Schälgefahr ganz entrückt. Im Allgemeinen sind von den Laubhölzern die Buche, von den Nadelhölzern Tanne und Fichte, also gerade die Holzarten am stärksten heimgesucht, deren Wirthschafts- und Bestandesformen für die hohe Jagd sich besonders eignen und wo die Fichte überhaupt vorkommt, zieht das Wild ihre markige Rinde allen anderen Holzarten vor. Zur Winterzeit und von einem Wildstande, dem die Untugend des Schälens im Großen, wie die Fütterung noch nicht bekannt ist, der überhaupt noch mehr dem Urzustande sich nähert, wird auch wohl der Tanne der Vorzug gegeben, die übrigens gegen die Schälverwundung weit weniger empfindlich. —

Für Beginn und Dauer der Schälgefahr ist das Alter des Fichtenbestandes weit weniger maßgebend als der Entwickelungsgang und namentlich die Beschaffenheit der Rinde. Die Fichte ist der Beschädigung ausgesetzt von dem Momente, wo der eintretende Schluß den natürlichen Reinigungsproceß einzuleiten beginnt — das Beschaben zur Winterzeit beginnt oft schon in der 8- bis 10-jährigen Cultur — bis zu dem Alter, wo die unteren, dem Wildgeäse zugänglichen Rindenzonen absterben und in borkigen Schuppen aufzuberſten pflegen. Der Eintritt dieses Rindenzustandes ist nach Standort, Schluß ꝛc. temporär sehr verschieden, und kann sonach das physische Baumalter an und für sich zur

Schälfrage nur in indirecten Beziehungen stehen. Ihren Höhepunkt erreicht die Gefahr unter allen Umständen — im Wirthschaftswalde wenigstens — nach der ersten Durchforstung, weil die dichte Bestandesstellung bei dieser Gelegenheit etwas gelichtet, das abgestorbene Geäste mehr oder weniger entfernt und dem Wilde die Erreichung des einzelnen Baumschaftes wesentlich erleichtert wird.

Für die Wahl des zu schälenden Bestandesgliedes ist dessen individuelle Beschaffenheit von ganz entschiedenem Einflusse. Glattrindige, gesunde Stämme mit spärlicher Beastung sind dem Schälangriffe weit mehr ausgesetzt, als ästige oder rauhborkige. Man bemerkt deßhalb auch das Schälen am meisten in recht frohwüchsigen Jugenden oder an vorgewachsenen Stämmen mit markiger Rinde und weitständigen Astquirlen. Aermlicher Wuchs, frühzeitige Borkebildung der Rinde, starke dichte Beastung, wie sie in rauhen Hochlagen, auf geringem Standorte, dann auch in isolirter Stammstellung und an Randstämmen vorkommen, mildern unter sonst gleichen Umständen die Angriffsgefahr wesentlich.

Die Schafthöhe, in welcher die Schälverwundung erfolgt, schwankt — wenn man ihr überhaupt einen bestimmten, commensurabelen Ausdruck geben will — etwa zwischen 0,5 und 2,0 Meter über dem Bodenniveau. Unter einem halben Meter pflegt die Beastung sehr dicht, die Rinde sehr bald rauh und rissig zu sein; auch kann das Geäse des Wildes mit den Schneidezähnen an den untersten Stammpartien nicht wohl einsetzen. Im Terrain kommen selbstverständlich bedeutende Abweichungen vor, je nachdem das schälende Wildstück ober-, unterhalb oder in der Horizontale des Stammes steht und man drückt deßhalb die Schälhöhe unter allen Umständen am zutreffendsten aus, wenn man sagt „in natürlicher Geäsehöhe des an den Stamm tretenden Wildstückes". In älteren Stangenorten, in denen die untere Rinde schon abgestorben und borkig, pflegt schälgewohntes Wild wohl auch mit den Vorderläufen anzubaumen, um die obere saftige Rinde noch zu erreichen. Hohe tragkräftige Schneelage macht im Gebirge die Stangenhölzer selbst bis zu drei Meter Höhe zugänglich. Man sieht da nicht selten verschiedenalterige Schälstellen übereinander an ein und demselben Schaft.

Die locale Verbreitung der Schälschäden darf als begrenzt heute noch nicht angesehen werden und wenn man auch im Allgemeinen behauptet, daß alle jene hochwildreichen Fichtenforste, in denen die Fortschritte der Forstwirthschaft und der Jagdpflege dieses Jahrhunderts Eingang gefunden haben, auch seit mehr oder minder langer Zeit schon an den leidigen Schälbeschädigungen laboriren, so muß anderseits doch auch die Thatsache zur Geltung gebracht werden, daß es heute noch recht wildreiche Waldgebiete giebt, in denen das Schälen des Rothwildes noch gar nicht bekannt oder doch noch nicht überhand genommen hat, wo die Schälwunde noch zu den sporadisch vorkommenden Stammbeschädigungen gezählt wird, denen man eine wirthschaftliche Bedeutung mit Recht nicht beilegen kann. Allerdings sind zuverlässige Daten über das waldfreundliche oder -feindliche Verhalten des Hochwildstandes einigermaßen schwer zu erhalten, weil die Schäden, so lange sie nicht ausarten, vielfach gar nicht beachtet, öfter auch absichtlich übersehen und vertuscht werden. Aber einen ziemlich zuverlässigen Maßstab gewährt uns in dieser Richtung wohl die Thatsache, daß die Klagen über das excessiv feindliche Verhalten des Rothwildes von Jahr zu Jahr lauter und dringender werden, und daß trotz allen Vertuschens und Beschönigens die nüchterne Wahrheit sich überall in grellster Form ans Licht drängt. Der Revierverwalter klagt es im stillen Walde seinem Forstmeister, dieser berichtet an den Vorgesetzten oder an den Dienstherrn, überall wo Forstwirthe sich begegnen oder versammeln, wird die Schälfrage discutirt, jeder weiß ein Liedchen darüber zu singen, es wird gestaunt, geschimpft und über vorbeugende Mittel gesprochen, aber dabei bleibt es und im Walde — wird weiter geschält. Die Schäden gewinnen von Jahr zu Jahr an Terrain, auch ihre Intensität nimmt zu, und nur zu oft findet man in Waldrevieren, in denen man noch vor zwanzig ja vor zehn Jahren die Schälschäden nicht kannte, derzeit durch und durch ruinirte Fichtenstangenorte, eine Erfahrung, die local auch aus den hiesigen Domainenforsten bestätigt werden kann, ohne daß sie etwa mit einer unzukömmlichen Vermehrung des Wildstandes zusammenfiele.

Angesichts dieser Thatsache, für die sich übrigens aus der Literatur zahlreiche und unzweifelhafte Belege beibringen lassen, die auch von unseren Vätern durchweg bestätigt wird, drängt sich die Ueberzeugung in den Vordergrund, daß wir vor einer Erscheinung stehen, die sich im gegenwärtigen Zeitalter vielerorts erst herangebildet, unter unseren Augen überall sehr rapid sich gesteigert hat und noch heute in steter Zunahme begriffen ist. Die kritische Bedeutung aber, die den Schälschäden heute überall zuerkannt wird, mahnt uns ernst, daß es hohe Zeit sei, gegen die empfindliche Waldverderbniß Stellung zu nehmen und wollen wir dieselbe bekämpfen, so müssen wir zurückgreifen auf ihre ersten Anfänge und auf ihre Ursachen, müssen zu ergründen suchen, warum das Hochwild hier im 18., dort im 19. Jahrhundert, hier im Jahre 1820, dort 1840 oder 1850 zu schälen anfing, müssen ergründen, warum die Schäden hier so enorm stark, dort kaum fühlbar und dort noch gar nicht bemerkbar sind. Und wenn es gelingt zu constatiren, daß und mit welchen forstwirthschaftlichen oder jagdlichen Einführungen Beginn und extreme Ausartung der Schälschäden zusammenfallen, so werden wir auch in der Lage sein, Mittel und Wege zu finden, wildbelebte Wälder zu erhalten und die Schäden in die Grenzen der Erträglichkeit zurückzudrängen. —

II.

Die Geschichte der Schälschäden.

Wenn wir daran gehen, die Zeit, seit wann, und die Ursachen, warum das Rothwild schält, zu erörtern, ob es zu allen Zeiten schälte, die Fichtenrinde somit ein naturgemäßes Aesungsmittel sei, so sind wohl in erster Reihe die Litteratur, dann die mündliche Ueberlieferung älterer Fachgenossen und endlich der Baum und Bestand selbst die zuverlässigsten Quellen, aus denen wir das Material für die einschlägigen Studien zu schöpfen haben. Halten wir zunächst in der Fachlitteratur kurze Umschau.

Die „Schällitteratur" ist ungemein zersplittert, die Arbeit, sie zusammenzutragen und zu sichten, wahrlich keine leichte, und es scheint deßhalb doppelt verzeihlich, wenn manches, vielleicht recht Interessante an dieser Stelle übersehen wurde. Sie liegt in Form von kurzen Notizen und Aufzeichnungen in der gesammten Forst- und Jagdlitteratur zerstreut. Aeltere forstliche Schriftsteller ignoriren die Schälschäden meist ganz oder thun ihrer nur ganz beiläufig Erwähnung. Auch viele der ausgezeichneten neueren Werke, die ja die Forstschutz- und Polizeilehre längst zu einer absolut selbstständigen Fachdisciplin erhoben haben, wenden — etwa Pape, Ratzeburg ausgenommen — der Schälfrage nicht die gebührende Aufmerksamkeit zu, ja selbst die eigentlichen Lehrbücher tradiren den ebenso reichen als wichtigen Stoff in meist knapp zugeschnittener Form, ohne auf eine meritorische Behandlung und Würdigung einzugehen. Das reichhaltigste Material bieten die Discussionen und Verhandlungen der verschiedenen Forstvereine in ihren Vereinsschriften.

Aus den überaus spärlichen Ueberlieferungen der alten Litteratur, welche wir zu durchstöbern Gelegenheit hatten, läßt sich überdieß lediglich eine negative Beweisführung herleiten die allerdings im vorliegenden Falle immerhin von Werth ist, insofern aus der häufigen und oft recht ausführlichen Behandlung, welche sehr viele der alten Forst- und Jagdordnungen weit geringfügigeren Beschädigungsformen widmen, und aus der geradezu unmenschlichen Bestrafung speciell der Rindenbeschädigung, mit überzeugender Gewißheit geschlossen werden muß, daß die Schälschäden zu jenen Zeiten nicht bekannt sein konnten.

Schon in dem berühmten „Weißthum des Dreieicherwaldes" von Ludwig IV. (1338) finden wir das strenge Verbot, die Rinde von Bäumen zum „Loder lowen" (Leder gerben) zu schälen. Die Gewinnung der Lohrinde wird ausdrücklich auf die Stöcke und auf geschlagenes Holz beschränkt.

Die wegen ihrer enormen Straffatzungen ebenfalls bekannte, böhmische Waldordnung „Majestatis Carolina" von Kaiser Carl IV. (1348) verbietet in Art. 54 „ut non excorientur arbores silvarum regalium" die Gewinnung von Baumsäften und ahndet das Abschälen der Rinde von stehenden Bäumen mit einer wohl selbst für die damaligen Zeiten unerhört schweren Strafe. Dem Frevler wurde die Haut von der rechten Hand abgezogen, und wenn derselbe ein belehnter Forstangestellter war, so wurde sein Grundbesitz eingezogen.

Das Märker-Geding vom Jahre 1484: „Item es soll niemands Bäume in der Mark scheelen, wer das thät, denn soll man je sein Nabel aus seinem Bauch schneiden und ihn mit demselben an den Baum nachlen und denselben Baumscheeler umb den Baum führen, so lange, bis ihm sein Gedärm all auß dem Bauch umb dem Baum gewonnen seynd".

Im Försterbuche des Büdinger Waldes (1425), in der Forst- und Jagdordnung des Churfürsten Aug. von Sachsen (1560), in der bairischen Forst- und Jagdordnung vom Jahre 1568 und vielen früheren und späteren Forstmandaten, Edicten, Gedingen und Verordnungen, die auf Forstfrevel und Strafbestimmungen überhaupt eingehen, wird die Beschädigung des Baumes durch Abschälen der Rinde stets und mit gewiß beachtenswerther Uebereinstimmung unter die schwersten Vergehen einrangirt und mit Strafen bedroht, die zur Ahndung anderer Frevelthaten in gar keinem Verhältniß stehen. Auch Bernhardt gedenkt im I. Bande seiner „Geschichte des Waldeigenthums" der unnatürlichen Bestrafung der Entrindung von Waldbäumen, welche schon der Sachsenspiegel androht und sagt unter Hindeutung auf die Weißthümer aus dem Speller Walde, von Sigolzheim, aus der Eichelberger und der Elber Mark ꝛc., daß diese Strafbestimmungen in geradezu scheußlicher Gestalt in allen späteren Forstordnungen Eingang gefunden haben.

Nun ist allerdings richtig, daß keine der älteren Forst- und Jagdordnungen, die ja vielfach noch bis in das XVIII. Jahrhundert hinein das gesammte forstliche Wissen umfaßten, auf das Verhalten der jagdbaren Thiere des Waldes näher eingeht, daß überhaupt zu jenen Zeiten alle Waldbeschädigungen durch Thiere noch wenig oder gar keine Beachtung fanden. Aber wenn deßhalb auch der Umstand, daß die Schälschäden nirgends erwähnt werden, nicht direct gegen deren Vorkommen beweisen kann, so ist anderseits im Hinblick auf die weitläufige und eingehende Behandlung verwandten Stoffes doch die Annahme ausgeschlossen, daß zu Zeiten, wo auf Entrindung der Bäume durch Menschenhand derartige Strafen gesetzt waren, der gesetzgebenden und strafenden Gewalt eine analoge Beschädigung durch jagdbare Thiere bekannt gewesen sein könnte.

In den ältesten, die Naturgeschichte und Jagd des Hirsches bearbeitenden Werken von Ende des XVI. Anfang des XVII. Jahrhunderts (Feierabend, Agricola)[1]) mit ihren märchenhaft heraus-

---

[1]) Sigismund Feierabend „Neues Jag- u. Weidwerksbuch" 1582. Agricola „Von des Hirschen Natur und Eigenschaften". Amberg 1603, besonders Seite 10—43.

staffirten classischen Ueberlieferungen von Plinius, Aristoteles u. A. findet sich bei der unendlich vielseitigen und kleinlichen Behandlung der Gewohnheiten und Eigenthümlichkeiten des Hochwildes nirgends eine Andeutung, die auf eine Neigung zum Schälen der Waldbäume schließen ließe.

Auch die eigentliche Forstlitteratur nimmt lange gar keine Notiz von den Schälbeschädigungen durch Hochwild, wie wohl selbst die ältesten Werke mancherlei Schäden von weit geringfügigerem Character eingehend erörtern.

Johann Colerus geht in seiner „Oeconomica ruralis ac domestica“, Frankfurt 1595—1602, auf die Waldbeschädigung durch Hochwild (XIV. Buch, Kapitel 35—41) gar nicht ein. Im VIII. Buche „Von der Holtzung“ bespricht er beiläufig die Beschädigung der Bäume durch Benagen und Schälen der Hasen und Ziegen.

Die „Sylvicultura Oeconomica“ von Hans Carl von Carlowitz, Leipzig 1713, behandelt die Waldbeschädigungen schon in systematischer Trennung als Elementarschäden („a vi majori“) und solche durch Thiere. Im Cap. V wird unter Andern auch das Verbeißen durch die Hirsche und das Schlagen mit den Geweihen besprochen: „Wieviel hundert Stämmlein werden von denen Hirschen jährlich mit den Geweihen zerschlagen, indeme sie, so hoch sie reichen können die Schale abstreifen, auch selbige wohl gar entzwei schlagen, daß sie unumgänglich verderben müssen . . .“ Von einer Beschädigung des Hochwildes durch Schälen ist in dem ganzen, durch seine gewissenhafte Behandlung des Stoffes so sehr ausgezeichneten Werke nirgend eine Andeutung zu finden, ein Umstand, der um so mehr Beachtung verdienen dürfte, als das Benagen von jungen Bäumchen durch Hasen erwähnt, der Schaden als ein „großer“ bezeichnet und in § 39 des oben angeführten Capitels „das Reißen der Fichten zum Hartzsammeln“ und dessen nachtheilige Folgen sehr ausführlich hervorgehoben werden. Eine Beschädigungsform von Character und Bedeutung der Schälschäden hätte ein Carlowitz unbedingt nicht mit Stillschweigen übergangen, wenn sie ihm — und sei es auch nur in sporadisch-stammweisem Auftreten — überhaupt damals schon bekannt gewesen wären.

Flemming's „vollkommener teutscher Jäger", Leipzig 1719, verdammt auf Seite 37 die Rindenbeschädigung durch „das Pechmachen und Hartzreißen" womit „denen Bäumen nicht geringer Schaden geschiehet". Seite 52 spricht er ausführlich von Aesung und Fütterung des Hochwildes und von den Thiergärten; Seite 57 und 94 empfiehlt er die Fällung der Aspe und Kiefer, deren grüne Rinde das Wild gern annehme; Seite 92 sagt er, daß der Hirsch durch den Genuß von Wurzeln und Kräutern sich „das Geblüth reinige", daß das tragende Altthier zur Kräftigung der Leibesfrucht den Geruch des Ameisenhaufens liebe und die Rinde „verschiedener Bäume". Eines Schadens durch Beschädigung der Rinde stehender Bäume wird nicht Erwähnung gethan.

Döbel bespricht in seinen „Jäger-Practica", Leipzig 1746, die Aesung des Rothwildes sehr ausführlich; er erwähnt des starken Besuches der Felder und Wiesen im Sommer und sagt, daß das Wild auch gern „an des Holtzes jungen Sommerwuchs" äse. „Moos, Holtzrinde, Reiser, Heide ꝛc." zählt er unter die Winteräsung und bemerkt, daß es in den Schlägen auch „die Rinde von denen Aspen und Kiefern schäle, so weit selbige noch jung und glatt ist". Weiter aber im III. Theil „Beschaffenheit der Holtzungen . ." heißt es von der Kiefer: „Das Rothwild aber äset sich überaus gerne an deren Rinde oder grünen Schale, indem es von den gefällten Stämmen, soweit eine grüne Schale ist, solche glatt abschälet und äset. Doch thut es solches auch wol zum Schaden des Eigenthums-Herrn an den jungen stehenden Kiefern, welche dann hiervon verdorren". Döbel hat nach damaligem schönen Brauch alle bedeutenderen Forste Deutschlands bereist, er legte seine reichen Erfahrungen in den „Jäger-Practica" nieder, überliefert auch die älteste Nachricht von einer „auch wohl vorkommenden" Beschädigung des stehenden Baumes durch Rothwild und zwar des Schälens an der Kiefer, kennt aber die gleiche Beschädigung an der Fichte noch nicht, denn er würde bei der ausführlichen Erörterung der Gefahren, denen Baum und Bestand durch Hochwild ausgesetzt sind, den Schälschaden an der Fichte um so weniger ignorirt haben, als ihm derselbe an der Kiefer bereits aufgefallen war.

Die aus Anlaß übermäßiger Abholzungen und starker Waldverwüstung erlassene „Wald- und Holzordnung" Maria Theresia's für Böhmen, gegeben auf dem königlich Prager Schlosse den 5. April 1754 und später auch in Druck gelegt, sagt über die „Wildgehäge": „Unter anderen dem Wiederwachse derer Waldungen höchstschädlichen Dingen, ist allerdings das allzu übermäßige Gehäg, des Hoch- Schwarz- und Rehwildes, wodurch die schönste Anflüge und Masen gänzlich abgezehret und zernichtet werden".

In ihren weiteren Bestimmungen sieht die Waldordnung zwar davon ab „Jemanden dies beträchtliche Regale zu benehmen", verpflichtet aber die Obrigkeiten, darüber zu wachen, daß die Abtriebsschläge und Blößen sorgfältig aufgeforstet und durch Umzäunungen dem Wilde gesperrt werden sollen. „Welche Umzäunungen so lange beizubehalten und in gutem Stande erhalten werden sollen, bis nicht das ganze Gehölz so hoch aufgewachsen, daß das Wild die Gipfeln nicht erreichen und den Wiederwuchs nicht beantasten kann".

Und weiter in der zu dieser Waldordnung gegebenen „Einleitung, wie die Wälder erzieglet, besser aufgebracht, vermehret und conserviret werden sollen" heißt es in dem Passus „Von mannigfältig Verderb und Schaden der Hölzer und Waldungen" ad Wildschaden: „Es thun auch den Wäldern, sonderlich was den jungen Wiederwuchs anbetrifft, großen Abbruch die eigene Einwohner, nähmlich das Wild, so die Sommerlatten und den Jahrwuchs an Gipfeln und Aesten abreisset, und also gewaltigen Schaden verursachet. Und ob sich gleich, jedoch gar selten, der Anflug von Laub- und Tannenholz in etwas erholet und die Pflanze nicht gänzlich abgebissen wird, so hält es doch das Wildpret continue also unter der Scheere, und verbeisset es, als ob es ein verständiger Gärtner dergestalt verschnitten und geputzet, daß es nicht höher wachsen solle. — Wie viel tausend Stämmel[1]) werden von den Hirschen jährlich mit den Geweihen zernichtet, indem sie, so hoch sie solche erreichen können, die Schale abstreifen, auch selbige wohl gar entzwei schlagen, daß sie unumgänglich verderben müssen, und solches geschieht an den schönsten, glattesten und geradesten, sonderlich in Schlagholzgehauen, wo dergleichen und die besten Stämme zu Ober- und Unterholz gezogen werden sollen; solches Zernichten und Verderben des schönsten und besten Holzes thun die Hirsche den ganzen Frühling und Sommer über, so lange ihre Geweihe rauh sind, auch in der Brunstzeit."

Ungeachtet der stellenweise etwas undeutlichen Ausdrucksweise sprechen diese Citate entschieden für die Unbekanntheit der Bestandsbeschädigung durch das Schälen des Hochwildes, denn es ist nicht anzunehmen, daß in gesetzlichen Bestimmungen über Forstschutz und Polizei, welche dem Wildschaden durch Verbeißen so eingehende Erörterung widmen, die das Schlagen der Hirsche mit den Geweihen zur Fegezeit zu einer forstlich bedeutungsvollen Beschädigung stempeln, und die in einem weiteren Passus das den Schälschäden ganz analoge Anlaschen der Stämme zu Harznutzungszwecken so furchtbar geißeln, dem Harzschrapper sogar die gleiche Strafe, wie dem Wilddiebe[2]) androhen, daß in einer Forstordnung, der jedenfalls eine für jene Zeiten sehr anerkennenswerthe Sorgfalt

---

[1]) Wir begegnen hier einer offenbar aus der Carlowitz'schen Sylvicultura copirten Stelle, die man nur insofern adaptirte, als an Stelle der Worte „Wie viele Hunderte . . ." — „Wie viel Tausend . ." gesetzt wurde; übrigens eine Steigerung, die im Hinblick auf die starken böhmischen Wildstände wohl gerechtfertigt war.

[2]) Die Jagdordnung der Kaiserin Maria Theresia vom 15. Juli 1754 belegt die Wilddieberei mit enormen Strafen: 2—4 Jahre Zwangsarbeit in Eisen und Banden, eventuell wird der Wilddieb auch für vogelfrei erklärt.

der Bearbeitung zugesprochen werden muß, die Schäden, welche die damals reichen Hochwildstände durch Schälen etwa angerichtet hätten, mit Stillschweigen übergangen worden wäre.

In den „Generalen Haushaltsprincipia von Berg-, Hütten-, Saltz- und Forstwesen in specie vom Hartz" von Christian Bösen, hessischem Berg- und Hütteninspector, zugleich Controlor der Harzer Werke, stoßen wir im Jahre 1753 in den Harzforsten zum ersten Male auf die Schälschäden, auf die Saftschäle in optima forma, und finden auch die Zeit, seit wann sie bekannt und bemerkt wurden, genau verzeichnet. Bösen sagt in Kapitel IV, § 48 des dritten Theiles: „Was aber das Borken-Scheelen des Rothwildbrets betrifft, so ist solches hergegen an anderen Orten noch weniger bekannt und nur hier im Haarz und absonderlich in der Communion in den letzten 20—30 Jahren her erst, wie mich die alten Forst- und Jagdbedienten versichern, so stark angefangen." Und weiter in § 51 über die Ausdehnung der Schäden, daß „sonderlich im Frühling, da der Saft am stärksten gehet" geschält wird und daß das Schälen am Harz „eines von den größten Verderben des Tannenholzes mit ist und so beschaffen, daß oft in Revieren von einer Meile weges groß unter zehn Stämmen kaum einer mehr gefunden wird, der nicht auf die Art läedirt ist."

Weiter finden wir in Stahl's Forstmagazin II, B. Seite 43, vom Jahre 1763 einen in mancher Beziehung hochinteressanten Artikel, der sehr wahrscheinlich niemanden Anderen als Beckmann zum Verfasser hat, denn wir finden denselben in wortgetreuer Wiedergabe in dessen „Anweisung zu einer pfleglichen Forstwirthschaft", Chemnitz 1766, Seite 271 wieder. Der genannte Aufsatz geht nach warmer Fürsprache für die durch Ausübung der freien Jagd zu jener Zeit sehr gefährdete Wildbahn auch auf die Schälschäden ein: „Inzwischen wird Niemand läugnen können, daß nicht auch das wenige Wildpret, so auf einem Reviere ist, das junge Holz häufig schälet und verderbet und dieses wollen wir in Folgendem mit mehreren zeigen: das Holz stunde in vorigen Zeiten noch sehr dichte und enge, man war noch nicht auf die unglücklichen Versuche verfallen, solche Dickungen dünne zu machen und aus ihnen Stangen und Stecken auszuhauen. Die Größe der ungeheuren Waldungen machte solches gar unmöglich. Man ließ sie so dichte als sie aufwuchsen, sie blieben also finster und unwegsam und waren zaghaften Wanderern mit Recht fürchterlich. Unter solchen Umständen war es unmöglich, daß das Wildpret in solchen undurchdringlichen Dickungen so viele Stämme schälen konnte, sondern es erfuhren nur wenige, die in mehrerer Freiheit stunden, und zu denen das Wild einen besseren Zugang hatte, dieses betrübte Schicksal. Allein sobald verschiedene Förster sich die allerliebste Vorstellung machten, daß das Holz weit besser wachse, wenn es dünne und einzeln stehe und sobald man die schönsten Dickungen dieses verderblichen Grundsatzes wegen ausgeleuchtet hatte und noch immer so ausleuchtet, daß die übrigen Stämmchen von allen Seiten frei stunden, sobald ist auch dem Wild der Zugang zu ihnen ungehindert offen und Niemand darf sich solchergestalt wundern, wenn das junge Holz heut zu tage so häufig geschält wird. Sind hieran nicht die bösen Grundsätze einer fast durchgängig eingeführten, verderblichen und verkehrten Forstwirthschaft allein schuld? Wir öffnen ja dem Wilde selbst den Weg. — Ueberhaupt finden wir, daß das Rothwildpret das junge Holz schälet und im Frühjahr sich an dem Mai äset, theils aus Wollust, theils Winterzeit aus Noth. Besonders schlagen die Hirsche mit ihren Stangen jährlich viele tausende junge Bäume entzwei. Man weiß Gegenden, wo das Wild in ein paar Nächten fünf Schock junge Weiden und andere Bäume, mit Schlagen, Reiben und Fegen verdorben hat ....."

Auch hier begegnen wir unzweifelhaft den Schälbeschädigungen. Die für unsere Zeit hochoriginellen, in ihrer Stellung zur Schälfrage aber keineswegs ganz ungerechtfertigten Erörterungen über die Durchforstungen behandeln entschieden diese Baumbeschädigung durch Rothwild, lassen uns aber ganz im Unklaren über Holzart und Oertlichkeit[1]), scheinen überdies auch mehr die Winterschäle im Auge zu haben, derer in demselben Bande Seite 112, der churfürstlich Mainz'sche Commerzienrath Geutebrück nochmals Erwähnung thut und sie als die hauptsächlichste Beschädigungsform hinstellt. Uebrigens muß aus den weiteren Ausführungen über den bedeutenden Schaden, den die Hirsche mit ihren Stangen anrichten und besonders aus der als etwas Unerhörtes hingestellten Vernichtung von fünf Schock jungen Weiden in mehreren Nächten geschlossen werden, daß das Schälen damals noch keine allgemeine Bedeutung erlangt hatte. Die Schälschäden werden auch in der That in dem ganzen 16 Bände starken Forstmagazin nicht mehr erwähnt, wie wohl es nicht fehlt an Abhandlungen, in denen eine so auffallende Beschädigung unbedingt angeführt worden wäre, und in denen namentlich das Verbeißen des Wildes mit Nachdruck hervorgehoben wird.

v. Burgsdorf erwähnt in seinem Forsthandbuche II., Berlin 1796, Seite 492, ad „Wildfraß in den Forsten" mehr beiläufig, daß „das Wildprät mit den Hirschen, den stehenden jungen Hölzern durch Schälen der Rinde vielen Schaden" thut.

Sehr auffälliger Weise nimmt Aug. Graf Mellin in seinem „Unterricht über eingefriedigte Wildbahnen 2c.", Berlin 1800, gar keine Notiz vom Schälen. Derselbe hat offenbar seine Beobachtungen und Erfahrungen ausschließlich in den Thiergärten gesammelt, erwähnt aber des Schälens durch Rothwild nirgends und reiht auf Seite 64, wo er vom Schaden in den Thiergärten spricht, die Fichte unter diejenigen Holzarten, „welche wenig oder gar nicht in Gefahr sind, an ihrer Rinde benagt zu werden."

Sehr zuverlässige Anhaltspunkte finden wir dagegen wieder in v. Sierstorpf „die Fichte", Hannover 1813, § 73: „In 20—30jährigen Fichtenorten aber kann das Rothwild zuweilen

[1]) Beckmann stand in Zwickau (Kgr. Sachsen), später als Einsiedeln'scher Forstinspector in Wolkenburg.

großen Schaden anrichten, indem es die Stämme fleckenweise abschält; vorzüglich thun dies die alten Thiere im Sommer, Nachmittags und gegen Abend bevor sie auf die Haye zur Aesung ziehen; sie beißen dabei mehrere Stämme an, reißen die Borke ab und lecken dann den Saft von den entblößten Stellen, eigentlich aber scheinen sie es mehr zum Zeitvertreib zu thun. Ein altes Thier verführt die übrigen und man sieht in Revieren, worin ein beträchtlicher Wildstand ist, oft in wenigen Tagen große Orte dergestalt beschädigt, daß darauf nur wenige Stämme unbeschädigt geblieben sind. Diesen Wildschäden sind besonders die Orte ausgesetzt, welche vor ruhigen Dickungen liegen, aus denen das Wild früh heraustritt und dann noch bis zum Weitergehen zur Aesung auf den freien Hay sich in solchen lichten, schattigen Orten aufhält, besonders wenn die Stämme einzeln oder gar in Reihen stehen. Man findet davon mehrere Beispiele in einigen sonst vortrefflich gerathenen Fichtenpflanzungen im Hüttenroder Forst und im Harzburger und Seesener Oberforstreviere mehrere aus Besamung entstandene Orte, welche durch solches Verbeißen völlig verdorben, . . ."

In den v. Sierstorpf'schen Anführungen erblicken wir jedenfalls die Fortsetzung der Bösen'schen Aufzeichnungen vom Jahre 1753. Beide melden die bedeutenden Schälschäden im Communion-Harze, zu denen auch die Seesen-Harzburger Forste gehörten. Daß v. Sierstorpf von einem anderweitigen Auftreten dieser Erscheinung nicht spricht, beweist, daß von einer allgemeinen Verbreitung der Schälschäden damals noch nicht die Rede sein konnte.

Dietrich aus dem Winkell übergeht wieder die Schälschäden in seinem „Handbuch für Jäger", Leipzig 1820, vollständig, und sagt nur unter „Aesung" beiläufig, daß das Wild im Nothfalle auch die Schalen gefällter Stämme annehme.

Ebenso überliefert Bechstein 1821, weder in seiner Forstbotanik, noch in seiner Jagdwissenschaft über Thiergartenanlagen eine die Schälschäden betreffende Notiz, wie wohl des Schadens durch Verbeißen ꝛc. erwähnt ist.

In der Forst- und Jagdzeitung, Jahrgang 1825, klagt der herzogl. Leuchtenberg'sche Forstrath Reber über den bedeutenden Schaden, den das Edelwild durch das Schälen 20—40jähriger Fichten und Föhrenbestände besonders in den Sommermonaten anrichte. Er sagt, daß die Bäume nicht gerade zum Absterben gebracht, aber der Ertrag auf die Hälfte des Normalertrages herabgesetzt wird, faules Holz erzeugen ꝛc. In diesem Aufsatze finden wir die ersten Nachrichten über Schälschäden außerhalb des Harzes, denn Reber schrieb offenbar aus und über Beobachtungen in seinem Wirkungskreise, den Forsten der Oberpfalz.

W. Pfeil sagt in seiner „Behandlung, Benutzung und Schätzung der Forsten" Abthlg. III „Forstschutz und Polizeilehre", Berlin 1831, „über die Beschädigungen durch Thiere, welche nicht zu den Hausthieren zu rechnen sind": „In geringem Maaße ist das Rothwild verderblich, immer aber ertragen die Wälder nur einen geringen Wildstand, wenn sie nicht darunter leiden sollen" und dann weiter unten: „Das Rothwild thut zuerst durch das Verbeißen Schaden ...; durch das Schälen wird es vorzüglich in Fichtenstangenorten verderblich, indem die Stellen, wo es die Rinde abgeschälet hat, rothfaul werden, so daß oft beträchtliche Districte bloß allein um dieser Beschädigung willen ganz verdorben und eingeschlagen werden müssen". Ferner wird, Seite 89, hervorgehoben, daß in eingefriedigten Wildbahnen und in Wildbahnen, die vom Felde abgesperrt sind, die stärksten Schäden vorkommen.

Behlen führt in seinem 1840—46 erschienenen Real-Verbal-Lexikon, II. B., Seite 363, unter „Nahrung des Hochwildes" an: „Die Winteräsung besteht in Baumflechten, Moos, Heidekraut und Heidelbeergesträuch und in den Rinden von Aspe, Pappel, Weide, Tanne, Buche u. s. w." und Seite 368 heißt es unter Anderm über den Schaden: „das Wild beschädigt durch das Schlagen und Fegen junges Gehölz und bricht Gestänge ab, besonders in Nadelholzbeständen und schält die Rinde von den Buchenstangen ..." Vom Schälen speciell in Fichtenbeständen findet sich nirgend eine Notiz, und es ist nicht anzunehmen, daß Behlen, der ja 1824 auch schon ein botanisches Handbuch herausgab, überhaupt litterarisch ungemein productiv war, etwa analog dem in manchen Gegenden Deutschlands heute noch volksthümlichen Sprachgebrauche, bei Anführung der Tanne, die Fichte im Auge gehabt hätte. Jedenfalls aber darf aus seinen Notaten geschlossen werden, daß die Schälschäden auch zu dieser Zeit noch immer eine lediglich locale Verbreitung und Bedeutung gewonnen hatten, denn wenn ein Mann von den reichen Erfahrungen und dem umfangreichen Wissen eines Behlen das Schlagen und Fegen der Hirsche erwähnt, ohne auf die Schälschäden näher einzugehen, so konnten diese ihm schlechterdings auch noch gar nicht näher bekannt sein.

Im 1841er Jahrgange der Behlen'schen Forst- und Jagdzeitung wird in einem Briefe aus Hannover über Witterung und deren Einfluß auf die Holzvegetation rc. auf Seite 344 angeführt: „Nachtheilig war die Härte des Winters geworden durch das Verbeißen und Schälen des Wildes an den Waldbäumen, welchem vorzüglich Esche und Fichte ausgesetzt sind."

Hochinteressant ist ferner die Mittheilung einer Notiz aus Kurhessen, welche ebenfalls in der Forst- und Jagdzeitung, Jahrg. 1843, deponirt ist. Sie ist sehr bezeichnend überschrieben: „Eine eigenthümliche Wild-Beschädigung an Fichten": „Schon seit längeren Jahren hat man eine ganz eigenthümliche Erscheinung auf einem in der Nähe von Cassel gelegenen Forste wahrgenommen. In und nach dem kalten Winter 1829/30, ging nähmlich das Rothwild einen damals beiläufig 30jährigen Fichtenbestand in der Weise an, daß es die stehenden Bäume, so hoch es nur mit dem Geäse reichen konnte, abschälte, so daß sich der Abdruck der Zähne, womit es die Schale ergriff, ganz deutlich bemerken ließ und noch bemerken läßt, da das Wild diese Art Aesung auch noch jetzt in jüngeren, neben den älteren gelegenen Fichtenbeständen, sogar aber auch in diesem jetzt beiläufig 65jährigen Bestande selbst, wenngleich nicht mehr in so hohem Maaße als früher fortsetzt. Bemerkenswerth hierbei ist, daß eine gleiche Erscheinung sich auf einem unmittelbar angrenzenden Forste in Fichtenbeständen von gleichem Alter und auf demselben Standort (Basalt) nicht zeigt, obgleich es keinem Zweifel unterworfen sein kann, daß dasselbe Rothwild auch auf diesem Forst wechselt. Jener zuerst bezeichnete Fichtenbestand hat durch die ihm auf die bemerkte Weise durch das Rothwild zugefügte Beschädigung so sehr gelitten, daß eine nicht ganz unbedeutende Fläche desselben rein hat abgetrieben werden müssen. In dem anderen größeren Theile des Bestandes, wo kaum ein gar nicht angegangener Stamm zu finden sein dürfte, hat sich an den beschädigten Stellen ein starker Harzausfluß eingestellt, der zwar jetzt verharrscht ist, doch werden die Beschädigungen auch in höherem Alter stets einen nachtheiligen Einfluß auf die Brauchbarkeit des Holzes — zumal zu Sägeblöcken — ausüben".

1845 führt Hartig in seinem Lehrbuche für Jäger, Seite 144, ad Nahrung des Hochwildes als Winteräsung auch die Rinde der Eschen, Ahorn, Aspen, Saalweiden an und sagt dann weiter: „Auch habe ich in den Gräflich Wernigerödischen Forsten am Harz gesehen, daß das Rothwild durch Abschälen 10—20jähriger Fichten sehr viel Schaden gethan".

Diese Nachricht spricht abermals für das Umsichgreifen der Schälschäden zunächst in den Grenzen der Harzforsten, überhaupt für deren local-beschränktes Vorkommen, denn sonst würde sie Hartig nicht als eine besondere vereinzelte Beobachtung angeführt haben.

Spätere Jahrgänge der Forst- und Jagdzeitung erörtern die Schälfrage immer häufiger und eingehender. So nennt Forstmeister Ihrig, „Ueber Hochwaldwirthschaft in Hoch- und Dammwildthiergärten", Suppl. 1858, das Schälen die „verwünschteste Beschädigungsform" und behandelt in längerem, interessanten Aufsatze dessen Ursachen und Folgen. Im Jahrgang 1859 wird über die bedeutenden Schälschäden in den Rothbuchenbeständen des Braunschweig'schen Harzes geklagt, auch das Schälen der Fichte besprochen. Ueberhaupt wenden um diese Zeit alle Fachkreise dem Verhalten des Rothwildes namentlich in den Nadelholzforsten große Aufmerksamkeit zu, aber selbst im Jahre 1860 hält sich die F. u. J. Z. noch berechtigt, die Schälschäden unter „forstgeschichtlichen Kleinigkeiten" zu besprechen.

Der Harzer Forstverein hat den Beschädigungen schon früh seine volle Aufmerksamkeit zugewendet. Schon in seinen ersten Versammlungen vom Jahre 1843, 1844, 1845 referirte Forstmeister Wolf, daß er im Jahre 1817 mit dem Commissorium betraut wurde, über die Schälschäden und ihren Einfluß Untersuchungen anzustellen. Er habe damals viele Stämme gefällt, den Schaden aber in älteren als 70 jährigen Beständen nicht constatiren können. Oberförster Maibom erklärt, daß er in der Forstinspection Clausthal in den hiebsreifen Fichtenbeständen ebenfalls keine Schälschäden habe nachweisen können. — Auch diese Nachrichten über das erste Auftreten der Schäle reichen also nicht weiter als bis etwa in die Mitte des XVIII. Jahrhunderts zurück.

In der neueren und neuesten Litteratur nach 1860 — auf die Pape'sche Abhandlung, „das Schälen des Rothwildes am Harz", Clausthal 1858, werden die weiteren Erörterungen noch mehrfach zurückgreifen — finden wir die Schälfrage namentlich in unserer Journallitteratur ständig auf der Tagesordnung.

Zunächst richtet v. Berg im Januarheft der Dengler'schen Monatsschrift vom Jahre 1865 ein ernstes Wort an die Pfleger und Besitzer des Waldes, den ersten warnenden Mahnruf, der in dieser Angelegenheit gesprochen wurde. Seine Ausführungen gehen auf den historischen Theil der Schälschäden nicht ein, behandeln dafür aber deren Ursachen und Folgen um so ausführlicher. Wir werden auf seine diesbezüglichen Ansichten an geeigneter Stelle zurückkommen.

Auch Ratzeburg widmet der Frage, „Schält das Wild von jeher", eine kurze Betrachtung in seiner „Waldverderbniß" und sucht durch Anführung von Aeußerungen namentlich von Harzer Forstwirthen darzuthun, daß in den Harzforsten schon um Mitte vorigen Jahrhunderts Schälwunden vorgekommen seien.

Leo spricht in seinen „Wildgärten", Leipzig 1868, von 60 bis 80 jährigen Stämmen, die früher vom Wilde geschält wurden, geht aber sonst nicht auf den Zeitbeginn des Schälens ein.

Forstrath Braun macht auf dem Harzer Forstverein im Jahre 1872 die interessante Mittheilung, daß das Rothwild bis zu Anfang der 50 er Jahre in den Anhalt'schen Harzforsten noch gar nicht geschält habe, eine Thatsache, die auch der Vater des Verfassers, der bis zum Jahre 1856 als Regierungs- und Forstrath den Anhalt'schen Forsten vorstand, aus eigener Erfahrung bestätigt.

Forstmeister Baudisch berichtet bei Besprechung der Schälfrage auf dem mährisch-schlesischen Forstverein, 1878, zu Nikolsburg, daß in den Forsten bei Buchlowitz nur Linde und Aspe und auch diese nur im Liegen geschält werden. Es wird ferner erwähnt, daß im Wermsdorfer Reviere (Erzgebirge), wo das Wild eine gute Winteräsung habe, das Schälen nicht vorkomme; dieselbe Beobachtung wird auch aus anderen Wildbahnen, sogar aus einem Thiergarten bestätigt.

Recht beachtenswerthe, aber verhältnißmäßig späte Mittheilungen finden sich in der Vereinsschrift des böhmischen Forstvereines, speciell aus den Forsten Böhmens niedergelegt. In den vierziger, fünfziger Jahrgängen werden die Schäden mehrfach kurz erwähnt, doch scheint ihre damalige Verbreitung und Intensität einen besorgnißerregenden Character nicht gehabt zu haben, denn erst die späteren Jahrgänge gehen näher auf die Schälschäden ein. Das erste Heft vom Jahre 1866 erwähnt von einer ungenannten, aber seit langer Zeit „wissenschaftlich und rationell bewirthschafteten" Domaine Böhmens, daß man zu Anfang der dreißiger Jahre wohl schon vereinzelte Schäden beobachtet habe, aber erst zu Ende der 50 er seien sie ausgeartet. Das zweite Heft vom Jahre 1871 bringt eine sehr interessante Abhandlung von der Domaine Bodenbach, woselbst man der Schälfrage eine anerkennenswerthe Aufmerksamkeit und Sorgfalt zugewendet und systematische Beobachtungen und Studien angestellt hat, auf deren Daten wir an anderer Stelle noch mehrfach zurückgreifen werden. Bezüglich des ersten Auftretens heißt es, daß das Schälen in den Forsten der Domaine Bodenbach erst 1858 begonnen, dann aber sehr rapid zugenommen habe. — Im dritten Hefte 1879 finden wir die Erklärung des Forstmeisters Holfeld, derzufolge auf der Domaine Teplitz das Schälen auch erst seit 1849 beobachtet werde. Neben vielen anderen kurzen Notizen, welche auf das erste Auftreten der Schälschäden Bezug nehmen, verdient besonders noch eine kurze Angabe im vierten Heft 1880 Erwähnung, daß auf der Domaine Worlik die Schälschäden bis 1810 zurückverfolgt werden können. Sie bringt die älteste Kunde über das Auftreten der Schälschäden in den Böhmischen Forsten. —

Wir gehen nun noch daran, die Beobachtungen und Erfahrungen aus dem eigenen Wirkungskreise einzuschalten. Nach übereinstimmender Aussage von Gedenkmännern ist das Schälen des Rothwildes in den hiesigen, schon seit Anfang des XVII. Jahrhunderts bestandenen, stets reich besetzt gewesenen Thiergärten zuerst vor 30 bis 40 Jahren beobachtet worden, und die Ausdehnung der Schäden auf die freie Wildbahn fällt erst in die letzten Decennien. Der verstorbene Domainendirector Bohutinsky, welcher im Jahre 1830, 31 in einem derzeit am stärksten geschälten Reviere (Chousava) practicirte, wußte sich mit Bestimmtheit zu erinnern, daß der damalige sehr starke Hochwildstand weder im Thiergarten noch in der freien Wildbahn durch Schälen geschadet habe, und der jetzige hohe Besitzer, Fürst Josef Colloredo Mannsfeld, erzählt bei dem Anblick der geschälten Stangenorte öfter, daß er zu Anfang der 50er Jahre von weiland seinem Sohne, Grafen Hieronymus Mannsfeld, nachmaligem k. k. Ackerbauminister, der ihn als Knabe auf einem Pürschgang begleitet habe, aufmerksam gemacht, die ersten vom Hochwild herrührenden Schälwunden bemerkt habe. — Seit jener Zeit hat dann auch hier das Schälen ziemlich rapid zugenommen, sich aber noch lange auf die Thiergärten allein beschränkt, und eigentlich besorgnißerregend ausgeartet ist es erst Ende der 60 er, anfangs der 70 er Jahre.

Im Jahre 1864 unternahm der hier tagende böhmische Forstverein in den Forsten der Domaine Dobřisch eine fast 10 stündige Excursion, auf welcher auch die Thiergärten mit durchwandert wurden. Am folgenden Tage stand das vieldiscutirte Thema der Schälschäden auf der Tagesordnung der Generalversammlung, und wenn Forstmeister Wachtel, als Referent die Besprechung eröffnend, die Thatsache constatirt, daß man von Schälwunden nirgend etwas bemerkt habe, so darf daraus, sowie aus dem Umstande, daß die Localverwaltung zu einer berichtigenden Bemerkung sich nicht veranlaßt fühlte, wohl auch geschlossen werden, daß das Schälen in den hiesigen Forsten zum mindesten noch nicht in besorgnißerregender Weise ausgeartet war. Kaum 8 Jahre später waren die Fichtenstangenorte der Thiergärten durchweg ruinirt, und auch in der freien Wildbahn der unteren Reviere machte sich die Schälbeschädigung von Jahr zu Jahr mehr bemerkbar; aber selbst im Jahre 1877 war das Schälen in den oberen am Brdy-Kamme gelegenen, quellenreichen und frische Aesung bietenden Revieren noch fast gar nicht bekannt[1]); das Wild fing damals mit leichter Benagung der Lärchen- und Tannenrinde an, die Aufmerksamkeit zu erregen, ging dann bald zur Fichte über und schält seit 5 Jahren die Fichtendickungen und jungen -Stangenorte ebenso stark wie in den unteren Lagen. Ganz unbekannt sind die Schälschäden dagegen auch heute noch in den westlichen, vom Hauptcomplex meilenweit entfernt liegenden Revieren des Obecnitzer Forstbezirkes, sowie in den zunächst angrenzenden Forsten der Domainen Zbirov, Rožmital und Hořowitz, die nach Lage und

[1]) Conf. Verfassers Bericht in Heft I. 1879 der böhm. Forstvereinsschrift.

Bestandesbeschaffenheit schon mehr den Character der Gebirgswaldungen tragen, sehr gute Aesung, reichlich fließendes Wasser und Weichhölzer führen, und in denen außerdem das Wild bisher nicht gefüttert worden ist. — Man bemerkt in diesen Revieren höchst selten in dichten Tannenunterwuchshorsten, in denen das Wild oft den ganzen Tag über sich verhält, hier und da ein leichtes Beschaben der Tannenrinde zur Winterzeit, aber die eigentliche Schälwunde ist auch an der Tanne bisher (1883) nie bemerkt worden[1]). — Ganz ähnliche Wahrnehmungen sind aus vielen anderen Gegenden bekannt und giebt es namentlich in zusammenhängenden Gebirgswaldungen noch viele Wildbahnen, die sich die leidige Schäluntugend bisher noch nicht zu eigen gemacht haben. Wir verweisen diesbezüglich neben den bereits erwähnten Nachrichten vom Erzgebirge und aus Mähren auf das Referat des Oberforstmeister Müller im Harzer Forstvereinsheft v. J. 1883, wo derselbe constatirt, daß der starke Wildstand der königl. Forstinspection Stettin-Torgelow, ebenso der Herrschaft Malepartus in Oberschlesien weder in der freien Wildbahn noch im Thiergarten schäle; verweisen auf die Angabe Dombrovsky's[2]), daß es in Mitteleuropa noch viele Waldgebiete giebt, wo das Schälen und Reißen als ungekannte Uebel gelten und wieder andere, wo die ersten Anfänge desselben eben sichtbar werden; verweisen endlich auf die bekannte Thatsache, daß das Edelwild des Urwaldes, dessen heilige Haine den Fortschritten der allgemeinen Cultur, der Forstwirthschaft und der modernen Jagdpflege noch unzugänglich blieben, nirgends durch das Schälen lästig und schädlich wird. —

---

[1]) Noch unmittelbar vor Drucklegung haben wir zu constatiren, daß seit einigen Jahren auf den Nachbardomainen leider die Heufütterung sich eingebürgert, und daß wir im heurigen Herbst (1887) die erste Schälwunde (Winterschäle vom Vorjahre) an der Fichte, in den Grenzdistricten gegen Hořowitz wahrgenommen haben.

[2]) R. v. Dombrovsky „das Edelwild". Wien 1884. —

Ein kurzer Rückblick auf die vorstehenden aus der Litteratur zusammengetragenen Daten bietet wohl genügend zuverlässige Anhaltspunkte und wichtige Unterlagen für die richtige Beurtheilung des Entwickelungsganges der Schälschäden; er giebt hochinteressante Aufschlüsse über den Beginn und das fortschreitende Umsichgreifen dieser lästigen Waldverderbniß, so daß wir an der Hand der älteren und jüngeren litterarischen Ueberlieferungen wohl den Versuch wagen dürfen, die Frage zu lösen:

Schält das Wild von jeher, oder seit wann etwa hat es diese schadenbringende Aesungsform aufgenommen?

Pape beginnt seine Abhandlung mit dem apodictischen Satze: „Das Schälen der Fichte durch Rothwild hat zu allen Zeiten stattgefunden ...", sucht auch durch einige Probefällungen darzuthun, daß am Harze schon um Mitte des vorigen Jahrhunderts Schälwunden vorkommen, bleibt aber den Beweis ihres noch früheren Auftretens „zu allen Zeiten" schuldig und läßt überdies ganz ununtersucht, ob die Schälwunden, mit denen er operirte, nicht etwa von der „Harzschrapperei" herrührten, die ja am Harzgebirge uralt, und ausgedehnter als irgend wo anders exercirt worden ist. Die historischen Daten der Pape'schen Abhandlung können sonach auf große Zuverlässigkeit entschieden keinen Anspruch machen, und wenn auch seine Angabe, daß er durch Probefällungen das Auftreten der Schälschäden schon um Mitte des vorigen Jahrhunderts constatirte, mit den älteren Ueberlieferungen durchaus nicht in Widerspruch tritt, so kann das doch entschieden nicht zu der Annahme berechtigen, daß das Rothwild zu allen Zeiten geschält habe und das Schälen eine natürliche Aesungsform sei, gegen die der Forstwirth nicht einmal ein Recht hätte sich aufzulehnen.

Da ältere Notizen in der Litteratur nicht überliefert werden, wiewohl viele frühere Werke weit unschädlichere, nach heutiger Auffassung sogar unschuldige Beschädigungen an Baum und Bestand mit größter Sorgfalt behandeln, so sind wir berechtigt, in den Aufzeichnungen der Bösen'schen „Haushaltsprincipia" vom Jahre

1753 die älteste Nachricht über das Auftreten der Schälschäden zu erblicken. Bösen hebt ausdrücklich hervor, daß die Schäden nur 20 bis 30 Jahr zurückverfolgt werden können, und bringt sie in Zusammenhang mit den großartigen Abholzungen, welche theils durch den aufblühenden Bergbau und Hüttenbetrieb, theils auch durch ausgedehnte Windbruchschäden die schönen und reichen Altholzvorräthe des Communionharzes in schneller Folge decimirten. Nach seinen Angaben fallen sonach die ersten Beschädigungen durch Wildschälen etwa in das Jahr 1725, und diese Ueberlieferung steht mit älteren Autoren nicht im Widerspruch, mit allen späteren Nachrichten aber, welche wir in der Litteratur über Auftreten und Verbreitung der Schälschäden verzeichnet finden, in vollstem Einklange, denn alle die Untersuchungen von Wolf, Maibom, Pape ꝛc., welche sich auf das Gebiet des Communionharzes und die angrenzenden Forste beschränken, kommen kaum über die Mitte des XVIII. Jahrhunderts mit dem Nachweis der Schälschäden zurück. Will man sonach überhaupt von einer Geschichte der Schälschäden sprechen, so beginnt dieselbe nach den vorstehenden Forschungen in der ersten Hälfte des vorigen Jahrhunderts am Harze. Und lange Jahre hindurch scheinen sich die Schäden auf die Harzforste beschränkt zu haben, denn auch die Beckmann'schen und v. Burgsdorf'schen Ueberlieferungen dürften auf den Harz Bezug nehmen, und v. Siersstorpf spricht noch 1813 ausdrücklich von den Oberforstrevieren Seesen und Harzburg. Andere deutsche Autoren, wie Mellin, Dietrich a. d. Winkell, Bechstein u. a. m. übergehen das Schälen noch zu Anfang dieses Jahrhunderts vollständig, selbst die Pfeil'schen Notizen vom Jahre 1831 und die Behlen'schen vom Jahre 1841 bestätigen zweifellos, daß die Schäden damals noch immer mehr local begrenzt auftraten.

Im Jahre 1825 vernehmen wir durch Forstrath Reber zum ersten Male die Klage über Schälschäden aus der bairischen Oberpfalz; fast gleichzeitig werden sie aus dem Thüringer Walde signalisirt; 1843 berichtet man über diese „eigenthümliche" Beschädigung aus dem Habichtswalde in Hessen, und 1845 erwähnt Hartig ihrer als einer besonderen Beobachtung aus den Gräflich Wernigerödischen Forsten am Unterharz. Etwa um diese Zeit aber beginnt das Schälen die allgemeine Aufmerksamkeit der forstlichen Praxis auf sich zu ziehen; in allen die Wildschäden besprechenden Abhandlungen wird dem Schälen der erste Platz eingeräumt, alle Vereine discutiren die rapid um sich greifende Waldverderbniß, und kaum ein Decennium später finden wir die bei Weitem überwiegende Mehrzahl der hochwildbesetzten Fichtenforste Deutschlands in vollster Fehde mit ihren bisher friedlichen Bewohnern.

Einem ganz ähnlichen Entwickelungsgange begegnen wir in Oesterreich. Die Forstordnung von Maria Theresia vom Jahre 1754 weiß offenbar von den Schälschäden noch gar nichts, wiewohl sie gerade auf die Gefahren und Schäden, welche dem Walde von Seiten des Hochwildstandes drohen, sehr genau eingeht und weit geringfügigeren Momenten ihre volle Aufmerksamkeit zuwendet. Zuverlässige Nachrichten über das erste Auftreten der Schälschäden in Niederösterreich haben wir uns trotz vielseitiger Bemühungen nicht verschaffen können, doch scheinen dieselben keinesfalls über die 30er Jahre zurückzudatiren. Feistmantel erwähnt ihrer 1835 in seiner „Forstwissenschaft“ als einer bekannten Erscheinung. Er sagt, daß ganze Bestände durch das Schälen ruinirt werden können, läßt uns aber darüber in Zweifel, ob er Erfahrungen aus Deutschland, aus Böhmen oder aber aus Oesterreich verzeichnet. In Niederösterreich gehen die ältesten Nachrichten nicht über die 40er Jahre zurück; in den 50er, 60er Jahren scheinen die Schäden namentlich in den Auforsten sehr an Terrain gewonnen zu haben, aber vielerorts sind sie noch heute nicht bekannt.

In den Forsten Steiermarks wird das winterliche Benagen an der Tanne schon seit 40 bis 50 Jahren beobachtet; die eigentlichen Schälschäden an der Fichte datiren dagegen meist erst aus den 60er Jahren und werden von den steirischen Forstwirthen mit der Errichtung ständiger Fütterungen, überhaupt mit der forcirten

Wildpflege in Zusammenhang gebracht, welche durch Verpachtung der Jagdreviere in das Gebirge eingeführt wurde.

Speciell in Böhmen gehen die Nachrichten auch nur bis 1810 zurück, wo die ersten Schälschäden auf der Domaine Worlik im Thiergarten vorkamen; 1830 werden sie von einer ungenannten Domaine, fast gleichzeitig von Neuhaus, 1845 von Dobřisch, 1849 von Teplitz, 1858 von Bodenbach, 1860 von Pürglitz, 1862 von Opočno u. s. w. gemeldet.

Wenn wir nun nach Darlegung dieses local und temporär so sehr verschiedenen Auftretens der Schälschäden noch in Erwägung ziehen, daß noch heute viele Wildbahnen bestehen, in denen erwiesener Maßen die Schäluntugend noch gar nicht vorkommt, so ist damit unbedingt die Haltlosigkeit der Pape'schen Behauptung, „das Wild schälte zu allen Zeiten", zweifellos erwiesen und dargethan, daß nicht der geringste Anhaltspunkt für die in ihren practischen Consequenzen so unendlich trostlose Ansicht vorliegt, als sei das Rindenschälen eine natürliche Aesungsform. Stände die forstliche Praxis in den Schälbeschädigungen einer natürlichen Aesungsform gegenüber, so würde sie in ihren Maßnahmen, den Schäden zu begegnen, unwillkürlich auf dieselben Mittel verfallen, die sie gegen forstschädliche Insekten in Anwendung bringt, und die — gleichviel ob vorbeugender oder vertilgender Tendenz — doch immer nur ein und dasselbe Ziel verfolgen, d. i. den Schädlingen die Existenz zu verleiden, beziehungsweise unmöglich zu machen. — Mögen solche Bestrebungen für alle Zeiten dem Kreise der Erwägungen fern bleiben, wenn es sich um den Schutz des Waldes vor dem Schälübel handelt; es werden sich andere Wege finden lassen, welche zwischen Wald und Wild, zwischen Forstwirth und Jäger wieder vollen Frieden und geschwisterliche Eintracht herbeiführen und bei Erhaltung eines wildbelebten Waldes uns lehren, wie die moderne, sagen wir besser, die ausgebildete, intensive Bewirthschaftung der Wälder mit einem — nicht zu geringen — Hochwildstande verträglich neben einander herschreiten könne. Von

Natur aus ist das Schälen dem Rothwilde nicht eigen — dagegen spricht ja auch schon der Bau des Geäses, speciell die für die Zwecke einer nagenden Ernährung wenig geeignete Stellung und Bildung der Zähne —, und wenn auch unsere ältere Fachlitteratur die Schäden viel weiter zurückführt, als man oft annimmt, so weist doch die historische Forschung unzweideutig darauf hin, daß das Schälen des Rothwildes mit irgend welchen fortschrittlichen Einführungen forst- oder jagdwirthschaftlicher Natur zusammenfallen muß; daß dem Wilde die Schäluntugend sozusagen aufgezwungen wurde und heute noch fortschreitend ihm angelernt wird, denn die Schälschäden stehen ja noch jetzt im Stadium einer von Jahr zu Jahr merklich zunehmenden localen Verbreitung und Intensitätssteigerung. Hochwildreiche Fichtenforste, in denen vor 20 Jahren noch keine Spur vom Schälen zu bemerken war, finden wir heute in ihren mittleren Bestandesclassen nahezu ruinirt, und hochwildreiche Fichtenforste, in denen heute der Hirsch die Rindenäsung noch nicht kennt, werden vielleicht nach fünf Jahren schon von eben demselben Wildstande schwer heimgesucht sein. Ueberall, wohin wir uns wenden, begegnen wir — wahrscheinlich in gleichem Tempo mit culturellen Fortschritten — dem aggresiven Umsichgreifen der Schälschäden; nur der Urwald blieb überall verschont. Möge deßhalb die Waldwirthschaft, die dem Wilde in ihrer fortschreitenden Ausbildung das feindliche Verhalten lehrte, nicht hart und ungerecht sein und das Rothwild nicht als ein Opfer des Fortschrittes unseres grünen Faches zum Falle bringen; wir haben kein Recht, die edelste Schöpfung in der Thierwelt aus seinem von der Natur ihm zugewiesenen Heim zu vertreiben.

III.

Studien über die Schälursachen.

Die Frage, „warum schält das Wild“, beschäftigt die forstliche Praxis wohl am eingehendsten und häufigsten, nicht allein, weil ihre schwierige Lösung bisher noch nicht gelungen, sondern weit mehr wohl deßhalb, weil ihre Beantwortung auch den Schlüssel zur wirksamen Begegnung dieser lästigsten und nachhaltig schädlichsten Baumbeschädigung bieten muß. Theorie und Praxis haben sich mit gleichem Eifer der Frage bemächtigt, um hier in vereintem Wirken an ihre Lösung heranzutreten, dort wieder getrennt die Wege ihrer Forschungen und Beobachtungen zu verfolgen; aber soviel auch schon über die Veranlassung des Schälens geschrieben, gesprochen und discutirt wurde, so sehr man auch bemüht war, durch directe Beobachtung des Wildes oder durch allerhand surrogirende Futterversuche das Schälmotiv zu ergründen, so ist man doch bis heute nicht über das Gebiet der Vermuthung hinausgekommen. Den meisten Ansichten liegen locale Beobachtungen und individuelle Wahrnehmungen zu Grunde, die in concreten Fällen ihre volle Berechtigung haben mögen, denen aber eine allgemeine Giltigkeit nicht beigelegt werden darf, weil sie mit anderen Erfahrungen und Thatsachen in Widerspruch treten, von anderer Seite stets widerlegt und geworfen worden sind.

Am verbreitetesten ist die Meinung, daß das Wild aus Noth, aus Hunger und Aesungsmangel schäle. Diese Auffassung ist wohl die älteste und nächstliegende; auch will man in einigen Fällen constatirt haben, daß das erste Schälen in ausnahmsweise strengen

Wintern beobachtet wurde. Schon Bösen vertritt diese Ansicht und begründet sie nach den im Harze gesammelten Erfahrungen, wonach der damalige starke Wildstand durch übermäßige Kahlhiebe und Windbrüche zu sehr localisirt worden und in einigen umfangreicheren Dickungen zusammengerudelt sei, in denen ihm dann „bei deren Heranwachs die Grasweide gefehlet und es also in den langen Sommertagen, ehe es den Abend auf die bloßen Haye heraustreten oder zu Felde gehen konnte, theils aus Hunger und theils auch aus Ungeduld solch Borken-Scheelen sonderlich im Frühjahr, da der Saft am stärksten gehet angewöhnet und von einander gelernt hat.“ Auch Beckmann und viele der jüngeren und jüngsten Autoren theilen diese Anschauung. Wenn nun aber Hunger und Noth die Veranlassung sein sollte, so wäre es doch wohl schwer zu erklären, warum das Wild gerade bei reichster und zartester Aesung, d. i. im Frühjahr und Sommer überall und zu allen Zeiten fast am meisten schälte. Bösen selbst und viele Andere, die Aesungsmangel als Schälmotiv hinstellen, erwähnen auch diese Thatsache ausdrücklich und argumentiren damit gegen ihre eigene Ansicht. Gegen den Hunger als Schälmotiv spricht ferner entschieden die von vielen Jägern hervorgehobene Erfahrung, die auch v. Berg in persönlicher Beobachtung zu constatiren Gelegenheit hatte, und die wir selbst durch zahlreiche Beobachtungen auf das Zuverlässigste zu bestätigen in der Lage sind, daß das Rothwild stark angeäst von Feld und Wiese zu Holze zieht oder die ausgiebigste Fütterung verläßt, um sofort und mit sichtlicher Begierde im nächsten Stangenorte, den es passirt, zu schälen. Warum sollte das Wild gerade an den Schutten am stärksten schälen und zwar auch dann, wenn ihm die Futterstoffe jederzeit zugänglich sind? Warum tritt — wie wir das öfter auf einer am Rande eines Fichtenstangenortes gelegenen Fütterung bemerkten — ein ruhig äsendes Stück ohne äußere Veranlassung von der Krippe zurück, um an den nächsten Fichten etwas Rindenäsung zu nehmen, darnach auch wohl zur Heuraufe zurückzuschreiten?

— Pape spricht ebenfalls gegen die Sommerschälung aus Hunger und hebt ausdrücklich hervor, daß das Wild morgens, wenn es gesättigt ist, besonders stark schäle und daß selbst die reichste Aesung kein Präservativ gegen das Schälen abgebe. Beim Winterschälen, dem sogenannten Schaben, hält er dagegen Hunger und Noth für die Ursache.

Wenn man allerdings mit dem Begriff „aus Noth" die höchste Potenz eines Bedürfnisses im Allgemeinen zum Ausdruck bringen will, so ist die Ansicht unbedingt richtig. Das Wild muß offenbar ein sehr dringendes Bedürfniß fühlen, die Rinde zu schälen und aufzuzehren, denn sonst würde es dieser zum Mindesten sehr unbequemen Aesungsform nicht mit solcher Vorliebe nachhängen. Und gelingt es, die Ursachen zu ergründen, welche das Rindenäsungs-Bedürfniß wachrufen, erhalten und steigern, so haben wir das gesuchte primäre Schälmotiv gefunden.

Eine andere Behauptung spricht von Langweile nnd Muthwillen. — Abgesehen davon, daß hiermit dem Wilde Eigenschaften vindicirt werden, die ihm von Natur nicht eigen sind — es unternimmt nichts zwecklos — sprechen auch alle Erfahrungen gegen diese Auslegung. Warum sollte sich das Wild im Frühjahr und Sommer so viel mehr langweilen als im Herbste und Winter, warum in bestimmten Beständen mehr als in anderen, in denen es sich vielleicht noch mehr aufhält; warum sucht es gewöhnlich die wüchsigsten Stangenorte, die schon gereinigt, ihm weit weniger Schutz und Deckung gewähren, um sich darin zu „langweilen", oder warum will es mit solcher Vorliebe in den Stangenorten und in diesen an den saftigsten, glattesten Stämmen die Langweile vertreiben und eine Unterhaltung suchen, der es in der ruhigen Dickung jedenfalls erfolgreicher und ungestörter sich hingeben kann. Und gar aus Muthwillen, aus Spielerei — warum findet man denn die abgerissenen Rindenstücke so sorgsam aufgeäst? Wir haben wohl gehört, aber nie gesehen, daß frische Rindenfetzen an den geschälten Stangen hängen oder am Boden liegen geblieben wären, und wenn es — was wir durchaus nicht in Frage stellen wollen — wirklich in einzelnen Fällen beobachtet wurde, so dürfte da jedenfalls eine zufällige Störung vorgelegen haben, in Folge deren das schälende Wild flüchtig abging, ohne sich die Zeit zu nehmen, den abgeschälten Rindentheil aufzuäsen. Jedenfalls bildet das Verzehren und zwar das sehr sorgsame Verzehren der gelösten Rindentheile, wie auch v. Berg in seinem Aufsatze „das Wild und der Wald“ (Dengler's Monatsschrift, 1865) constatirt, die Regel und schließt das Schälen aus Langweile, Muthwillen ꝛc. aus. —

Nicht ganz unberechtigt scheint jedenfalls die Ansicht, der wir namentlich seit Anfang dieses Jahrhunderts oft begegnen, daß das Wild „aus Gewohnheit“ schäle, und diese Untugend durch Lehren und Lernen übertragen werde. Schon v. Sierstorpf vertritt offenbar diese Ansicht, wenn er als ein wirksames Mittel, dem Schälen vorzubeugen, den Abschuß der „Volksverführer“ anräth; auch v. Berg, Pannewitz, Wachtel, Dombrovsky, Ihrig und andere practische Forstwirthe und Jäger treten für dieselbe ein und weisen darauf hin, wie schon häufig und zweifellos constatirt wurde, daß das Schälen durch ein zufälliges oder auch absichtlich veranlaßtes Zuwechseln von schälgewohntem Wilde augenblicklich in Wildstände übertragen worden sei, die es bisher nicht kannten, und daß umgekehrt Thiergärten, die wegen starker Schälbeschädigungen ausgeschossen und mit anderem, schälunkundigem Wilde wieder bevölkert wurden, von Schälschäden lange nicht mehr zu leiden hatten. Auch die bekannte Thatsache, daß das Schälübel gewöhnlich in den geschlossenen Wildbahnen sich heranbildet und von da in den freien Wald sich zu übertragen pflegt, scheint dafür zu sprechen, daß das Schälen einem ausgewechselten Stücke abgelernt wurde. — Die Annahme einer Mitwirkung des bösen Beispiels bei der Verbreitung des Schälens gewinnt noch mehr Halt in dem Umstande, daß die Macht der Gewohnheit auf die Lebensweise des Wildstandes einen nachweisbar hervorragenden

Einfluß ausübt, und namentlich im Rudel der Nachahmungstrieb in hohem Grade sich entwickelt findet.

Blasius erzählt, daß das Edelwild in Norddeutschland erst etwa seit 50 Jahren der Kartoffel nachgehe, auch Fichtenbestände früher nicht abgeschält habe, überhaupt seine Neigungen im Verlaufe verschiedener Generationen ändere. Interessant in dieser Richtung ist die auf dem Harzer Forstverein 1845 erwähnte Beobachtung, daß am „Elme“ (im Braunschweigischen) das Hochwild in früherer Zeit die Kartoffelfelder nicht angenommen, später dagegen, nachdem es deren Genuß erst kennen gelernt, ungemein stark frequentirt und beschädigt habe; daß man ferner bei Einführung der Salzlecken oft Jahre lang habe warten müssen, bis sie vom Wilde angegangen, dann aber auch urplötzlich ungemein stark besucht seien. Jeder Practiker, der länger in besseren Hochwildrevieren thätig war, wird den Nachahmungstrieb des Wildes aus eigener Erfahrung reichlich belegen können. Wie oft wird es beobachtet, und bei Schnee ganz unzweifelhaft constatirt, daß heute ein oder zwei Stücke Wild durch Schreckzaun oder Thor hindurch in die abgesperrten Felder oder Schonungen einwechseln, um morgen schon an der Spitze eines stattlichen Rudels Einzug zu halten; wie oft werden Umzäunungen an bestimmten Stellen von einer von Tag zu Tag steigenden Anzahl von Wildstücken übersetzt oder durchbrochen u. dergl. m. Bei allen diesen Erscheinungen tritt mehr oder weniger die Macht des Beispiels in Wirksamkeit; der geradezu wunderbare Einfluß des Kopfthieres auf das Rudel, mehr oder weniger auch das von Generation zu Generation sich übertragende Einhalten bestimmter Wechsel beruhen darauf.

Auch aus den hiesigen Forsten ist eine in dieser Richtung sehr bezeichnende und interessante Beobachtung anzuführen: In den westlichen, ganz isolirt vom Hauptcomplex gelegenen Revieren ist das Wild nicht vom Felde abgesperrt. Der Hirsch besucht hier unter Beobachtung eines nach Ort und Zeit höchst unregelmäßigen Wechsels, die selbst die ausdauerndsten Bemühungen des gewiegten

Jägers vereitelt, die Klee-, Hafer- und Kartoffelbreiten und regalirt sich speciell auch an den reifenden Kartoffelknollen bis spät in den Herbst hinein. In den hiesigen Revieren dagegen ist der Zugang zu den Feldfluren schon seit Anfang der 50er Jahre wegen der bedeutenden Wildschadenersätze, welche alljährlich an die Grundbesitzer gezahlt werden mußten, gesperrt, so daß der Wildstand sich dem Felde und seinen Leckerbissen mehr und mehr entfremdete. Um den starken Schälschäden zu steuern, wurden um Mitte der 70er Jahre Wildäcker angelegt und mit Topinambur, Kartoffeln und anderen Aesungsmitteln angebaut. Wohl die Halmfrüchte aber nicht die Knollengewächse hat das Wild auch nur angerührt und die Knollen selbst erst dann genommen, als der Schutzbeamte Tag für Tag eine Anzahl Stauden ausgegraben und die Knollen oben aufgelegt hatte. Von einem Ausschlagen war nicht die Rede, nicht einmal der Versuch dazu konnte im ersten Jahre constatirt werden.

Angesichts solcher Thatsachen ist man wohl berechtigt, beim Hochwilde von Lehren, Lernen und Verlernen zu sprechen, und dem Beispiel wie der Gewohnheit eine bestimmte Einflußnahme auf die Lebensweise des Wildes zuzuerkennen, aber — auf die Schälfrage angewendet, kann beiden unter allen Umständen nur eine secundäre, beschleunigende, sogar verbreitende Wirkung zugesprochen werden, als primäres Schälmotiv kann sie nicht bestehen; wir hielten dann gleich wieder vor der Frage, wodurch ist das Hochwild zur Annahme dieser Angewohnheit veranlaßt worden, die es nachweisbar um Mitte vorigen Jahrhunderts erst kennen lernte, hier früher, dort später annahm und vielerorts heute noch nicht kennt oder auch in keinem beachtenswerthen Maße betreibt? Und gar ad „die Jungen lernen es von den Alten" — woher lernte es denn der Aelteste? Der Urlehrmeister selbst muß denn doch irgend eine erste Veranlassung gehabt haben.

Unter anderen minder verbreiteten Ansichten über die Ursachen des Schälens verdient vielleicht die jüngste, vom Forstmeister

Holfeld aufgestellte Theorie Erwähnung. Derselbe glaubt, daß das Hochwild zuerst in den Fichtenlohschlägen mit der saftigen Rinde Bekanntschaft gemacht und diese dann als ein angenehmes, schmackhaftes Aesungsmittel in seinen ständigen Speisezettel mit aufgenommen habe. Holfeld stützt seine Ansicht auf den Umstand, daß das Wild in den seiner Leitung unterstehenden Domaine Teplitzer-Waldungen nachweisbar in eben demselben Jahre zuerst „verheerend" geschält habe, als die Lohgewinnung in den Fichtenschlägen eingeführt sei. Bei dem hochgradig ausgebildeten Nachahmungstriebe des Hochwildes wäre die Auffassung Holfelds vielleicht nicht ganz zu verwerfen, nur scheint es zum Mindesten sehr gewagt, auf Grund einer vielleicht durch zufälliges Zusammentreffen von Umständen construirten Erfahrung, die Rindennutzung als Ursache des Schälens definitiv hinzustellen. Seine Ansicht läßt sich um so weniger halten, als das Schälen von Wild und Menschenhand unseres Wissens gar nirgends weiter zusammenfällt, und Holfeld selbst überdieß mit dem Worte „verheerend" die Frage offen läßt, ob nicht früher doch schon in den Teplitzer Forsten geschält wurde, wenn auch minder stark, d. h. nicht verheerend. — Die Rindennutzung von der Fichte zu Gerbereizwecken ist ja schon sehr alt, und wenn sie auch in Norddeutschland weit eher auftauchte als in Böhmen, so ist sie doch auch hier wie dort jedenfalls viel älteren Datums als die Schälschäden durch das Hochwild. Und sollte es sich im vorliegenden Falle wirklich um eine abgelernte und dann zur Gewohnheit gewordene Unart handeln, so läge es ja wohl noch weit näher, das Schälen mit der Fichtenharznutzung, (mit dem Anlaschen und dem Harzschrappen) in Zusammenhang zu bringen, die ja ganz analog vorgeht, wie das Wild. Allein auch das geht nicht an, denn die Harznutzung von der Fichte ist noch weit älter als die Rindennutzung; sie datirt zurück bis in jene Zeiten, wo das Holz noch werthlos, die Harzgewinnung die einzige lucrative Ausnutzung der Waldbestände sicherte; — wir erinnern an die sogenannten „Harzwälder", die für einen angemessenen Zins zur Harznutzung verpachtet, in Thüringen sogar in Erbpacht vergeben wurden; wir verweisen auch auf die Thatsache, daß schon die ältesten Forstordnungen sich mit der Harznutzung befassen. Aber es ist kaum nöthig, soweit in die Vergangenheit zurückzugreifen; die Gegenwart liefert uns noch wichtigeres Beweismaterial gegen die Ansicht Holfeld's, denn es giebt in der That Forste, in denen die Rinden- und Harznutzung aus alter Zeit überkommen ist, gleichwohl aber das Wild nicht schält, und umgekehrt Waldungen, in denen das Wild stark schält, ohne daß die Rinden- und Harzgewinnung in denselben eingeführt wäre. — Und, wenn man schon nach einer Anregung von außen her suchen will — viel früher und leichter als das Entrinden durch Menschenhand, würde das Schlagen und Fegen des Hirsches, offenbar so alt wie das Geschlecht selbst, die Anleitung zum Schälen gegeben haben, indem ein fegender Hirsch zufällig die Rindenfetzen aufgenommen und deren Eigenschaften kennen und schätzen gelernt habe.

Weit mehr Wahrscheinlichkeit als die Behauptung Holfeld's haben wohl jene Ansichten für sich, daß das Wild mit dem Genuß der Fichtenrinde irgend welche Stoffe sich zuzuführen bemüht sei, deren Genuß ihm besonders angenehm und zuträglich. So glaubt Robert Hartig (Baumkrankheiten, 1882), es liebe den reichen Zuckergehalt des Fichtencambiums als eine angenehme Leckerei, während v. Berg u. A. wieder die Ansicht vertreten, daß der Gerbstoffgehalt der Rinde als ein die Verdauung anregendes Mittel gesucht und benöthigt werde. Beide Anschauungen haben wohl Manches und den früher besprochenen gegenüber jedenfalls das für sich, daß sie mit anderen Thatsachen nicht in Widerspruch treten, sich nicht widerlegen lassen, und wenn wir gar den Ueberlieferungen Agricola's nur im Entferntesten ihren märchenhaften Character abstreifen könnten, so läge der Gedanke, daß das Wild in der Fichtenrinden-Aesung ein seinem geschwächten Gesundheitszustande zusagendes Remedium finde, sehr nahe, denn nach Agricola's Erzählungen wurde die Heilkraft vieler Pflanzen durch die Lebensweise des Hochwildes erst bekannt[1]).

Ob nun der Zuckergehalt des Cambiums oder der Gerbstoff der Rinde vom Wilde gesucht wird, ist wohl eine offene, jedenfalls aber nicht gleichgiltige Frage, denn es muß uns gewiß sehr daran gelegen sein, zu wissen, ob wir es bei Bekämpfung des Wildschadens mit einer Naschhaftigkeit oder aber mit einem in pathologischen Processen sich begründenden, wirklichen Bedürfnisse zu thun haben. — Die Thatsache, daß das Wild im Frühjahr, also zu einer Zeit, wo es schon in dem jung aufsprossenden Grün in Wald und Flur eine sehr zuckerreiche Aesung findet, am häufigsten und am stärksten schält; daß es ferner die Rinde auch zu Zeiten nimmt, wo deren Zuckergehalt auf ein Minimum herabgesunken ist, der Gerbstoffgehalt bei Weitem prävalirt; daß es endlich auch andere Baumarten schält, die wenig Zucker- aber viel Gerbstoffgehalt haben, spricht wohl dafür, daß der Gerbstoff das Wild mehr anzieht als der Zucker. Das Verbeißen der jüngsten sehr gerbstoffreichen Nadelholztriebe zur Winterzeit spricht unbedingt für die Gerbstofftheorie. Auch läßt sich wohl kaum annehmen, daß das Rothwild dem relativ geringen Zuckergehalt zu Liebe, so beträchtliche Rindenquantitäten aus Leckerei vertilge, deren vorwaltender Geschmack eben kein süßer, sondern herb-, bitter-, zusammen-

---

[1]) Agricola citirt u. A. Plinius und Aristoteles und erzählt auf S. 43 seines Buches „Von des Hirschen Natur und Eigenschaften" (Amberg 1603, 1617), daß die Hirsche, „do sie einen giftigen Pfeil empfangen, so fressen sie das Kraut „„dictamnum"", so fällt er aus" und Seite. 10. „Es wird bestättiget, daß das edle Kräutlein „„Veronica"" bei uns Ehrenpreis genannt, sei von einem Hirschen an Tag gekommen und daß seine Kraft sei, schädliche Krätze zu heilen ..." Ein Schäfer habe beobachtet, „daß ein Hirsch seinen schäbigen Rücken an einer gewissen stät offt gewalzet, do dessen Kraut die Menge gestanden sei". Ferner wird erwähnt, daß der Hirsch gegen den Biß giftiger Thiere Krebse fresse, die Schlangen aufzehre, um sich zu verjüngen. Auch wird die medicinische Bedeutung selbst des geringsten Theiles des Hirschkörpers eingehend dargelegt.

ziehend-juchtelnder ist. Die sorgfältige Aufäsung der Rindenfetzen würde nicht die allgemeine Regel geworden sein; man würde das Wild vorwiegend mit dem Ablecken der Schälwunden beschäftigt finden, da ja die Cambialschicht in der Hauptsache am Splinte haften bleibt. — Ganz abgesehen übrigens davon, ob der Gerbstoff- oder der Zuckergehalt der Rinde vom Wilde bevorzugt wird, kann man offenbar beide Ansichten als primäres Schälmotiv auch nicht gelten lassen, denn es müßte ja doch seiner Zeit eine Veranlassung vorgelegen haben, die das Wild bestimmte, die Fichtenrinde als einen Leckerbissen oder als eine Arznei sich anzueignen. Wodurch ist das Bedürfniß nach einer Arznei wachgerufen? Gerade das temporär so unendlich verschiedene Auftreten der Schälschäden, die local so außerordentlich wechselnde Intensität und Verbreitung derselben, scheinen dafür zu sprechen, daß dem Schälen eine ganz eigenartige, aber sehr bestimmte, hier früher dort später, hier plötzlich dort allmählig fühlbar gewordene Veranlassung zu Grunde liege, die definitiv zu ergründen offenbar die Lösung der Schälfrage bedeuten würde.

Wir treten damit noch einer ganzen Gruppe von Ansichten gegenüber, welche das Schälmotiv in den Fortschritten und Neuerungen des Forstbetriebes, im Ausbau der Waldwirthschaft suchen und dem Forstwirthe selbst gewissermaßen die Verantwortung für die heute zur Calamität herangewachsenen Wildschäden auferlegen. Die Einen sagen, der Kahlschlagbetrieb hat dem Wilde die Mannigfaltigkeit der Aesung genommen und dieselbe namentlich für die Winterzeit auch wesentlich beschränkt; die Anderen glauben, daß durch die Bestandespflege, durch die intensive und zeitige Durchforstung, welche die Axt gegen alle fremdartigen Bestandeselemente, also in erster Reihe auch gegen die eingesprengten Weichhölzer richte, das Wild zum Schälen getrieben sei; noch Andere klagen die künstlichen Bestandesgründungsformen, die Pflanzung und insbesondere die Einzelpflanzung, wieder Andere die durch die intensivere Ertragswirthschaft bedingte ewige Unruhe im Walde der

Urheberschaft der lästigen Schälschäden an, ohne über die nähere Motivirung dieser Ansichten sich vernehmen zu lassen.

Auch in dieser Richtung waren wir bemüht, durch vielseitig angestellte Recherchen und Forschungen zuverlässige Anhaltspunkte über Werth und Berechtigung dieser Anschauungen zu begründen, doch ist es uns nicht gelungen, einen innigeren Zusammenhang der Schälschäden mit einer einzelnen dieser vermeintlichen Ursachen zu constatiren, denn vereinzelten Fällen, in denen ihr erstes Auftreten als ein Folgeübel dieser oder jener wirthschaftlichen Neuerung angesehen werden konnte, treten in erdrückender Anzahl solche Beobachtungen gegenüber, wo das Schälen schon lange vor der gleichnamigen Neueinführung oder auch noch gar nicht bemerkt wurde. Aber wenn auch directe Causalbeziehungen zwischen einem concreten Wirthschaftsfortschritte und der Wildschäle weder aus der Praxis, noch aus der Geschichte der Waldwirthschaft nachgewiesen werden können, so scheint es doch außer allem Zweifel, daß die Fortschritte in ihrer Gesammtwirkung, die fundamentale Umgestaltung der Waldwirthschaft überhaupt einen entscheidenden Einfluß auf alles Leben im Walde — den Forstwirth selbst nicht ausgenommen — ausüben mußte, ein Einfluß, dem in seinen weiteren Consequenzen doch auch ein zum Mindesten anregender Antheil an der Heranbildung des heute so waldfeindlichen Verhaltens des Wildes zufällt. —

Man denke sich nur die Forstwirthschaft um Mitte vorigen Jahrhunderts, man vergegenwärtige sich die Zustände, die noch in der ersten Hälfte dieses Jahrhunderts in vielen Forsten herrschten und man wird in Parallelbetrachtungen mit den Grundzügen der modernen Wirthschaftsprincipien die Ueberzeugung gewinnen, daß dem „Jetzt" ein vollständiger Umsturz des „Sonst" vorangehen mußte und factisch vorangegangen ist. Mit der Einführung des eigentlichen Kahlschlagbetriebes, wie er heute geübt wird, mit der Ausbildung der künstlichen Bestandesgründung nnd -Pflege wurde die Lebensweise des Rothwildes im Allgemeinen und speciell die

Ernährung in ganz andere Bahnen gedrängt. Die reichliche Weichholzmischung, welche Mutter Natur im verträglichen Plänterbetriebe überall mit heranzüchtete, verschwand mit dem Kahlhiebe vollständig, und die nachfolgende Aufforstung occupirte mit ihrem schablonenmäßigen Vorgehen in ununterbrochenem Zusammenhange die Schläge, reihte auch alle Blößen, saftige Aesungsplätze, selbst Wiesen mit in die uniformen Culturflächen ein, und die später beginnende Bestandespflege erblickte wiederum ihre erste und nächstliegende Aufgabe in der sorgfältigsten Ausmerzung aller etwa von Stockausschlägen, Wurzelbrut oder natürlichem Anfluge hervorgegangenen Mischhölzer. So trat an die Stelle der ewig wechselnden und reichlichen Kräuter-, Knospen-, Blatt- und Triebäsung des Naturwaldes das trostlos monotone Nahrungsangebot des Kahlschlagbetriebes, eine dürftige moos- und flechtendurchwucherte Grasnarbe der Schläge und jungen Culturen, und auch diese Aesung — im Sommer frisch, im Winter trocken oder faulig — konnte das Wild bei der Unruhe, die der intensive Betrieb in den Wald trug, eben nur suchen, wenn es die schutz- und deckungslosen Kahlschläge und die in ihrer formvollendeten Ausführung bis zum Eintritt des Bestandesschlusses vollständig durchsichtigen Reihenpflanzungen vertraut beziehen konnte. — Ist eine derartig tiefgreifende Veränderung der Lebensbedingungen, die sozusagen den Uebergang von der Naturwirthschaft zur Wirthschaftskunst markirt, ohne Rückwirkung auf die Existenz der Waldbewohner überhaupt denkbar? Mußte nicht das Hochwild seine ganze Lebensweise den neuen Verhältnissen anpassen und umgestalten?

In der That scheint man auch die Gefahren, die der hohen Jagd in dem stetigen Vordringen der neuen Wirthschaftsprincipien erwuchsen, sehr bald gewürdigt und darauf Bedacht genommen zu haben, das edle Waidwerk, welches ja heute und zu allen Zeiten den jungen Forstwirth zur grünen Fahne schwören heißt und die tüchtigsten, auserwählten Kräfte in die Dienste des Waldes ruft, nicht zu Schaden kommen zu lassen. Und nichts lag in dieser Erkenntniß näher, als das Bestreben, dem Wilde die Ausgiebigkeit und Mannigfaltigkeit des Aesungsangebotes, welche die fortschreitende Ausbildung der Waldwirthschaft ihm genommen, möglichst vollgiltig zu ersetzen. Damit hielt nun die moderne Wildfütterung ihren Einzug; dem umgestalteten Forstbetriebe mußte naturgemäß eine moderne Jagdpflege folgen und unter dem Regime dieser sind wir dahin gekommen, wo wir heute uns befinden: zu einem stetig zurückgehenden, mehr-weniger kränkelnden Wildstande, der in immer feindseligerem Verhalten gegen Wald und Waldcultur sich ergeht.

Kein Jäger, kein Forstmann ist sich darüber im Unklaren, daß der Hochwildstand weniger an Zahl und Verbreitung als an Qualität und körperlicher Entwickelung ungemein zurückgegangen ist. Alle Jagdhistoriker und Jagdzoologen[1]) constatiren, daß der Hirsch von Generation zu Generation geringer, schwächlicher wird, sogar die belletristischen Journale nehmen von dieser traurigen Thatsache Notiz, in stiller Resignation darauf hinweisend, daß das Edelwild mit der „modernen Forstwirthschaft" sich nicht vertrage. Sind das nicht mahnende Stimmen für uns Forstwirthe, die wir das Wild zu unseren Pflegekindern zählen, welches der Nachwelt unverkümmert zu erhalten und zu überliefern wir verpflichtet sind? Oder können wir etwa den immer lauter werdenden Klagen über den Verfall der Jagd im Allgemeinen beruhigend entgegentreten? Gewiß nicht! — Wenn wir in alten Jagdchroniken stöbern oder aufmerksamen Ohres der Erzählung eines ehrwürdigen Veteranen unseres grünen Faches lauschen; wenn wir die prächtigen Geweihe, die schönste Zierde der stolzen Jagdsäle wie des traulichen Stübchens der einsamen Försterei betrachten und in Localstatistiken die enormen Gewichtsangaben des braven Feisthirsches anstaunen, so können wir im Vergleich mit den besten Stücken der heutigen Jagdbeute uns der traurigen Gewißheit nicht verschließen, daß das Hochwild von damals nicht mehr existirt, daß es in langsamer

---

[1]) Vergl. auch u. a. Brehm's Thierleben.

Degeneration seinem Verfalle unaufhaltsam entgegen schreitet. Die kapitalen 18= — 24=Ender, die noch in der ersten Hälfte dieses Jahrhunderts alle zusammenhängenden Waldungen Mitteleuropas flüchtigen Laufes durchmaßen und deren wuchtige Geweihe, vom Vater auf Sohn und Enkel vererbt, hier und da in alten grünen Familien aufbewahrt werden, sind längst verschwunden; ihre Fährte finden wir höchstens noch in den großen, der modernen Cultur noch unzugänglich gebliebenen Waldgebirgen und Urwäldern, in denen die Natur ihre Kinder noch ohne Mithülfe des Menschen erzieht und pflegt, in denen der Schwächling ausgemerzt wird, wenn er den Kraft und Gesundheit bedingenden Verhältnissen nicht gewachsen ist. In den Culturforsten aber und ganz besonders in den geschlossenen Wildbahnen, da pürschen wir auf den Hirsch jener Zeiten vergebens; er ist längst zum Märchen geworden, — nur ein Schattenbild der ehemaligen Urkraft und Majestät. Hier sucht der junge Jäger vergebens ein Geweih unter den Trophäen seiner Beute, das neben den von seinem Vater überkommenen in Ehren bestehen kann, und mancher Hirsch, dem heute auf der Strecke das Epitheton ornans „jagdbar" zugesprochen wird, wäre wohl vor dem Richterstuhl unserer Väter als „Schneider" verworfen.

Diese Entartung des Edelwildes dürfte nun zur Schälfrage in engere Beziehungen treten, und jenen Momenten, welche den Verfall des Wildes begründeten und heute noch stetig fördern, dürfte auch die erste Anregung zum Schälen zur Last fallen: Der modernen Forstwirthschaft fällt die erste, so zu sagen die einleitende Rolle, der modernen Jagdhege die zweite, die wirkende Rolle zu; sie hat den Wildstand heruntergebracht; sie arbeitet noch heute in gutem Glauben an dessen Verfall und — an ihre Fersen heftet sich das Schälen.

Unternehmen wir zur näheren Erörterung dieser Anschauung einen kurzen Rundgang durch die gefütterten Wildbahnen, so begegnen wir namentlich in stark bevölkerten Thiergärten, vielfach aber auch in den freien Gehegen, mancherlei Erscheinungen, die unmittelbar darauf hindeuten, daß die übertriebene und ausgeartete Fütterung, die wild- und naturwidrige Lebensweise überhaupt, auf die Dauer das Gedeihen des Wildes nachtheilig beeinflussen, und in einer kurzen Parallele zwischen dem naturgemäßen Verlaufe des Wild- und Waldlebens mit der aufgezwungenen naturwidrigen Lebensweise der gepflegten Wildbahnen läßt sich dieser nachtheilige Einfluß wohl auch leicht motiviren: In der Wildniß steht der Hirsch in stetem Kampfe mit den Unbilden der klimatischen Verhältnisse und dieser Kampf stärkt und stählt; er erhält das Geschlecht auf seiner Höhe; der Schwächling scheidet aus; die Natur beugt einer Fortpflanzung seiner krankhaften Constitution vor. Die künstlich forcirte Pflege, wie sie sich in den Thiergärten ausgebildet und von da auch den Weg in die freien Gehege gefunden hat, ja sogar auch bis in die Gebirgswaldungen vorgedrungen ist, verweichlicht das Wild; sie schleppt den Kümmerer durch die Noth des Winters, und dessen Betheiligung an der folgenden Brunft bringt den kommenden Geschlechtern immer zweifelhaftere, scrophulosere Stammhalter. — Und werfen wir einen Blick auf die Qualität des Futters selbst. Das Winterfutter besteht, abgesehen von einer zeitweiligen, spärlichen Körnung und Mast vorwiegend — vielerorts auch ausschließlich — in Heu und zwar obenein in Heu, das der Oeconom aus naheliegenden Gründen von der Verwendung als Viehfutter ausschließt, das auf sauren sumpfigen Wiesen „sogenannten" Waldwiesen gewachsen, durch Regengüsse ausgelaugt, naß und verbrüht in unpractisch angelegten Wildschuppen eingeerntet und in Gährung übergehend, mit Schimmelpilzen behaftet dem Wilde vorgelegt wird. — Ist das eine Aesung für die edelste aller Wildgattungen, welche lange Jahrhunderte hindurch nicht allein im Walde, sondern auch in den Feldfluren frei und ungehindert einherschritt? Bietet diese Aesung ihm einen Ersatz für das, was ihm die Cultur des XVIII., XIX. Jahrhunderts genommen hat? Kann es bei solcher Fütterung, bei dem strengen Abschluß der Felder Wunder nehmen, wenn der Gesundheitszustand immer mehr sinkt und der Urtypus des Edelwildes mehr und mehr schwindet, wenn seuchenartige Krankheiten, von denen man noch in der ersten Hälfte des laufenden Jahrhunderts keine Ahnung hatte[1]), an Verbreitung, Intensität und Häufigkeit des Auftretens zunehmen und in manchen Thiergärten, wo zu alledem noch die andauernde Mischung verwandten Blutes die Degeneration naturgemäß beschleunigen muß, der Hirsch heute schon mehr in Gestalt, Haltung und Lebensweise der stammverwandten Ziege einherschreitet?

Man wird allerdings auf das hohe Alter der Wildpflege hinweisen und zur Geltung bringen, daß der Hochwildstand durch Jahrhunderte hindurch bei ständiger Fütterung ganz prächtig gedieh, nachweisbar die stärksten Geweihe trug und selbst in geschlossenen Wildbahnen auf der Höhe seines Daseins sich erhielt. Alles das ist gewiß richtig; aber wir streiten nicht gegen die Wildhege von ehemals, greifen überhaupt das Princip der Wildfütterung nicht an; wir eifern vielmehr gegen die Art und Weise der heute üblichen Fütterung, speciell gegen die Qualität und Einförmigkeit der gebotenen Aesungsmittel; wir verdammen die Gleichgiltigkeit und Kurzsichtigkeit, mit welcher heutzutage die Futterfrage in den Wildgehegen behandelt wird. — Thiergärten und Wildfütterung sind unbestritten viel älter als Kahlschlag, Durchforstung, Pflanzcultur rc., und wenn man auch die „brogilos“ (Brühle) Karls des Gr. nach Zweck und Art mit den heutigen Anlagen nicht vergleichen darf, so entstammen doch die großen, derzeit vielfach noch bestehenden Thiergärten schon dem XVI., XVII. Jahrhundert, jenen Zeiten, wo der durch unerhörte Flurbeschädigungen wirth-

[1]) Heute sind die in stark besetzten Wildbahnen von Zeit zu Zeit auftretenden Infectionskrankheiten Gegenstand eingehender Forschung der pathologischen Institute. Auch Brehm erwähnt, daß Milzbrand, Leberfäule, Ruhr rc. das Rothwild ungemein stark decimiren, daß in schlechten Jahren auch noch viele Hirsche aus noch „unbekannten Ursachen“ eingehen. — Ein starker Wildstand vertrage sich mit der heutigen Forstwirthschaft nicht.

schaftlich ruinirte Bauernstand in wildaufbrausender Bewegung die Landesregierungen zwang, die Reduction der enorm starken Wildstände anzuordnen, beziehungsweise deren Absperrung vom Felde durch gesetzliche Verordnungen zu regeln. Die Fütterung und Pflege des Hochwildes ergab sich als eine nothwendige Consequenz der diesbezüglichen Feldschutzmaßnahmen; aber die Art und die Qualität der Aesungsmittel war damals eine andere als heute; die Fütterung suchte zu ersetzen, was das Wild im Verlust der Felder eingebüßt hatte. Zu jenen Zeiten drehte sich eben die ganze Waldwirthschaft um die Jagd, der Wald erlangte eigentlich erst in der Existenz des Wildes seinen Werth und seine Bedeutung; ihm zu Liebe wurden die üppigsten Waldtheile niedergeschlagen, gerodet und in geregelter Feldwirthschaft mit den edelsten Aesungsmitteln bebaut. Noch Döbel und andere spätere Autoren sprechen in den Thiergärten, auf die ja die Fütterung bis in die neueste Zeit beschränkt blieb, von ausgedehntem Rübenbau, Kartoffeln, Mais, Buchweizen, Hafer rc. und im Winter von reichlicher Körnung und Mast rc. Bei einer derartig luxuriösen Fütterung, die ja die Leistungsfähigkeit der Natur bei Weitem, aber doch in einer naturgemäßen Form überbot, mußte das Wild gedeihen. Aber wo blieben diese Grundsätze in dem Augenblick, wo der steigende Werth des Waldes materielle Interessen zum Durchbruch brachte? Hatte bisher die krankhaft-wetteifernde Prunksucht des Jagdbetriebes[1]) ungeheure Summen verschlungen und vielfach den wirthschaftlichen Ruin der Länder, den finanziellen Sturz der Höfe herbeigeführt, so sollte nun der Wald viel tragen und die Jagd zwar mit ihrem bisherigen Vergnügungs-Angebot erhalten werden, aber möglichst wenig kosten. Der immerhin noch sehr hohe Aufwand konnte öfter nicht beschafft werden, man fing an zu sparen und zwar an einer Stelle, wo es — für den Augenblick wenigstens — unbe-

[1]) Man denke z. B. an das Fest, welches Herzog Carl v. Würtenberg dem Großfürsten Paul von Rußland zu Ehren veranstaltete. Zu diesem Jagdvergnügen wurden im Park von „Solitude" an 6000 Stück Hirsche zusammengebracht.

merkt und unbeschadet des äußeren Glanzes geschehen konnte —, die Fütterung wurde kärglicher, einförmiger, sie wurde zur Viehfütterung und sank in neuester Zeit noch weit unter dieselbe herab. Mit ihr das Wild selbst.

Heute glaubt man schon ein Uebriges zu thun, wenn man die monotone Heufütterung durch ein Händchen voll Kastanien, Eicheln oder Hafer ergänzt, die gewöhnlich von den die Schutt umlagernden, kränkelnden Stücken vollständig weggeäst sind, ehe das vorsichtige, seine Natur noch nicht ganz verleugnende Rudel herzutritt. — Das sind die Thiergärten, von denen R. v. Dombrovsky in seiner „Monographie des Edelwildes" so treffend sagt, daß sie „zum Pferch, zum unbedachten Stalle herabsinken, die dann eben kein edles Wild mehr, sondern eine Herde verkommener Wiederkäuer beherbergen und das Waidwerk zur Schlächterei herabwürdigen".

Wohl weiß auch die heutige Jägerei, was dem Wilde gefuttert werden sollte; in allen bedeutenderen Werken der jüngeren Jagdlitteratur stehen die Aesungsmittel zu einem glänzenden Speisezettel vereinigt. Man empfiehlt die Anzucht gerbstoffreicher Weichhölzer, reichliche Vorlage von Kartoffeln, Rüben, Möhren, Topinambur, gutem Futterlaube, Kastanien, Eicheln, Hafer, Mais 2c.; aber in der Wirklichkeit bleibt diese Art der Fütterung nur frommer Wunsch; sie ist zu kostspielig und erfordert ansehnliche Geldbeträge, deren Höhe in einem einfachen Rechenexempel sich fixiren läßt; und diese Kostenberechnung schreckt ab; man zieht es vor, sich die zehnfachen Schäden im Walde anrichten zu lassen, die sich eben jeder Berechnung entziehen.

Mit freudiger Genugthuung sei hier erwähnt, daß man in allerjüngster Zeit an manchen Orten der Wildfütterung wieder mehr Aufmerksamkeit zuzuwenden scheint, zur Vorlage guter und mannigfacher Aesungsmittel zurückgeht, Wildäcker anlegt oder auch dem Wilde die öconomischen Gründe zugänglich macht, denn man lernt mehr und mehr einsehen, daß die Existenz des Wildstandes arg gefährdet ist und daß auch der Wald schwer zu leiden hat. Es wird keine leichte Aufgabe sein, das Wild zu einer naturgemäßen Lebensweise zurückzuführen und es mit der großen Anzahl von Aesungsmitteln allmählig wieder betraut zu machen, die es zu nehmen längst verlernt hat. Die natürliche Winteräsung: Haide, Moose, Vaccinien und den lange in den Winter hinein grünenden Rubus fructicosus rührt manches futtergewohnte Wild nicht an, selbst dem Proßholze und — wie wir gesehen — der Kartoffel, Topinambur entfremdet sich das Wild mit der Zeit ganz und gar; es zieht die Krippe vor und steht geduldig bei der Schutt, die den Inbegriff seiner Existenz bildet, bis der Hornruf des Hegers ihm verkündet, daß aufgerauft ist, und dann zieht es herbei und „frißt" in gierigem Wetteifer, was ihm geboten wird.

Und vergegenwärtigen wir uns kurz auch die Art und Weise der Nahrungszufuhr selbst. In naturgemäßer Befriedigung seines Aesungsbedürfnisses befindet sich das Wild in ständiger, die Verdauung wohlthätig anregender Bewegung, um in mehrstündigem „Weidegange" die seiner jeweiligen Disposition entsprechende Nahrung mühsam und in bescheidenem Zubeißen sich zusammenzusuchen. Dabei findet das Wild die Zeit, die aufgenommene Nahrung sorglich zu kauen, und dieses wie der ewige Wechsel des Aesungsangebotes — bei jedem Schritt ein anderer Bissen — fördert eine reichliche und nachhaltige Speichelsecretion. — Das an der Krippe stehende Wild dagegen greift mit vollem Geäse und mit wahrhaft wetteifernder Gier und Hast, die nur zu oft noch durch die Angst vor dem Knall der Büchse gesteigert wird, in die massig dargebotenen Futtervorräthe ein, um sie flüchtig zu schlinggerechten Ballen zu formen, die es nach oberflächlicher Speichel-Beschleimung in schneller Folge abschluckt, so lange der Magen Raum bietet; der eigentliche Sättigungsact dauert kaum eine Viertelstunde und ist nichts anderes als eine mechanische Anfüllung des Waidsackes mit trocknen, der innigeren Speicheldurchtränkung entbehrenden, dabei schlecht gekauten und dicht gelagerten Aesungsballen, deren

Verdauung der Magen aus eigener Kraft nicht bewältigen kann, weil das verdauende Element, die reichliche Speichelbeimischung fehlt. Hiermit scheint die natürliche Vorbedingung für das Bedürfniß einer Nachäsung, welche eine recht ausgiebige Speichelsecretion wachruft, geschaffen, und diese Nachäsung findet das Wild in der harten, längeres Kauen erfordernden und brockelig-locker sich ablagernden Baumrinde, deren Gerbgehalt die Thätigkeit der Speicheldrüsen anregt, die Magenschleimhäute reizt und den Verdauungsproceß eigentlich erst einleitet.

Daß aber eine stetig sich wiederholende Magenüberfüllung, die unzuträgliche Ernährungsweise überhaupt, wie sie sich zunächst an die heutige Wildfütterung, im weiteren Sinne aber auch an das einförmige, unzuträgliche Aesungsangebot des modernen Wirthschaftswaldes bindet, mit der Zeit den ganzen Verdauungsapparat schwächen, abstumpfen und die Gesundheit aufs Nachtheiligste beeinflussen muß, liegt auf der Hand, wird außerdem durch manche analoge Beobachtung aus dem Thierleben bestätigt. — Wie oft sieht man sich in strengen Wintern oder auch bei plötzlich eintretender stärkerer Schneelage veranlaßt, auch den Hasen Futter vorzulegen. Sie gewöhnen sich sehr bald, nehmen das vorgelegte Heu, verbeißen aber dabei die Culturen, benagen die Laub- und Nadelhölzer ungemein stark und gehen obenein sodann in solchen Massen zu Grunde, daß die Besatzung der Jagd geradezu gefährdet erscheint und — in derselben Zeit schießt man in den oberen Lagen, wo man es nicht der Mühe werth hielt, den wenigen dort vorkommenden Hasen Futter zu reichen, die stärksten, feistesten Hasen und weiß vom Eingehen derselben gar nichts. In den strengen Wintern 1885 und 1886 wurden an den hiesigen Hochwildschutten mehrfach eine bestimmte Anzahl von Hasen als ständige Gäste beobachtet; — sie sind alle in der Umgebung der Futterplätze verendet gefunden worden, während man in den abseits von den Schutten gelegenen Waldtheilen von Eingängen nichts bemerkte. In einigen Revieren der niederen Jagd wurde Heu, Kleeheu vorgelegt; die Hasen gingen massenhaft ein. In anderen wurde nur Birkenbroß gefällt; die Hasen ästen das Astwerk bis zu Fingerstärke, aber abgesehen von einzelnen schwächlichen Individuen, den Spätlingen des letzten Satzes, brachten sie sich kärglich durch die Noth des Winters. Wo gleichzeitig Haferstroh, Erbsenstroh vorgelegt wurde, oder die Hasen die Wintersaaten der Felder frequentirten, waren die Eingänge stets und überall viel geringer. Im böhmischen Forst-Vereinsheft II. 1873 theilt Forstmeister Wallenfels mit, daß die Hasen im Winter 1845 bei Genuß von Wiesenheu fast ausgerottet wurden, während sie sich zu derselben Zeit bei Verabreichung von Hafergarben sehr wohl befanden und ohne Verluste überwinterten. — Aehnlich ist es mit den Rehständen. Die schlecht, d. h. einförmig gefütterten Gehege gehen in quali und quanto schnell zurück, ungeachtet der Abschuß auf ein Minimum sich beschränkt; der freie Stand, der unter oft weit schwierigeren Verhältnissen sich selbst überlassen ist, gedeiht blühend empor, wiewohl er stärker beschossen wird.

Auch im Leben der Hausthiere fehlt es nicht an ähnlichen Erscheinungen. Der Landwirth weiß sehr wohl, daß das Stallvieh bei einer richtigen Combination der Futtermittel sich am wohlsten befindet und verdammt dasselbe nie zur Monophagie. Dr. Grouven sagt in seinen „Fütterungsversuchen und chemischen Fütterungs-Normen", daß Mensch und Thier nicht ausschließlich von wenigen Nährstoffen leben können, er verwirft das „Generalfutter", will reiche Abwechselung haben und womöglich Stallung und Futtersystem so eingerichtet wissen, daß jedem Stück die instinctive Wahl seiner Nahrung nach Menge und Art überlassen werden könne. Er hat durch unzählige Experimente mit allen Hausthieren das entschiedene Abwechselungs-Bedürfniß in der Nahrungszufuhr dargethan. Wo er das Vieh zu einseitiger Nahrung zwang, war Kümmern und Siechthum eingetreten, und in allen extrem gehaltenen Fällen gingen die Thiere ein. Im Stalle des armen Bauersmannes, der dem Rindvieh eine Abwechselung in der

Futtervorlage nicht bieten kann, kümmert das Vieh sichtlich; die Racenentartung bildet die Regel und geht weit schneller von Statten als im Hofe des wohlhabenden Oeconomen, der das Princip des Futterwechsels kennt und würdigt. — Auch ist es eine bekannte Thatsache, daß die Kuh bei anhaltender Heufütterung ihr Bedürfniß nach einer Zuspeise dadurch kundgiebt, daß sie das Düngerstroh unter sich annimmt. Ist das nicht ein den äußeren Umständen adaptirtes Vorgehen, wie die Rinden-Zuäsung des Rothwildes? Selbst das Grasfressen des Hundes, das Steine-, Sand-, Erdeschlingen vieler anderer Thiere dürfte auf das Bedürfniß einer reichlichen Speichelzufuhr in den mit schwerverdaulichen Stoffen überfüllten Magen zurückzuführen sein.

Wir sehen sonach die heutige monotone Wildfütterung in der That stark belastet, ihren Werth in ein sehr zweifelhaftes Licht gestellt, wenn wir uns den durchweg rückgängigen Gesundheitszustand des Wildes im Allgemeinen und besonders in den sorglichst gepflegten und gefütterten Wildbahnen vergegenwärtigen[1]).

---

[1]) Wir haben mehrfach auch vergleichende Untersuchungen an Wildstücken, die in schälenden und gefütterten und anderseits an solchen angestellt, die in nicht gefütterten und schälunkundigen Wildständen erlegt wurden. Die ersteren waren sämmtlich an Leib und Gewicht auffallend gering, außerdem an Lunge, Leber, z. Th. auch an der Milz total krank. Die Stücke aus nicht gefütterter Wildbahn waren alle kerngesund. Als weitere Wahrnehmung wären vielleicht noch erwähnenswerth die relativ bedeutenden Gewichtsschwankungen des Waidsackes von gefütterten, schälenden, und nicht gefütterten, nicht schälenden Stücken. Die Waidsäcke wurden sorglich entleert, ausgewaschen und ihr Fassungsraum durch Wasserfüllung ermittelt. Derselbe schwankte ganz unregelmäßig zwischen 22,5 u. 24,0 Liter. — Das Gewicht des Waidsackes von 4 in gefütterter und schälender Wildbahn zwischen dem 1. u. 10. Januar erlegten Stücken betrug:

4,15 k; — 4,00 k; — 4,50 k; — 4,00 k. —

Das Gewicht des Waidsackes von drei in nicht gefütterter und nicht schälender Wildbahn in gleicher Zeit erlegten Stücke dagegen:

2,75 k; — 3,00 k; — 2,75 k. —

Diese Differenzen sprechen beim gefütterten Schälwilde für einen dickwandigeren Waidsack. — Doch das nur beiläufig.

Sie bringt den natürlichen Reinigungs- oder Ausscheidungsproceß, den die Natur an allen ihren Kindern vollzieht; ins Stocken, sie nährt den Schwächling, fristet sein Dasein und vermittelt die Fortpflanzung schwächlicher, kranker Constitutionen — trägt die Entartung von Generation zu Generation. Und wenn wir sonach constatiren, daß die moderne Wildpflege in bestimmten Beziehungen zu der geschwächten Gesundheit des Hochwildes steht; daß das Wild in den gefütterten Gehegen und besonders in den Thiergärten am schnellsten, auffallendsten zurückgeht und kränkelt, seine Entartung an die naturwidrige Lebensweise sich bindet, so berechtigt uns wohl die weitere Erfahrung, daß die Schälschäden überall in den geschlossenen Wildbahnen zuerst auftraten und von da sich verbreiteten, zu dem Schlusse, daß die übertriebene Pflege der Neuzeit auch die Ursachen zum Schälen als ein natürliches Folgeübel mit sich brachte, insofern das einförmig genährte, kränkelnde Wild durch Instinkt oder Geruchsinn auf den reichen Gerbstoffgehalt der Rindenäsung hingeleitet wurde, dessen Genuß und Wirkung ihm schon durch die Knospen- und Triebäsung von jeher bekannt war.

Nebenher beeinflußt die Fütterung auch die äußeren Lebensgewohnheiten des Wildes ungemein und steigert z. B. die Intensität der Wildschäden durch Bildung übermäßig starker Rudel, eine Thatsache, die wir schon in der älteren Jagdlitteratur erwähnt finden. Aber zu jenen Zeiten wird von Rudeln zu 10—15, höchstens 20 Stücken gesprochen, von Rudeln, deren Basis eben nur das Familienleben bildete. Heute ist die Stärke der Rudel von der Zahl der Futterplätze abhängig, und hat ein Revier bei einem Wildstande von 100—150 Stück nur eine einzige Fütterung, so steht das Wild, zum mindesten während der Dauer der Futtervorlage, in einer einzigen großen Heerde zusammen, um sich tagtäglich von den Stammältesten zur Krippe führen zu lassen. Derartige Zusammenrottungen haben aber unter allen Umständen große Bedenken, einerseits bezüglich des Werthes der Aesung — das Wild wirft sich in Gesellschaft stets mit wetteifernder Gier auf das gebotene Futter — anderseits bezüglich der Localisirung aller angerichteten Schäden, die sich bei geringen Rudeln oft auf die 4- und 10-fache Fläche vertheilen und an wirthschaftlicher Bedeutung verlieren.

In den vorstehenden Erörterungen haben wir versucht, unserer Ueberzeugung über die Entstehung der Wildschäle Ausdruck zu geben, wie sie im Studium der einschlägigen älteren und neuen Litteratur, in der Beobachtung des Wild- und Waldlebens und im mündlichen wie schriftlichen Verkehre mit zahlreichen Fachgenossen sich uns aufgedrängt hat: Die Einführung des intensiveren Wirthschaftsbetriebes mit seinen mehr oder minder künstlich ausgebildeten Disciplinen, dann die in allgemeinen Culturfortschritten sich begründende Feldsperre involvirten nothwendig eine empfindliche Störung in der Lebensweise des Edelwildes, und aus dieser Störung, welche namentlich auch die Verringerung und Abwechselung des Aesungsangebotes mit sich brachte, würde als die natürliche Consequenz eine entsprechende Reduction des Hochwildstandes von selbst sich vollzogen haben, wenn nicht gleichzeitig die Jägerei für die nummerische Erhaltung und Mehrung des Wildes eingetreten wäre, die eben nur durch künstliche Pflege, durch Fütterung erzielt werden konnte. Indessen hielt sich die Fütterung zunächst und lange Zeit hindurch noch in natürlichen Grenzen, suchte meist sogar das Aesungsangebot der Natur nach Menge, Qualität und Mannigfaltigkeit zu übertreffen; sie machte dem Wilde den Wald sozusagen zum Paradies. Mit dem steigenden Holzbedarf einerseits und den außerordentlich umfangreichen Wind- und Insectenverheerungen des vorigen Jahrhunderts anderseits, erlangte der Wald eine nie geahnte Bedeutung, und die Sorge vor Holzmangel, der Werth der Waldproducte gaben dem Forstbetriebe eine bestimmte, rein materielle Richtung, welche ihrerseits die erste Anregung zum Ausbau der modernen Ertragswirthschaft bot; sie stellte die kostspielige Wildpflege sehr bald auf den Extra-Status, und die Vorlage von gemischten Aesungsmitteln edler Qualität wurde zur Viehfütterung ordinärster Art degradirt. Langsam und allmählig wurden am Wilde die Folgen der unnatürlichen Pflege bemerkbar, langsam, aber stetig zunehmend bemerkte der Forstwirth ihre Folgen in dem feindlichen Verhalten des Wildes gegen den Wald, und je mehr die Fütterung sank, das Aesungsangebot des Wirthschaftswaldes an Einförmigkeit zunahm, um so rapider ging es in seinem Gesundheitszustande zurück, um so mehr hing es der Rindenäsung nach, in deren Genuß es sich eine den ganzen Verdauungsapparat anregende Speisezufuhr sicherte. Diese Verkettung von nachtheiligen Einflüssen auf Leben und Gesundheit des Wildes als primäre Schälursache ansehend, geben wir dann gern zu, daß in zweiter, dritter Instanz auch Gewohnheit, Uebertragung durch Lehren und Lernen, ja sogar Muthwille, Langweile, Leckerei ꝛc. bis zu einem gewissen Grade die Verbreitung und Ausdehnung der Schälschäden fördernd beeinflussen und können somit zugleich allen den auf thatsächlichen Einzel-Beobachtungen beruhenden Anschauungen über diese Frage vollkommen gerecht werden. Auch dürften viele andere Ansichten und Widersprüche über die Schälursachen in der hier geschilderten Auslegung des Entwickelungsganges der Schälschäden aufgehen. und harmonisch sich einigen, denn sie erklärt uns auch das temporär so außerordentlich verschiedene, aber seit Mitte des vorigen Jahrhunderts ziemlich regelmäßig sich steigernde Auftreten der Schälschäden, erklärt auch die vielfachen Beobachtungen und Wahrnehmungen, daß das Schälen in den durch übertriebene Pflege herabgekommenen Wildständen, d. i. in den Thiergärten, seinen Herd hatte, von dort mit der krankhaften Constitution des Wildes sich verbreitete. Diese Anschauung steht auch im Einklange mit der historischen Thatsache, daß die Schälschäden zuerst am Harze auftraten, durch lange Zeit auf dessen reiche, nach Bösen unzweifelhaft mit Heu („Wiesenwachs") gefütterten Wildstände sich beschränkten, und daß ebendort die Forstwirthschaft schon zu Anfang des vorigen Jahrhunderts mit dem blühenden Bergbau in fortschrittliche Bahnen einlenkte[1]); sie steht ferner im Einklange mit dem Nachweise, daß die Schälschäden in den österreichischen Landen, in deren Waldreichthum die Forstwirthschaft weit später sich entwickelte, auch weit jüngeren Ursprungs sind, daß sich auf vielen Domainen Böhmens ein gewisser Zusammenhang mit forst- und jagdwirthschaftlichen Fortschritten constatiren läßt. Die Ansicht tritt nicht in Widerspruch mit den neuesten Untersuchungen über die Schälursache, nicht mit den Erörterungen über den derzeitigen Stand und Verbreitung der Schälschäden; sie erklärt auch mancherlei in directer Beobachtung des schälgewohnten Wildes gewonnene Erfahrungen (starkes Schälen bei feuchter Witterung und im Frühjahr, besondere Schälneigung auf stark angeästen Magen ꝛc.) und wird endlich auch bekräftigt durch die allseitig bestätigte Erfahrung, daß noch heute in großen Gebirgswaldungen, in denen sich die Principien der modernen Forst- und Jagdwirthschaft noch nicht Eingang verschafft oder wenigstens nicht zur höchsten Stufe sich ausgebildet haben, in denen der sich selbst und der Mutter Natur überlassene Hirsch noch die würdigsten Repräsentanten seines Geschlechtes aufweist, keine eigentlichen Schälschäden vorkommen[2]).

---

[1]) Es sei nur vorübergehend an die berühmte Forstwirthschaft im Wernigerödischen unter Oberforstmeister v. Zanthier erinnert. — Der Bergbau am Harz wird bis zurück ins IX. Jahrhundert verfolgt; er nahm nach Bösen gerade mit Anfang des XVIII. Jahrhunderts einen bedeutenden Aufschwung und mußte nothwendig die frühe Entwickelung der Forstwirthschaft begründen. —

[2]) Einem freundlichen Handschreiben R. v. Dombrovsky's entnehmen wir eine diesbezügliche Stelle: „Nirgends", schreibt er, „wo der Wald natürliche Bestandesverhältnisse aufweist — nirgends wo im Forste noch gewissen Parias Raum gewährt wird, habe ich die leiseste Spur vom Schälen entdeckt. Die Wälder Ostgaliziens und namentlich jene der Bukowina, welche noch einen guten Hochwildstand bergen, zeigen keinerlei Spuren vom Schälen."

Ganz ähnliche Beobachtungen theilt uns auch Professor Henschel aus seinem reichen, in langjähriger Alpenpraxis gesammelten Erfahrungsschatze mit.

Aber wenn nun auch alle diese Momente auf bestimmte Causalbeziehungen zwischen den Fortschritten der Forstwirthschaft und Jagdpflege einerseits und der Wildentartung und den Schälschäden andererseits hindeuten, so soll gleichwohl den hier ausgesprochenen Anschauungen eine maßgebende Bedeutung nicht beigelegt werden, vielmehr möge die definitive Lösung der Frage „Warum schält das Wild?" den weiteren Forschungen vorbehalten bleiben, die sodann angeregt und vielleicht in eine bestimmte Richtung gedrängt zu haben, das bescheidene Verdienst der hier niedergelegten Erwägungen bleibt. Es wird sich gewiß manches gegen unsere Auffassung zur Geltung bringen lassen, auch manche Erfahrung und Beobachtung vielleicht mit derselben in Widerspruch treten; sie alle mögen mit erwogen und sorgfältig geprüft werden; nur davor sei gewarnt, concreten Erscheinungen und isolirt dastehenden Wahrnehmungen ohne weiteres eine entscheidende, generalisirende Wirkung beizumessen, denn die oberflächliche Forschung bildet stets eine gefährliche Waffe, nur zu geeignet die mühevollsten Untersuchungen anzugreifen, und deren Resultat in ein zweifelhaftes Licht zu stellen.

Uebrigens kann der Einzelne auf dem weiten Gebiete, welches den diesbezüglichen Studien offen steht, nur wenig Ersprießliches leisten; die Initiative zu größeren, zusammenhängenden Forschungsarbeiten muß von Seite competenter Behörden und Vereine ausgehen, und wenn die Beweisführung des II. Abschnittes anerkannt wird, derzufolge das Schälen keine natürliche Aesungsform, sondern eine mit irgend welchen Einführungen der neueren Culturfortschritte

— Dagegen ist uns von anderer Seite eine einzige gegentheilige Mittheilung zugegangen: Der gräfl. Potocky'sche Forstdirector Drahonovsky, der früher die Forsten Galiziens und der Bukowina als k. k. Forstingenieur kennen zu lernen Gelegenheit hatte, schreibt, daß er die Winterschäle auch im Urwalde gefunden, wenn ihn der Zufall in die räumlich sehr beschränkten Winterstände des Rothwildes geführt habe. Von eigentlichen Schäden könne aber nicht die Rede sein. Die gepflegten Wildbahnen schälen dagegen so stark wie bei uns. —

heraufbeschworene Untugend ist, so kann und wird es angesichts der Thatsache, daß die Schäden vielerorts erst zu Zeiten und unter Wirken unserer noch lebenden und emsig arbeitenden Fachgenossen auftraten, daß die Schäden noch heute von Wildbahn zu Wildbahn übertreten und überall eine acute Intensitäts-Zunahme erkennen lassen, angesichts der Thatsache also, daß wir einer Erscheinung gegenüber stehen, deren Aus- und Fortbildung vielfach in die Gegenwart fällt, nicht schwer fallen, durch statistische Erhebungen das Schälmotiv definitiv zu ergründen. Aber zu diesen Forschungen ist es die höchste Zeit. Jedes Jahr lichtet die Reihen unserer Fach-Gedenkmänner, deren Erinnerung noch vielfach über das Alter der Schälwunden zurückreicht und deren Angaben das wichtigste Material zur Lösung der Schälfrage bieten würde. —

IV.

Einflüsse der Schälschäden auf Holz und Bestand.

Die heikelste Frage auf dem Gebiete der gesammten Forstschutzpflege, die heißest umstrittene Position, in der Forstmann und Jäger in aufreibender, harter Fehde sich begegnen! —

Wer den Einfluß des Schälens auf Zuwachs und Holzqualität, seine Folgen in wirthschaftlicher und finanzieller Beziehung behandeln will, der muß sich freimachen von allen einseitigen Anschauungen; er muß sich vielleicht auch hinwegsetzen über manche Opportunitäts-Rücksichten, muß Stutzen und Waidtasche zu Hause lassen und die lebhaften Sympathien gewaltsam unterdrücken, welche jede gute Fährte, jedes hochgefegte Reidel wachrufen, um vorurtheilsfrei und mit kalter Ueberlegung seiner schweren Berufspflicht als Forstwirth allein zu genügen, die in diesem Punkte leider mit den Gefühlen der Waidmannsbrust in grellem Widerspruch steht. In der That, — es muß ein schwerer Kampf von einander widerstrebenden Empfindungen ausgekämpft sein, bevor die dualistischen Bedenken des waidgerechten Forstwirthes oder des forstgerechten Waidmannes sich ausgleichen und harmonisch zusammenfließen in der richtigen Erkenntniß, daß Wald und Jagd ebenso unzertrennlich, wie Forstwirth und Jäger, daß auch hier das heilverheißende „viribus unitis“ gilt, und ein einseitiges Vorgehen zu nichts führen, vielleicht nur schaden kann. Wo diese Ueberzeugung Platz gegriffen, wo man sich darüber klar geworden ist, daß der schönste Wald doch noch die nächstliegenden und besten Garantien für den Bestand der Jagd bietet, daß sozusagen ein echt forstliches Wirken und Schaffen als die natürlichste Basis für die Wildhege und -pflege anzusehen ist, da dürften die Vorbedingungen für ersprießliche und vorurtheilsfreie Erörterungen über die nachtheiligen Folgen der Schälbeschädigung gewonnen sein.

Eine exacte Klärung dieser Frage ist für die Forstwirthschaft, wie für die Jagd von allergrößter Bedeutung, denn sie allein kann die Stellung, in der sich Wald und Wild einander gegenüberstehen, vollkommen präcisiren und sobald das geschehen, wird der Forstwirth auch die Mittel ausfindig machen, sich die Jagd zu erhalten, ohne den Wald zu Schaden kommen zu lassen oder gar preiszugeben.

Es hat zu allen Zeiten Forstwirthe gegeben, welche die Schälschäden durch die mildernde „Jägerbrille" besichtigten; solche, die aus Mangel an eigener Erfahrung ohne kleinliche Motive die große Schädlichkeit negirten, leider aber auch — und das war zumeist der Fall — solche, die gegen ihre bessere Ueberzeugung für die Unschädlichkeit beziehungsweise verschwindend geringe Schädlichkeit des Schälens eintraten; und vornehmlich diesen letzteren und ihren einflußreichen Verbündeten haben wir es zu verdanken, daß die forstliche Praxis einer hochwichtigen Frage, an deren definitiven Lösung jeder Forstwirth vom höchsten bis zum niedrigsten leicht und erfolgreich mitarbeiten konnte, solange ungeeint gegenüberstand, — eine Thatsache, über welche die Gegenwart angesichts der Riesenfortschritte, welche die letzten 50 Jahre in den Wald getragen haben, wohl mit Recht sich wundern darf.

In der älteren Litteratur herrscht über die Schädlichkeitsfrage des Schälens ziemliche Uebereinstimmung.

Gleich in den ältesten Aufzeichnungen in Bösen's Haushaltsprincipien vom Jahre 1753 heißt es im vierten Kapitel des III. Abschnitts, § 50: „Indessen ist die Sache so schädlich, daß, weil die Bäume aus solchen Wunden und Rissen, so das Wildpret daran am meisten in der Saftzeit oft noch Lachters hoch über sich machet und von den Leuten dann doch hernach, so Harz klauben oder abschrappen dadurch fast alljährlich wieder erfrischet werden nicht allein ihr Nahrungssaft abgezapfet und solchergestalt ihr Wachsthum gehindert wird, sondern daß sie auch an solchen Stellen mürbe und faul und im starken Winde dann daselbst so viel eher bei der Riege her abgebrochen und umgeworfen werden."

v. Burgsdorf sagt in seinem Handbuche 1796, daß das Schälen „Krankheit und Tod" nach sich ziehe.

v. Sierstorpf „die Fichte" 1813 „... Denn da diese Beschädigungen an den Stämmen nicht wieder auswachsen, so bleiben, wenn auch der Baum dabei noch eine beträchtliche Stärke erreicht, doch diese Stellen immerwährende starke Harzgallen, die zu baldiger Stammfäule und Kernröthe Anlaß geben, wobei denn solche Stämme auch auf diesen Stellen, wo das Holz nicht geradgängig, sondern masericht wächst, oft durch Sturm und Schneedruck abgebrochen werden. Man thut daher in den meisten Fällen wohl, solche stark beschädigten Oerter abzuholzen und von neuem zu cultiviren."

Im Jahre 1831 deponirt sodann W. Pfeil die bereits im II. Abschn. gebrachte Ansicht, daß die Schälstellen „rothfaul und brandig" werden und giebt derselben in seinen pflanzenphysiologischen Aphorismen (Kritische Blätter XXVIII. 2. 1850) den denkbar schärfsten Ausdruck, indem er anführt: „Fichtenbestände, in denen das Rothwild die junge Rinde geschält hat, . . . werden stets rothfaul". — Einen Sturm der Entrüstung rief diese Behauptung in den Jägerkreisen wach, aber doch rüttelte sie auch viele Waldbesitzer und Pfleger jäh aus ihrer Sorglosigkeit auf und gab offenbar den ersten Anlaß zu diesbezüglichen Untersuchungen, deren wir von dieser Zeit an öfter in der Litteratur verzeichnet finden. — Wohl ging Pfeil weit, weiter als irgend einer seiner Zeitgenossen, aber er that daran jedenfalls besser, als alle diejenigen, welche darauf hinausgingen, die Waldbesitzer in Sorglosigkeit einzuwiegen und die Aufmerksamkeit von einem hochwichtigen Gegenstande abzulenken. Pfeils Ansicht tritt jedenfalls der Wahrheit weit näher, als die gewöhnlich auf vereinzelten Beobachtungen und oberflächlichen Untersuchungen beruhende Ansicht, daß das Schälen nur in seltenen

Fällen Rothfäule, gar nie aber Zuwachsverluste zur Folge habe. Wer will den Pfeil'schen Satz widerlegen? Die geschälte Fichte wird gewiß rothfaul; nur das „Wann" ist die offene Frage.

Die Behlen'sche Forst- und Jagdzeitung v. J. 1843 bringt in dem interessanten Artikel „eine eigenthümliche Wildbeschädigung an Fichten" (conf. Abschn. II, Seite 24) eine Andeutung der nachtheiligen Folgen; und 1858 bezeichnet Forstmeister Ihrig das Schälen in seinem sehr beachtenswerthen Aufsatze (Suppl.-Hft. d. F. u. J. Z.) als die verwünschteste Beschädigungsform und führt aus: „Rings-um geschälte Stämme sterben sicherlich ab; nur theilweise geschälte Stangen sterben auch theils ab, theils dauern sie aus, je nach Größe der Beschädigung, der Standortsgüte, dem Standort selbst und den Witterungsverhältnissen." Die Qualität der Nutzhölzer werde namentlich bei den Nadelhölzern sehr beeinträchtigt.

In demselben Jahre tritt Forstmeister Pape in seiner in Clausthal erschienenen Brochüre über „das Schälen des Hochwildes" warm für den Wildstand ein und bestreitet das Entstehen der Rothfäule ebenso wie die Benachtheiligung des Zuwachses, sucht auch die Wind- und Schneebruchgefahren, welche die geschälten Bestände bedrohen, in mildestem Lichte darzustellen, kann aber trotzdem, trotz allen Windens und Wendens nicht umhin, die nachtheiligen Folgen zuzugestehen, wenn er auch glaubt, daß sie für die concreten Verhältnisse des Harzes minder fühlbar oder, wie er bezeichnender Weise selbst sagt, „nicht unerträglich" seien. Pape's Argumentationen stehen wohl auf sehr schwacher Basis, wenn er, den Verlust an Nutzholz zugestehend, auf Seite 15 ausführt: „. . . Daß dieser Uebelstand (die Wrackmaterialerzeugung beim Verschnitt) dadurch beseitigt werden kann, wenn von dem Stammende der geschälten Fichte ein vierfüßiges Stück abgeschnitten und ins Brennholz geschlagen wird" oder wenn er zur Beruhigung über die nachtheiligen Folgen auf Seite 14 darauf hinweist, „daß am Harze sehr viele der schönsten bei den reinen Abtrieben sowohl, als auch bei den Durchforstungen vorkommenden Nutzholzstämme in das unentbehrliche Malterholz (Brenn-Kohlholz) geschlagen werden müssen". Das sind Momente, welche die Schattenseiten der Schälschäden unter den damaligen Haushalts-Verhältnissen der Harzforste jedenfalls minder fühlbar machten, die aber unbedingt nicht gegen die schädlichen Folgen des Schälens überhaupt zur Geltung gebracht werden dürfen.

Ratzeburg geht in seiner „Waldverderbniß" namentlich bezüglich des Eintrittes der Rothfäule ganz mit Pape. Er beruft sich auch speciell auf dessen Untersuchungen, kann aber auch die Folgeübel der Schälschäden nicht ganz in Abrede stellen.

Nach ihm ist noch Leo „die Wildgärten", 1868 zu erwähnen. Dieser sucht die schädliche Wirkung auf Zuwachs und Holzqualität auf Grund einiger citirter Aeußerungen zu mildern, kann aber „doch nicht leugnen, daß der Nachtheil, welcher dem Schälen folgt, dessen ungeachtet noch immer ein sehr erheblicher sei" und giebt zu, daß durch das Schälen der Tod des Baumes, Rothfäule, Verringerung des Holzertrages und Gebrauchswerthes, Begünstigung des Schneebruches und Insectengefahr herbeigeführt werden. —

Endlich erwähnen wir noch das Urtheil Nördlingers[1]): „Nach dem Gesagten ist begreiflich, daß an Bäumen, welche vom Wilde geschält wurden, nicht nur der wirklich blosgelegte Stammtheil, sondern auch, wie oft bei der Fichte, der darüber und darunter gelegene Theil faul werden und zumal bei den immergrünen Nadelhölzern bei Sturm oder Schnee abbrechen können, namentlich wenn sich bald nach der Beschädigung Holzwespen und Bockkäfer in dem anbrüchigen Holze eingestellt haben". — In Lorey's soeben erscheinendem „Handbuch der Forstwissenschaft", Tübingen 1888, führt Fürst als nachtheilige Folgen des Schälens an: Unregelmäßige Stammbildung, Angriffe schädlicher Insecten, Fäulniß der Schälstelle, Bruchschäden und sagt, daß das Schälen „für hoffnungsvolle Fichtenstangenorte geradezu zum Ruin wird".

---

[1]) Forstschutz, Berlin 1884.

Die weitere Behandlung des Themas überträgt sich nun auf die umfangreiche Journallitteratur und auf die Verhandlungen der verschiedenen Forstvereine, auf deren Tagesordnung dasselbe ja bis zum heutigen Tage noch steht. Die Ansichten haben sich so ziemlich geeint auf eine allgemeine Anerkennung der Schälschädlichkeit, doch stehen sich bezüglich des Grades derselben zwei scharf getrennte Lager gegenüber. Das eine wird repräsentirt durch die Forstwirthe und die einsichtsvollen Waldbesitzer; es glaubt an eine hochgradige Schädlichkeit und hält eine Abhülfe im Interesse des Waldes für unbedingt geboten; das zweite, die hohe Jägerei mit Gefolge, gesteht die nachtheilige Wirkung nur in beschränktem Maße zu, bei dem der Wald recht gut bestehen kann.

Es kann nun nicht die Aufgabe dieser Abhandlung sein, die weitgehende Zersplitterung der diesbezüglichen Erörterungen, an denen berufene und unberufene Kräfte sich betheiligt haben, detaillirt zu verfolgen; sie muß es vielmehr vorziehen, eine kurze Abschweifung auf ein den Schälschäden sehr nahe verwandtes Gebiet, auf die Harznutzung der Fichte durch Anlachten, zu unternehmen und zu constatiren, welche Einflußnahme dieser, der Schälverwundung ganz analogen Beschädigung eingeräumt wird und werden muß.

Vom physiologischen Standpunkte kann zwischen der ersten Schälverwundung durch Menschenhand oder durch das Wild nach ihrem Einfluß auf die vitalen Functionen des Baumes wohl kaum ein Unterschied zur Geltung gebracht werden[1]), und wenn man überhaupt einen Vergleich anstellen will, so muß die Beschädigung durch das Wild schon deßhalb als nachtheiliger erkannt werden, weil die Schälwunde i. A. größer, zusammenhängender, in so frühem Baumalter, meist auch im Frühjahr erfolgt, höher am Stamme hinaufgreift und außerdem nie eine regelmäßig glattrandige Be-

[1]) Von dem mit der Harznutzung verbundenen, wiederholten Aufkratzen der Wundränder kann zunächst wohl hier abgesehen werden. —

grenzung haben kann, wie es die mit scharfen Instrumenten hergestellten Lachten stets zeigen[1]). —

Die Harznutzung gehört jedenfalls zu den ältesten jener Forstnebennutzungen, welche durch Jahrhunderte hindurch das hauptsächlichste Ertragsvermögen des Waldes repräsentirten, aber so alt sie auch schon sein mag, so lange sie auch besteht, so lange wird sie auch bekämpft und für nachtheilig gehalten. Sie war deßhalb auch eine derjenigen Nebennutzungen, die sehr bald aus dem Walde verdrängt wurden, als der steigende Holzwerth die höheren Erträge des Waldes in Aussicht stellte. Die zahllosen Forstordnungen und Mandate des XVI., XVII. Jahrhunderts[2]) ziehen in wahrem Wetteifer gegen die Harznutzung zu Felde, und wenn sie auch auf eine detaillirte Begründung der Verbote zumeist noch nicht sich einlassen, so beweist doch das Verbot selbst und die hohen Strafen, welche auf Baumbeschädigungen zu Harznutzungszwecken gesetzt

---

[1]) Man darf wohl ohne Weiteres annehmen, daß alle nachtheiligen Folgen einer Verwundung nach Grad und Zeit ihres Eintretens durch den flotteren Verlauf des Ueberwallungsprocesses wesentlich gehemmt werden, da die Einwirkung aller die Zersetzung fördernden Factoren auf das bloßgelegte Wundholz abgekürzt und temporär beschränkt wird. Die ziemlich auffälligen, wenn auch nicht sehr gleichmäßigen Differenzen in der Ueberwallungsthätigkeit der Schnitt- und Rißwunde wurden in folgendem practischen Versuche erprobt:

An 15 Stämmen eines 35j. Fichtenstangenholzes, die mit ihren Kronen bis in das normale Höhenniveau des Bestandes hinaufragten, wurde im April 1885 je eine Rißwunde und dieser vis-à-vis an demselben Stamme je auch eine Schnittwunde von thunlichst gleicher Form und Dimension der ersteren angelegt. Auf den Schnittwunden markirte sich schon von Außen sichtbar eine sehr rege Reproductionsthätigkeit, indem der Ueberwallungswulst meist schon im Verlaufe Juli hervortrat, während die Rißwunde bei ungleich stärkerer Randverharzung eine eigentliche Ueberwallungsthätigkeit innerhalb der laufenden Vegetationsperiode überhaupt nicht erkennen ließ. Die Bildung des Callus und seine erste Thätigkeit war deßhalb nicht ganz unterblieben; aber beide vollzogen sich, dem Auge unsichtbar, unter den Rindenrändern, welche bei jeder Rißwunde auf größere oder geringere Breite vom Splinte mit losgelöst werden.

Die Versuchsstämme wurden im November 1887 gefällt:

wurden, zur Genüge, daß man schon zu jenen Zeiten über den nachtheiligen Einfluß der Harznutzung sehr gut orientirt war.

Im vorigen Jahrhundert gelangen die Bedenken, welche namentlich bezüglich der Zukunft der geharzten Fichtenbestände erhoben werden, schon zu präciserem Ausdrucke. Unter anderen verbietet z. B. die preußische Holz- und Mast- und Jagdordnung von 1750 die Neuanlage von Pechhütten. Das kais. Patent für das Königreich Böhmen von 1754 zählt die Nachtheile der Harznutzung sehr eingehend auf und bespricht deren schädliche Einfluß-

Nr. des Stammes	Gemessene Ueberwallungsthätigkeit der Schnittwunde	Gemessene Ueberwallungsthätigkeit der Rißwunde	Differenz	Bemerkung
1	0.92 cm	0.87 cm	0.05 cm	Die Messung der Ueberwallungsthätigkeit erfolgte an je zwei Stammscheiben. Die Zahlen bringen das Vorrücken des Ueberwallungswulstes von beiden Rändern der Wunde zum Ausdruck.
2	0.77 „	0.43 „	0.34 „	
3	1.90 „	1.05 „	0.85 „	
4	1.30 „	1.20 „	0.10 „	
5	0.50 „	0.50 „	0.00 „	
6	1.15 „	1.05 „	0.10 „	
7	0.95 „	0.65 „	0.30 „	
8	0.85 „	0.25 „	0.60 „	
9	0.70 „	0.40 „	0.30 „	
10	0.73 „	0.15 „	0.58 „	
11	0.90 „	1.00 „	+ 0.10 „	
12	1.26 „	0.94 „	0.32 „	
13	0.86 „	0.35 „	0.51 „	
14	1.43 „	1.07 „	0.36 „	
15	0.42 „	0.28 „	0.14 „	
Sa.	14.64 cm	10.19 cm	4.45 cm	
Durchschn.	0.98 „	0.68 „	0.30 „	

Dazu wird noch bemerkt, daß die Rißwunde ganz außerordentlich unregelmäßig überwallte und daß auf der Schnittwunde meist eine progressive Steigerung der Jahresthätigkeit wahrnehmbar war. —

[2]) Mehrere würtembergische, baierische Forstordnungen, die brandenburgische, chursächsische, hessische, coburgische, gothaische 2c. 2c. verdammen sämmtlich das Harzreißen". —

nahme auf Zuwachs, Stammgesundheit, sowie auf die Gebrauchsfähigkeit des Holzes zu Nutz- Brenn- und Kohlholzzwecken. Je mehr man sich von den Nachtheilen einer übertriebenen Harznutzung überzeugte, um so feindseliger wurde die Stimmung gegen dieselbe, um so schneller suchte man sich ihrer zu entledigen, und der rapid steigende Nutzholzwerth einerseits, die drückende Concurrenz des americanischen Harzimportes anderseits halfen in dieser Richtung über manche großen Schwierigkeiten hinweg.

Auch in der Fachlitteratur finden wir die Harzung der Fichte mit seltener Uebereinstimmung gegeißelt: Carlowitz, Flemming, Bösen, Döbel, Beckmann, Burgsdorf, Sierstorpf, Bechstein, Pfeil, König, Berg und viele andere „unserer alten Herren" urtheilen ohne Ausnahme abfällig über die Harzgewinnung an der Fichte. Die Einen wollen sie unter Hinweis auf die „stets eintretende" Stammfäule überhaupt aus dem Walde verbannt wissen; die Anderen glauben, daß sie, auf die letzten Lebensabschnitte des Bestandes beschränkt, allenfalls zuläßig sei, widerrathen sie aber auch in dieser beschränkten Ausübung in allen werthvolleren Nutzholzbeständen. Unter dem hemmenden Einflusse dieser allgemeinen Antipathie ging die Harznutzung mit Riesenschritten nieder, und sehr bald konnten angesichts des drohenden Holzmangels auch die Regierungen nicht umhin, gegen die Harznutzung Front zu machen. Sie wurde in den fiscalischen Wirthschaftswäldern verboten, im Privatbesitz durch gesetzliche Normen geregelt, eingeschränkt und hielt sich nur noch in einigen größeren Fichtenforsten des Harzes und Thüringerwaldes, woselbst sie leider zu sehr lästigen Servituten ausgebildet war („Harzwälder"), deren glatte Ablösung auf die denkbar größten Schwierigkeiten stieß. Zur Zeit der americanischen Kriege schien die Harznutzung in den heimischen Forsten in Folge einer riesigen Preissteigerung des Rohharzes nochmals in Flor kommen zu wollen, wurde namentlich im Wege des Frevels (durch die Harzschrapper) ausgeübt, und in diese Zeit fallen denn auch die endgiltigen Untersuchungen und Erörterungen über die

Folgen der Harzung an Baum und Bestand, durch deren Resultate sie von Neuem und wohl für immer niedergedrückt wurde.

Ohne den zahlreichen Discussionen, welche dem Gegenstande von Seiten der Theorie und Praxis gewidmet wurden, weiter nachzuhängen, möge hier nur noch das maßgebende Urtheil einiger allgemein anerkannter Fachautoritäten kurze Erwähnung finden.

Burckhardt bespricht in seinem „Säen und Pflanzen" sehr bezeichnend die Harznutzung unter den Gefahren der Fichte; er erklärt „alte Lachten mit faulenden Stammenden für eine gewöhnliche Erscheinung", erwähnt auch im I. Hefte „aus dem Walde" eines Beispiels aus den hannöverischen Harzforsten: „Aeltere Fichtenbaumbestände am Brunnenbach und Hahnenklee, deren Rest jetzt im Abtriebe liegt, zeigten die Spuren einer Harznutzung, die vor ca. 70—80 Jahren, also zu früh, auch zu stark stattgefunden hatte. Zwischen den drei bis vier Lachten jedes Stammes hatten sich dicke Wülste gebildet und das Stammende war fast durchgängig anbrüchig". Gerade dieses Beispiel bietet unverkennbar ein sehr beachtenswerthes Analogon für die Schälschäden, die ja beiläufig auch ca. 70—80 Jahre vor der Abtriebsnutzung stattzufinden pflegen.

Grebe, der wohl die wirthschaftliche Bedeutung der Harznutzung am eingehendsten studirte, warnt in seiner „Forstbenutzung" u. a. a. O. vor breiten Lachten, will die Harzung überhaupt auf die minder werthvollen Bestände und auch in diesen nur auf die letzten Jahre vor dem Abtriebe beschränkt wissen. Er erklärt eine länger fortgesetzte Harzung für unbedingt gefährlich. Sie habe jedesmal Rothfäule zur Folge und beeinträchtige den Nutzungswerth des Holzes aufs Höchste. Auch er findet die Nachtheile des Harzens am intensivsten da, wo die Stämme schon in jugendlicherem Alter angerissen wurden.

R. Hartig „Baumkrankheiten", 1882, fertigt den Einfluß der Harzung an der Fichte kurz ab: „der bloßgelegte Holzkörper trocknet im Laufe der Jahre aus, und es treten Zersetzungserscheinungen ein, welche dadurch sehr gefördert werden, daß die Larven verschiedener Sirex-Arten von den Wundstellen aus tief in den Holzstamm eindringen und das Tagewasser durch ihre Gänge in das Innere des Baumes gelangt. Die Wundfäule tritt oft hoch in den Baum empor und entwerthet die Stämme sosehr, daß in geharzten Beständen die Nutzholzausbeute von 70 auf 20 bis 30 Procent herabsinken kann. Eine Zuwachsverminderung der geharzten Stämme ist bisher nicht nachgewiesen und von vornherein nicht wahrscheinlich, da ja der Terpentin kein für das Wachsthum des Baumes verwendbarer Stoff ist. Durch Harzentziehung wird dagegen der Werth des Holzes selbst sehr beeinträchtigt, weil die Güte desselben in hohem Grade vom Harzgehalte bedingt wird."

Bei so einstimmiger Verurtheilung der Harznutzung durch dieses illustre Collegium bedarf es jedenfalls keiner weiteren Belege für die Ansichten und Stimmungen, in welchen die forstliche Welt heutzutage dieser Frage gegenübersteht, und insoweit das Schälen durch Hochwild der Stamm-Anlachtung als eine analoge Beschädigungsform an die Seite gestellt werden darf, gilt dieses Urtheil mehr oder weniger auch für die Schälverwundung, denn wenn man es als eine forstpolizeiliche Nothwendigkeit anerkennt, daß die Harznutzung stets auf die letzten 5 bis 10 Jahre vor der Abtriebsführung, also auf vollständig hiebsreife Orte beschränkt werde, um der Stammfäule und Holzentwerthung vorzubeugen und den Zuwachs nicht zu beeinträchtigen, so darf man sich auch der Ueberzeugung nicht verschließen, daß der Schälbeschädigung ähnliche Einflüsse vindicirt werden müssen, um so mehr, als sie stets in jugendlichem Alter erfolgt, in welchem die Fichte eben erst in das Stadium der eigentlichen Baumentwickelung eintritt, und überdies die Wunde selbst, namentlich in Bezug auf ihre peripherische Ausdehnung, von ungleich bedenklicherem Character ist. Dem Einwande, daß die schädlichen Folgen, welche bei einer durch Jahrzehnte fortgesetzten Harzung constatirt werden, doch wohl keinen richtigen Maßstab für die Beurtheilung der Nachtheile einer vielleicht nur ein einziges

Mal stattfindenden Schälverwundung abgeben könne, sei die Thatsache entgegengestellt, daß die breitere Schälstelle je nach Bestandesbehandlung und Standortsgüte auch 20 bis 30 Jahre bloß liegt, unter ungünstigen Verhältnissen oft gar nie überwallt, während die relativ schmale Lachte durch die Thätigkeit der seitlichen Ueberwallungsringe schon wenige Jahre nach Einstellung der Harznutzung vollständig wieder geschlossen erscheint. Der durch Anlachtung freigelegte Splint ist sonach sehr selten so lange und so intensiv allen schädlichen Einwirkungen von Außen her zugänglich, als dies bei der Schälverwundung in der Regel der Fall ist.

Treten wir nunmehr in den Wald, um an Baum und Bestand zu untersuchen, ob und welche Einflüsse nach der Beschädigung durch das Wild zur Aeußerung gelangen. — Wir stoßen bald auf eine frische Schälwunde: Je nach Jahreszeit und Spannung der saftführenden Gewebe früher oder später, reichlicher oder spärlicher, tritt an den Wundrändern das Terpentin in flüssiger Form aus den zahlreichen durch Längs- und Querzerreißung geöffneten Harzcanälen der Rinde aus, fließt träge tropfend abwärts, erstarrt aber unter dem oxydirenden Einfluß der Luft mit Verflüchtigung des Terpentinöles sehr schnell und bleibt in Form von mehr oder minder dicken Harzsträngen an und in nächster Umgebung der Schälwunde haften, für deren unmittelbar und luftdicht überdeckte Partieen ein mechanisches Schutzmittel gegen eindringende Meteorwässer und andere äußere Einwirkungen bildend. — Weiter bemerkt man auch winzig kleine Harzperlchen auf dem bloßgelegten Holzkörper. Dieselben treten aus den horizontal gegen die Stammaxe (in den Markstrahlen) verlaufenden Harzgängen des Splintes aus, welche nach den v. Mohl'schen Untersuchungen die stark verjüngten Fortsätze der correspondirenden Rindencanäle bilden. Diese Harzsecretion pflegt weit langsamer und spärlicher von statten zu gehen, als diejenige an den Wundrändern, und ungeachtet ihrer meist sehr dichten Stellung ist die Vereinigung der Harzperlen zu träge über die Wundfläche abfließenden Tropfen durchaus nicht als Regel zu betrachten, bei ungünstigen in Standort, Bestandesstellung und Wachsthumsverhältnissen sich begründenden Vorbedingungen sogar relativ selten, so daß dem Harzerguß aus den Splintcanälen eine wirksame Betheiligung an der Incrustation der inneren Wundfläche allgemein nicht zugesprochen werden kann. R. Hartig und Moeller haben zwar gefunden, daß diese Markstrahlcanäle mit den harzreichen, lothrechten Gängen hier und da in offener Communication stehen, doch dürfte die Entleerung der letzteren durch die engen Markstrahlcanäle immer sehr schwer sich vollziehen, weil ihre Ausmündungen von dem an der Luft durch Oxydation sich bildenden Harze bald versetzt werden.

Unter dem Schutze der mehr oder weniger zusammenhängenden Randverharzung beginnt nun in der Regel mit der folgenden Vegetationsperiode (erfolgte die Verwundung zu Anfang oder innerhalb einer solchen — auch sofort) die neubildende Thätigkeit des Wundcambiums; der Ueberwallungswulst tritt zwischen Rinde und Holz leicht sichtbar hervor und stellt, den Ueberwallungsproceß einleitend, den innigen Contact der durch die Schälverwundung doch mehr oder weniger losgelösten Rindenränder mit dem Splinte wieder her. An schmalen Partieen der Schälwunde wird namentlich bei später erfolgender Saftschäle nicht gerade selten eine selbstständige Rindenneubildung durch das hangengebliebene Cambium beobachtet, doch stirbt dieselbe in der Regel wieder ab, vielleicht weil die starke Verharzung eine Verwachsung mit den seitlichen Ueberwallungswülsten verhindert. Auf breiteren Schälwunden vertrocknet dagegen das Cambium stets, ohne eine nachweisbare Neubildung zn hinterlassen; auch behauptet man bekanntlich mehrfach, daß das Wild, dem Zuckergehalt des Cambiums zu Liebe, die Schälwunde wohl abzulecken pflege.

Daß nun während der Dauer der Saftbewegung im ersten Jahre und so lange die Wundränder durch den Ueberwallungsring noch nicht geschlossen sind, auch directe Verluste an Bildungssäften gleichzeitig mit dem Harzerguß vorkommen, kann wohl nicht bezweifelt werden; indessen mögen dieselben wohl meist zu gering und unbedeutend sein, um wesentliche Störungen in den Lebenserscheinungen des Baumes zu begründen, und wenn sonach für die vorliegenden Erörterungen über die Folgeübel der Schälverwundung zunächst nur die beträchtlicheren Harzverluste in Frage kommen, so wird es schwer fallen, einen streng wissenschaftlichen Nachweis zu erbringen, ob und in wieweit die Schälverwundung eine Zuwachsverminderung involviren könne, um so schwerer, als die Pflanzenphysiologie bis heute wohl noch nicht das letzte Wort darüber gesprochen hat, welche Rolle dem Harze im Lebenshaushalte des Baumes zuerkannt werden muß. — R. Hartig u. A. erklären, daß das Terpentin „kein für das Wachsthum des Baumes verwendbarer Stoff" sei; aber man wird daraus doch noch nicht schließen dürfen, daß die Entziehung des Harzes für die Lebensfunctionen der Fichte ganz indifferent sei; und wenn man annehmen darf, daß das Harz nicht bloß ein überflüssiges Secretionsproduct ist, durch dessen Ausscheidung der Saft gewissermaßen erst bildungsfähig wird, daß vielmehr das Harz in den mit Nahrungsstoffen gefüllten zartwandigen parenchymatischen Zellen, welche die Harzcanäle umgeben, gebildet wird und bei diesem Vorgange ein Theil des Bildungssaftes selbst aufgeht, wie das nach Th. Hartig (Anatomie und Physiologie der Holzpflanzen, Berlin 1878) mit dem Stärkemehl[1]) — also einem eigentlichen Bildungsstoff — der Fall ist, so muß nothwendig durch den in Folge der Schälverwundung eintretenden Terpentinausfluß eine verstärkte Harzbildung[2]) und mit ihr ein erhöhter Verbrauch an Nahrungsstoffen stattfinden, die dem Stamme zu seinem sonstigen Ausbau verloren gehen. Auch Schacht (der Baum) erklärt unter Hinweis auf die Thatsache,

[1]) Deßhalb von anderer Seite auch Harzmehl genannt; doch hat Hartig „in keiner Hinsicht einen Unterschied zwischen ihm und dem Stärkemehl der Samenlappen auffinden können."

[2]) Moeller fand an der geharzten Schwarzföhre harzreicheres Holz als an der ungeharzten.

daß geharzte Fichten „ungehindert" fortwachsen, dem Harze sei eine directe Einflußnahme auf das Leben des Baumes nicht zu zuerkennen, scheint aber doch dem Harzentzuge gewisse Nachtheile beizumessen, wenn er Seite 236 u. A. sagt: „Auch wird wahrscheinlich ein zu reichlicher Harzausfluß die Holzerzeugung vermindern, weil durch ihn das Verhältniß, in welchem die Nahrungsstoffe sowohl zur Bildung des Holzes als auch des Harzes normal verwendet werden, gestört wird." Hiermit ist die Wahrscheinlichkeit, daß die Schälverwundung den Zuwachs beeinträchtige nahe gelegt und ausdrücklich zugestanden.

In ähnlicher Weise läßt sich auch eine Prädisposition zur Zersetzung des Holzkörpers aus der Schälverwundung herleiten, denn die von den Wundrändern her stattfindende Ueberwallung schreitet, von mancherlei Einflüssen abhängig, meist langsam und durchaus nicht gleichmäßig vorwärts; auch Störungen durch neuerliche Schälbeschädigungen sind nie ausgeschlossen. In den ersten Jahren nach der Verwundung arbeitet der Ueberwallungswulst meist mit großer Energie und sichtlichem Erfolge; er läßt aber namentlich auf geringem Standorte, wahrscheinlich auch in gedrängter Bestandesstellung sehr bald nach, stellt nicht selten auch seine Thätigkeit ganz ein und scheint oft in der steinharten Harzincrustirung der Wundränder ein mechanisches Hinderniß zu finden. So bleibt die Wunde meist 10 bis 20 und mehr Jahre offen, allen ungünstigen Einflüssen von Außen her zugänglich. Schon nach wenigen Jahren — an den Rand- oder sonst dem Winde und der Sonne frei zugänglichen Stämmen im 2. Jahre — beginnt das Eintrocknen des Splintes, das je nach dem Grade der Harzincrustirung, je nach Größe der Schälwunde 2c. schneller und tiefer nach innen vordringt. Das parenchymatische Gewebe stellt seine Thätigkeit ein, die Zellen füllen sich mit Wasser, dessen Eindringen durch leichte Haarrisse, auch durch Insectenbeschädigungen erleichtert und gefördert wird; der Sauerstoff der Luft dringt auf eben demselben Wege ein und findet in den entleerten Harzcanälen die Wege für eine sichere Verbreitung und damit sind alle Vorbedingungen für die Zersetzung geschaffen. Auch den Pilzparasiten ist der Zugang in das Stamminnere durch die Schälwunde wesentlich erleichtert — das Wild hat ihnen, wie R. Hartig so treffend von den Insecten sagt, Pförtnerdienste gethan; die eindringenden Sporen inficiren das Innere der Zellen, zerstören mit fermentartiger Wirkung deren Inhalt und das vordringende Mycel trägt die Zersetzung tiefer in den Holzkörper hinein.

Daß nun Beginn und Verlauf der Holzzersetzung wesentlich vom Gange des Ueberwallungsprocesses abhängig sind, daß bei schneller Ueberwallung und vollständiger Schließung der Schälwunde eine Zersetzung auch ganz unterbleiben kann — vorausgesetzt, daß eine parasitäre Infection nicht vorher stattgefunden hat — darauf werden die weiteren Ausführungen noch zurückkommen. Wir haben hier nur versuchen wollen, die Wahrscheinlichkeit, ja die Nothwendigkeit einer nachtheiligen Einflußnahme der Schälverwundung auf Zuwachs und Holzbeschaffenheit theoretisch kurz zu erörtern und gehen nun daran, die Nachtheile und Folgeübel selbst nach Character, Intensität und Verbreitung durch directe Untersuchungen der geschälten Fichten näher zu beleuchten. Die folgenden Blätter bringen in tabellarischer Zusammenstellung zunächst die gesammelten Beobachtungsdaten von 200 Stück Fichten verschiedenen Alters und Standortes. Zur Erklärung der Tabellen folgende Bemerkungen:

Die Rubriken 1—17 verzeichnen die Resultate der an der geschälten und nicht geschälten Fichte angestellten Messungen und Beobachtungen und zwar Rubr. 3 das Alter der Schälwunde, bestimmt durch die Anzahl der nach stattgehabter Schälverwundung angelegten Jahresringe. Dieselben sind abgezählt auf einer der breitesten Zone der Schälwunde entnommenen Stammscheibe.

Rubr. 4—9 stellen die Dimensionen der Schälwunde zur Zeit der Beschädigung und Untersuchung (im Jahre 1882) einander vergleichend gegenüber. Sie sind ermittelt durch directe Messungen

Stamm-

der geschälten und

Orts-Bezeichnung, Boden, Bestand.	Des Fichten-Stammes		Alter der Schäl-wunde	Dimensionen der im Jahre der Untersuchung 1882			
				Länge in	Breite		Fläche in
	lauf.	Alter			Mittl.	Maxim.	
	№	Jahre	Jahre	Centimeter			□ Ctmt.
	1	2	3	4	5	6	7
Revier Königsstuhl: Truba, 5 f. Aermeres Thonschiefer-Verwitterungsproduct, flachgründig und trocken. Lage: fast eben. Der Bestand, 60jähr. Fichten, liegt in dem vor einigen Jahren aufgelassenen Hochwildthiergarten. Bis zu eintretendem Schlusse war er dem Wilde durch Einfriedigung gesperrt. Aus Furcht vor den Schälschäden wurde die Bestandspflege sehr vernachlässigt; der Bestand blieb daher in der Entwickelung sehr zurück und wurde vom Wilde sehr stark beschädigt. — 1 bis 51 geschälte Stämme.	1	60	25	100	5	7	500
	2	—	22	135	5	11	675
	3	—	18	125	5	8	625
	4	—	22	180	10	13	1800
	5	—	21	180	11	15	1980
	6	—	25	80	8	10	640
	7	—	24	140	6	8	840
	8	—	22	85	8	10	680
	9	—	21	115	7	12	805
	10	—	24	140	6	8	840
	11	—	19	50	7	8	350
	12	—	23	120	9	11	1080
	13	—	27	130	12	15	1560
	14	—	19	120	6	8	720
	15	—	26	130	6	9	780
	16	—	26	95	7	11	665
	17	—	26	70	3	4	210
	18	—	19	145	3	5	435
	19	—	25	100	5	7	500
	20	—	26	150	8	10	1200
	21	—	26	70	6	8	420
	22	—	15	125	5	8	625
	23	—	21	155	7	12	1085
	24	—	26	180	7	10	1260
	25	—	23	80	4	6	320
	26	—	17	190	10	17	1900
	27	—	19	60	5	10	300
	28	—	26	90	5	7	450
	29	—	19	130	17	24	2210
	30	—	26	90	4	5	360
	31	—	26	160	10	13	1600
	32	—	25	75	10	14	750
	33	—	25	120	5	8	600
	34	—	19	100	12	14	1200
	35	—	16	100	4	5	400
	36	—	14	65	10	14	650
	37	—	22	75	7	9	525
	38	—	26	110	5	7	550
	39	—	26	75	6	9	450
	40	—	25	125	9	12	1125
	41	—	19	70	3	4	210

Analysen
nicht geschälten Fichte.

Schälwunde im Schäl-Jahr Wundbreite Maxim. Ctmtr.	Schälwunde im Schäl-Jahr Wundbreite % u ‰	Stärkenzunahme oberhalb der Schälwunde der stattgefundenen Beschädigung (Centimeter): im I. Decen. vor	im I. Decen. nach	II. Dec nach	III. Dec. nach	5 Jahre vor	5 Jahre nach	1 Jahr vor	1 Jahr nach	Schaftende war (Längenmeter): hart-faul	rot-faul
8	9	10	11	12	13	14	15	16	17	18	19
13	0.76	3.08	2.38	1.80	—	1.81	1.02	0.40	0.11	2.50	—
15	0.50	4.91	3.16	2.31	—	2.96	2.16	0.74	0.32	—	4.30
13	0.81	3.02	1.55	—	—	1.52	0.74	0.32	0.18	2.00	—
16	0.59	4.57	2.10	1.36	—	2.39	2.15	0.64	0.48	—	3.80
18	0.86	3.70	1.76	0.42	—	1.66	1.28	0.35	0.23	—	2.70
15	0.39	5.97	3.78	2.59	—	3.41	2.20	0.45	0.42	—	5.20
20	0.62	6.70	4.11	1.23	—	3.16	2.42	0.56	0.37	—	6.60
16	0.73	4.63	1.92	0.84	—	1.90	1.13	0.25	0.43	—	2.40
15	0.65	3.21	2.52	2.40	—	1.60	1.32	0.39	0.32	1.60	—
12	0.63	2.58	2.44	4.28	—	1.60	1.42	0.44	0.38	2.40	—
9	0.45	2.82	1.61	—	—	1.35	1.15	0.32	0.51	—	0.80
13	0.65	4.16	1.46	1.48	—	1.64	0.86	0.26	0.20	—	2.40
21	0.65	5.55	4.86	4.72	—	2.65	1.92	0.39	0.20	—	2.10
12	0.54	2.16	1.24	—	—	1.39	0.89	0.58	0.08	2.60	—
17	0.71	3.40	2.48	2.03	—	1.53	0.82	0.21	0.21	1.80	—
19	0.56	8.14	3.03	2.83	—	3.65	1.81	0.71	0.33	—	2.40
6	0.37	3.47	2.54	1.18	—	1.63	1.41	0.36	0.32	1.60	—
10	0.48	3.70	3.25	—	—	1.95	1.82	0.86	0.62	—	1.60
12	0.44	4.11	3.83	3.86	—	1.95	2.39	0.41	0.30	1.50	—
18	0.72	5.26	2.86	2.43	—	2.61	1.40	0.33	0.25	1.60	—
10	0.50	3.40	2.35	1.27	—	1.59	1.55	0.33	0.20	1.50	—
9	0.24	4.73	2.17	—	—	2.44	1.10	0.58	0.19	3.60	—
16	0.52	3.80	2.78	1.55	—	1.78	1.45	0.43	0.24	—	1.80
15	0.54	5.22	3.17	2.36	—	2.57	1.79	0.55	0.45	—	2.00
8	0.42	2.46	2.00	2.04	—	1.05	1.06	0.20	0.20	1.50	—
20	0.59	5.96	1.74	—	—	3.00	0.84	0.52	0.44	—	5.60
10	0.32	3.82	2.00	—	—	1.38	1.29	0.32	0.46	1.30	—
15	0.60	5.77	4.10	2.67	—	3.05	1.17	0.41	0 27	—	3.20
27	0.66	3.83	2.40	—	—	1.26	1.20	0.19	0.18	—	2.40
10	0.37	5.70	3.40	2.57	—	2.20	1.20	0.40	0.46	—	3.20
21	0.75	7.16	3.17	1.34	—	4.46	2.10	0.85	0.58	—	3.80
16	0.53	6.10	3.04	0.99	—	2.60	2.10	0.52	0.46	—	1.60
9	0.41	5.80	3.24	3.04	—	2.64	1.28	0.32	0.17	—	4.80
15	0.60	3.98	2.56	—	—	2.48	1.70	0.28	0.16	—	3.20
7	0.27	4.36	0.86	—	—	2.60	0.52	0.40	0.12	1.65	—
16	0.64	2.90	1.67	—	—	1.37	0.90	0.39	0.22	—	2.40
10	0.44	2.63	1.88	1.21	—	1.05	0.88	0.22	0.15	1.40	—
11	0.50	3.27	2.00	1.49	—	1.74	0.97	0.26	0.18	—	2.40
13	0.54	3.46	2.80	2.35	—	1.43	1.40	0.22	0.16	—	1.80
18	0.64	6.26	3.42	1.57	—	2.93	2.26	0.60	0.40	—	2.00
8	0.23	5.62	2.41	—	—	2.76	1.53	0.63	0.24	—	1.60

Orts-Bezeichnung, Boden, Bestand.	Des Fichten-Stammes lauf	Des Fichten-Stammes Alter	Alter der Schälwunde	Dimensionen der im Jahre der Untersuchung 1882 Länge in	Breite Mittl.	Breite Maxim.	Fläche in
	№	Jahre.	Jahre.	Centimeter.			□ Ctmt.
	1	2	3	4	5	6	7
	42	—	23	150	10	15	1500
	43	—	18	90	7	10	630
	44	—	20	65	4	5	260
	45	—	17	60	überwallt		
	46	—	16	65	9	13	585
	47	—	22	90	7	11	630
	48	—	19	160	7	10	1120
	49	—	23	150	5	8	750
	50	—	18	125	9	11	1125
	51	—	19	135	5	7	675
52 bis 77 nicht geschälte Stämme. Unter Zugrundelegung der Annahme, daß die Schälverwundung durchschnittlich vor 20 Jahren im Bestande stattfand. —	52	60	—	—	—	—	—
	53	—	—	—	—	—	—
	54	—	—	—	—	—	—
	55	—	—	—	—	—	—
	56	—	—	—	—	—	—
	57	—	—	—	—	—	—
	58	—	—	—	—	—	—
	59	—	—	—	—	—	—
	60	—	—	—	—	—	—
	61	—	—	—	—	—	—
	62	—	—	—	—	—	—
	63	—	—	—	—	—	—
	64	—	—	—	—	—	—
	65	—	—	—	—	—	—
	66	—	—	—	—	—	—
	67	—	—	—	—	—	—
	68	—	—	—	—	—	—
	69	—	—	—	—	—	—
	70	—	—	—	—	—	—
	71	—	—	—	—	—	—
	72	—	—	—	—	—	—
	73	—	—	—	—	—	—
	74	—	—	—	—	—	—
	75	—	—	—	—	—	—
	76	—	—	—	—	—	—
	77	—	—	—	—	—	—
Revier Königsstuhl 6i. Ebenfalls stark geschälter Thiergartenbestand; ungleich in Alter und Bestockung; Fichte nur in einigen Gruppen vertreten. — Boden wie vorher, aber fr. u. kr.; eben.	78	73	22	60	18	28	1080
	79	69	15	140	11	15	1540
	80	70	18	60	9	12	540
	81	—	23	125	18	24	2250
	82	—	16	60	5	7	300
	83	—	27	50	12	14	600

Schälwunde		Stärkenzunahme oberhalb der Schälwunde								Schaftende war	
im Schäl-Jahr		im I. Dec		II Dec.	III. Dec.	5 Jahre		1 Jahr			
Wundbreite		vor	nach	nach	nach	vor	nach	vor	nach	hart-faul	roth-faul
Maxim.	% u	der stattgefundenen Beschädigung									
Ctmtr.	0.00	Centimeter.								Längenmeter.	
8	9	10	11	12	13	14	15	16	17	18	19
19	0.76	5.38	1.46	1.23	—	2.55	0.57	0.38	0.18	—	3.00
14	0.56	2.62	1.49	—	—	1.17	0.96	0.42	0.42	—	2.20
9	0.41	2.73	1.78	2.47	—	1.32	0.98	0.39	0.40	2.10	—
4	0.15	2.34	1.41	—	—	1.11	0.88	0.23	0.22	—	2.10
15	0.52	3.38	1.52	—	—	1.85	0.91	0.31	0.13	1.60	—
13	0.54	4.02	1.93	0.96	—	1.73	1.13	0.40	0.20	1.80	—
12	0.48	4.83	4.80	—	—	2.80	3.10	0.80	0.24	—	2.00
11	0.35	5.30	3.98	2.85	—	2.68	2.63	0.80	0.74	—	2.30
12	0.55	2.66	1.64	—	—	1.38	0.87	0.39	0.20	2.00	—
12	0.63	3 15	2.46	—	—	1.97	0.95	0.32	0.20	2.20	—
—	—	7.00	3.72	3.13	—	—	—	—	—	—	—
—	—	7.31	3.22	3.74	—	—	—	—	—	—	—
—	—	7.49	5.84	4.30	—	—	—	—	—	—	—
—	—	7.46	3.73	3.20	—	—	—	—	—	—	—
—	—	5.37	3.10	3.97	—	—	—	—	—	—	—
—	—	6.14	3.82	2.30	—	—	—	—	—	—	—
—	—	5.69	2.37	3.26	—	—	—	—	—	—	—
—	—	6.11	2.96	2.12	—	—	—	—	—	—	—
—	—	6.91	3.90	3.11	—	—	—	—	—	—	—
—	—	6.35	4.93	3.74	—	—	—	—	—	—	—
—	—	3.17	2.00	1.38	—	—	—	—	—	—	—
—	—	1.58	1.30	1.74	—	—	—	—	—	—	—
—	—	3.32	3.04	2.43	—	—	—	—	—	—	0.12
—	—	3.20	1.58	2.00	—	—	—	—	—	—	—
—	—	2.28	1.95	2.21	—	—	—	—	—	—	0.18
—	—	3.08	1.17	0.53	—	—	—	—	—	—	—
—	—	2.17	1.92	0.58	—	—	—	—	—	—	0.57
—	—	2.33	0.81	1.02	—	—	—	—	—	—	—
—	—	3.20	1.77	2.11	—	—	—	—	—	—	—
—	—	2.80	1.80	1.03	—	—	—	—	—	—	—
—	—	3.72	3.03	3.24	—	—	—	—	—	—	—
—	—	3.41	2.96	2.95	—	—	—	—	—	—	—
—	—	2.63	2.37	1.85	—	—	—	—	—	—	—
—	—	2.61	1 88	1.85	—	—	—	—	—	—	—
—	—	3.49	1.74	1.80	—	—	—	—	—	—	—
—	—	2.53	1.27	1.60	—	—	—	—	—	—	—
36	0.52	9.10	5.80	2.38	—	4.60	3.20	1.24	0.50	—	5.60
19	0.40	6.40	1.62	—	—	3.80	0.84	0.30	0.24	—	6.40
22	0.60	7.62	5.00	—	—	4.77	2.49	0.77	0.48	—	1.00
26	0.77	5.35	3.25	1.71	—	2.87	2.50	0.48	0.67	2.00	—
9	0.21	5.66	5.28	—	—	3.22	2.83	0.26	0.31	1.80	—
19	0.76	3.34	4.10	4.56	—	2.20	1.76	0.52	0.24	—	3.20

Orts-Bezeichnung, Boden, Bestand.	Des Fichten-Stammes lauf. №	Des Fichten-Stammes Alter Jahre.	Alter der Schälwunde Jahre.	Dimensionen der im Jahre der Untersuchung 1882 Länge in Centimeter.	Breite Mittl. Centimeter.	Breite Maxim. Centimeter.	Fläche in □ Ctmt.
	1	2	3	4	5	6	7
78 bis 85 geschälte Stämme.	84	—	24	20		überwallt	
	85	—	20	40	8	12	320
86 bis 89 nicht gesch. Stämme.	86	70	—	—	—	—	—
Annahme eines einheitlichen	87	—	—	—	—	—	—
Schäljahres: vor 20 Jahren.	88	—	—	—	—	—	—
	89	—	—	—	—	—	—
Revier Chousava 31 a. Boden:	90	75	37	50	4	4	200
frisch und kräftig. Leicht sandiges	91	—	36	40	3	5	120
Verw.product der Grauwacke.	92	—	39	30	6	8	180
Westliche Neigung.	93	—	38	40	5	8	200
75jährige Fichten in normaler	94	—	38	35	4	5	140
Bestockung.	95	—	33	25	4	4	100
90 bis 100 geschälte Stämme.	96	—	36	80	4	6	320
	97	—	38	140	5	8	700
	98	—	33	60	12	25	720
	99	—	34	70	6	8	420
	100	—	38	30	5	5	150
101 bis 107 nicht gesch. Stämme.	101	75	—	—	—	—	—
Beschädigung i. D. vor 37 Jah-	102	—	—	—	—	—	—
ren.	103	—	—	—	—	—	—
	104	—	—	—	—	—	—
	105	—	—	—	—	—	—
	106	—	—	—	—	—	—
	107	—	—	—	—	—	—
Revier Chousava 24 b. Frisch	108	65	36	40	3	3	120
und zieml. kräftig; leichte Mulde.	109	—	35	70		überwallt	
Zieml. ungleichalterige 65 bis	110	—	37	40	2	3	80
80jähr. Fichten.	111	—	34	120	12	19	1440
108 bis 123 geschälte Stämme.	112	—	36	60	5	6	300
	113	73	37	100	4	4	400
	114	67	35	45	2	3	90
	115	74	38	80	8	13	640
	116	80	34	45	8	10	360
	117	75	37	45	7	10	315
	118	72	28	40	3	5	120
	119	78	39	80	4	5	320
	120	73	39	60		überwallt	
	121	75	35	40	8	10	320
	122	78	36	30	8	12	240
	123	73	22	35	10	16	350

Schälwunde im Schäl-Jahr Wundbreite Maxim. Ctmtr.	Schälwunde im Schäl-Jahr Wundbreite % u 0.00	Stärkenzunahme oberhalb der Schälwunde im I. Dec. vor der stattgefundenen Beschädigung Centimeter	im I. Dec. nach	II. Dec. nach	III. Dec. nach	5 Jahre vor	5 Jahre nach	1 Jahr vor	1 Jahr nach	Schaftende war hartfaul Längenmeter	Schaftende war rothfaul Längenmeter
8	9	10	11	12	13	14	15	16	17	18	19
13	0.48	4.00	4.20	3.82	—	2.20	2.80	0.72	0.94	1.60	—
15	0.47	5.60	3.94	1.20	—	3.10	2.64	1.10	1.10	1.60	—
—	—	5.50	3.94	5.12	—	—	—	—	—	—	—
—	—	3.15	3.62	2.26	—	—	—	—	—	—	—
—	—	5.15	3.16	3.30	—	—	—	—	—	—	—
—	—	5.25	3.65	3.68	—	—	—	—	—	—	—
8	0.22	4.21	2.25	1.44	0.85	1.83	1.27	0.32	0.29	—	3.20
9	0.30	3.67	1.32	0,72	0.91	1.73	0.80	0.33	0.16	—	1.60
18	0.53	4.11	3.24	1.98	0.88	1.68	1.83	0.38	0.32	—	2.40
28	0.63	3.91	2.14	0.84	0.50	1.81	1.07	0.35	0.24	—	4.00
17	0.45	3.57	2.54	1.24	0.80	1.49	1.10	0.22	0.17	—	1.60
10	0.25	3.30	2.05	1.30	0.49	1.66	0.95	0.30	0.11	—	1.60
24	0.53	5.82	2.40	1.16	0.70	2.62	1.21	0.41	0.20	—	5.80
31	0.66	4.95	2.61	1.41	0.70	2.28	1.24	0.41	0.28	—	8.00
37	0.62	4.50	2.57	1.16	0.45	1.70	1.34	0.42	0.22	—	3.00
13	0.34	3.64	2.21	1.90	2.30	1.57	1.63	0.29	0.31	2.80	—
12	0.27	4.15	3.11	1.27	1.08	1.87	1.22	0.28	0.25	—	2.00
—	—	4.90	4.00	2.95	2.30	—	—	—	—	—	—
—	—	3.64	4.12	2.30	3.86	—	—	—	—	—	—
—	—	5.36	5.41	4.63	2.77	—	—	—	—	—	—
—	—	6.71	6.73	4.12	3.19	—	—	—	—	—	—
—	—	3.06	3.20	2.65	3.40	—	—	—	—	—	—
—	—	5.63	4.95	3.06	1.82	—	—	—	—	—	0.80
—	—	6.00	5.27	1.80	2.70	—	—	—	—	—	—
8	0.35	5.76	3.05	1.57	1.04	2.67	1.62	0.55	0.49	1.20	—
6	0.31	5.14	2.90	2.12	2.38	2.43	1.71	0 51	0.36	1.60	—
12	0.52	5.40	2.94	1.97	1.23	2.21	1.79	0.41	0.30	—	2.00
22	0.61	7.07	4.60	1.96	2.42	2.97	3.41	0.46	0.46	—	7.00
18	0.53	3.79	3.14	1.93	0,95	2.00	1.24	0.42	0.24	—	3.00
10	0.33	2.63	1.78	1.04	1.04	1.13	1.05	0.28	0.22	—	3.20
10	0.29	4.06	3.03	1.55	1.48	1.86	1.74	0.26	0.34	1.80	—
24	0.54	4.29	2.48	2.40	2.12	2.09	1.42	0.52	0.41	—	4.60
18	0.42	4.30	3.78	1.70	1.06	2.03	1.81	0.50	0.50	—	2.00
25	0.80	3.34	2.90	1.82	1.15	1.70	1.30	0.52	0.28	—	5.60
11	0.39	2.60	2.30	1.23	—	1.26	1.17	0.21	0.25	—	1.60
17	0.50	3.89	2.30	1.47	0.96	1.90	1.04	0.45	0.27	—	6.00
6	0.24	3.77	2.38	1.64	1.00	1.77	1.40	0.42	0.17	—	4.00
25	0.68	3.16	2.70	2.22	1.04	1.50	0.73	0.26	0.21	—	4.80
24	0.66	3.16	2.70	2.28	1.25	1.50	0.69	0.31	0.20	—	2.00
37	0.86	4.55	2.43	1.48	—	2.19	1.05	0.36	0.32	—	4.00

Orts-Bezeichnung, Boden, Bestand.	Des Fichten-Stammes		Alter der Schälwunde	Dimensionen der im Jahre der Untersuchung 1882			
				Länge in	Breite		Fläche in
	lauf.	Alter			Mittl.	Maxim	
	№	Jahre.	Jahre.	Centimeter.			□ Ctmt.
	1	2	3	4	5	6	7
124 bis 131 nicht geschälte Stämme, unter Annahme, daß die Beschädigung i. D. vor 35 Jahren im Bestande stattfand.	124	78	—	—	—	—	—
	125	—	—	—	—	—	—
	126	—	—	—	—	—	—
	127	—	—	—	—	—	—
	128	75	—	—	—	—	—
	129	78	—	—	—	—	—
	130	—	—	—	—	—	—
	131	—	—	—	—	—	—
Revier Chousava 41 b. Milder kräftiger Lehmboden. 58 bis 60j. Fichten, voll und gleichmäßig bestockt. Eben. 132 bis 146 geschälte Stämme.	132	58/60	30	80	7	14	560
	133	—	28	100	3	4	300
	134	—	28	110	6	9	660
	135	—	30	50	4	6	200
	136	—	27	35	5	7	175
	137	—	29	80	9	12	720
	138	—	28	40	überwallt		
	139	—	23	80	12	22	960
	140	—	28	40	4	5	160
	141	—	28	70	7	10	490
	142	—	29	50	3	4	150
	143	—	29	100	8	12	800
	144	—	24	100	9	14	900
	145	—	29	90	7	9	630
	146	—	30	70	6	7	420
147 bis 151 nicht gesch. Stämme. Annahme der Best.-Beschädigung i. D. vor 28 Jahren.	147	58	—	—	—	—	—
	148	—	—	—	—	—	—
	149	—	—	—	—	—	—
	150	—	—	—	—	—	—
	151	—	—	—	—	—	—
Revier Chousava 40 a. Etwas trocken, sandiger Boden. 32jähr. Fichtendickung. Nordhang. 152 bis 161 geschälte Stämme.	152	32	5	30	4	6	120
	153	—	6	60	4	5	240
	154	—	5	40	5	8	200
	155	—	6	40	6	8	240
	156	—	5	70	8	11	560
	157	—	7	30	3	4	90
	158	—	6	60	3	4	180
	159	—	6	60	4	6	240
	160	—	5	30	8	9	240
	161	—	6	60	4	6	240
162 bis 168 nicht gesch. Stämme. Unter Annahme der Best.-	162	32	—	—	—	—	—
	163	—	—	—	—	—	—

Schälwunde		Stärkenzunahme oberhalb der Schälwunde								Schaftende war	
im Schäl-Jahr		im I. Dec.		II. Dec.	III. Dec.	5 Jahre		1 Jahr			
Wundbreite		vor	nach	nach	nach	vor	nach	vor	nach	hart-faul	roth-faul
Maxim.	% u	der stattgefundenen Beschädigung									
Ctmtr.	0.00	Centimeter.								Längenmeter.	
8	9	10	11	12	13	14	15	16	17	18	19
—	—	5.00	4.65	3.62	4.07	—	—	—	—	—	—
—	—	2.97	2.78	2.20	2.09	—	—	—	—	—	0.40
—	—	5.11	5.11	2.58	2.77	—	—	—	—	—	0.30
—	—	4.59	4.41	2.55	0.83	—	—	—	—	—	—
—	—	4.61	4.39	2.78	1.83	—	—	—	—	—	—
—	—	3.51	3.82	2.03	2.06	—	—	—	—	—	—
—	—	4.11	3.61	2.41	1.80	—	—	—	—	—	—
—	—	3.81	2.70	2.50	2.42	—	—	—	—	—	—
26	0.84	7.18	3.01	2.06	1.47	2.93	1.62	0.64	0.46	—	4.00
12	0.43	5.60	2.88	1.52	—	2.08	1.62	0.38	0.51	—	3.50
16	0.66	3.87	2.67	1.63	—	1.83	1.50	0.55	0.21	—	2.00
10	0.36	4.10	3.70	1.50	0.68	1.53	2.28	0.33	0.31	—	1.80
9	0.43	4.84	2.20	2.06	—	1.70	1.10	0.38	0.16	1.10	—
25	0.71	6.50	4.22	2.12	—	2.82	1.87	0.39	0.31	—	2.00
15	0.50	7.60	4.35	2.74	—	3.46	2.60	0.80	0.71	—	3.20
30	0.50	6.06	2.67	1.86	—	2.56	1.41	0.42	0.28	—	5.80
9	0.40	4.58	3.85	1.95	—	2.22	2.06	0.40	0.54	—	1.60
16	0.50	5.90	3.66	1.68	—	2.72	1.91	0.55	0.39	—	2.40
9	0.41	3.82	2.00	2.63	—	1.95	0.93	0.27	0.24	—	3.20
15	0.52	4.21	2.28	1.39	—	1.91	1.23	0.48	0.40	—	2.40
22	0.46	4.41	2.05	1.81	—	2.12	0.41	0.46	0.39	—	4.00
14	0.50	4.63	2.65	2 43	—	2.16	1.16	0.41	0.25	—	2.80
15	0.54	6.51	2.80	1.56	0.32	2.63	1.41	0.44	0.29	—	5.60
—	—	4.92	3.86	2.37	—	—	—	—	—	—	—
—	—	6.58	4.64	4.44	—	—	—	—	—	—	—
—	—	5.15	2.14	2.56	—	—	—	—	—	—	0.20
—	—	4.80	2.61	1.83	—	—	—	—	—	—	—
—	—	7.52	5.56	3.06	—	—	—	—	—	—	0.80
8	0.30	—	—	—	—	1.14	0.88	0.25	0.16	1.60	—
7	0.30	—	—	—	—	1.61	1.22	0.32	0.30	2.00	—
9	0.32	—	—	—	—	1.34	0.56	0.21	0.11	1.30	—
9	0.33	—	—	—	—	2.05	1.82	0.37	0.18	1.60	—
13	0.46	—	—	—	—	1.89	0.83	0.35	0.21	1.50	—
6	0.22	—	—	—	—	2.03	1.10	0.36	0.24	1.20	—
6	0.27	—	—	—	—	1.40	1.13	0.23	0.18	1.60	—
7	0.32	—	—	—	—	1.52	0.94	0.18	0.19	1.40	—
10	0.50	—	—	—	—	1.04	0.56	0.16	0.14	1.40	—
9	0.32	—	—	—	—	1.80	1.68	0.37	0.25	2.00	—
—	—	—	—	—	—	1.16	1.13	—	—	—	—
—	—	—	—	—	—	1.85	1.62	—	—	—	—

Orts-Bezeichnung, Boden, Bestand.	Des Fichten-Stammes lauf.	Des Fichten-Stammes Alter	Alter der Schälwunde	Dimensionen der im Jahre der Untersuchung 1882: Länge in	Breite Mittl.	Breite Maxim.	Fläche in
	№	Jahre.	Jahre.	Centimeter.			□ Ctmt.
	1	2	3	4	5	6	7
Beschädigung i. D. vor 6 Jah-	164	—	—	—	—	—	—
ren.	165	—	—	—	—	—	—
	166	—	—	—	—	—	—
	167	—	—	—	—	—	—
	168	—	—	—	—	—	—
Revier Königsstuhl 5e. Flach-	169	33	10	25	4	5	100
gründig und trocken; fast eben.	170	—	10	30	3	5	90
33j. Fichten in dichtem Stande.	171	—	13	20	3	4	60
	172	—	11	120	12	15	1440
169 bis 185 geschälte Stämme.	173	—	12	40	4	5	160
	174	—	15	90	4	8	360
	175	—	12	10		überwallt	
	176	—	10	120	6	8	720
	177	—	10	35	3	5	105
	178	—	11	80	4	6	320
	179	—	8	40	2	3	80
	180	—	8	90	3	4	270
	181	—	8	120	7	10	840
	182	—	8	45	2	3	90
	183	—	8	35	5	7	175
	184	—	8	50	3	4	150
	185	—	5	40	3	4	120
186 bis 200 nicht gesch. Stämme.	186	33	—	—	—	—	—
Unter Annahme der Beschädigung	187	—	—	—	—	—	—
i. D. vor 10 Jahren.	188	—	—	—	—	—	—
	189	—	—	—	—	—	—
	190	—	—	—	—	—	—
	191	—	—	—	—	—	—
	192	—	—	—	—	—	—
	193	—	—	—	—	—	—
	194	—	—	—	—	—	—
	195	—	—	—	—	—	—
	196	—	—	—	—	—	—
	197	—	—	—	—	—	—
	198	—	—	—	—	—	—
	199	—	—	—	—	—	—
	200	—	—	—	—	—	—

Schälwunde		Stärkenzunahme oberhalb der Schälwunde								Schaftende war	
im Schäl-Jahr		im I. Dec.		II. Dec.	III. Dec.	5 Jahre		1 Jahr			
Wundbreite		vor	nach	nach	nach	vor	nach	vor	nach	hart-faul	roth-faul
Maxim.	% u	der stattgefundenen Beschädigung									
Ctmtr.	0.00	Centimeter.								Längenmeter.	
8	9	10	11	12	13	14	15	16	17	18	19
—	—	—	—	—	—	1.70	1.57	—	—	—	—
—	—	—	—	—	—	2.05	2.00	—	—	—	—
—	—	—	—	—	—	1.90	2.07	—	—	—	—
—	—	—	—	—	—	1.16	1.33	—	—	—	—
—	—	—	—	—	—	1.72	2.41	—	—	—	—
10	0.59	3.98	1.30	—	—	1.67	0.98	0.30	0.11	—	2.30
8	0.53	3.30	2.34	—	—	1.95	1.24	0.57	0.21	2.00	—
8	0.42	5.44	3.28	—	—	1.93	1.79	0.20	0.14	1.60	—
17	0.77	3.20	1.24	—	—	1.28	0.80	0.22	0.30	—	2.10
9	0.64	4.43	2.38	—	—	2.20	1.22	0.37	0.27	1.00	—
10	0.66	4.48	3.45	—	—	2.40	1.98	0.41	0.34	—	2.80
4	0.29	4.45	2.40	—	—	2.00	1.16	0.45	0.21	1.80	—
12	0.48	4.20	3.17	—	—	3.58	1.53	0.85	0.28	—	2.60
6	0.37	3.51	2.00	—	—	2.11	1.10	0.20	0.20	1.60	—
7	0.44	4.37	3.60	—	—	2.01	1.83	0.38	0.35	—	1.80
5	0.23	—	—	—	—	2.23	1.88	0.44	0.23	1.60	—
6	0.35	—	—	—	—	1.51	1.10	0.23	0.18	1.40	—
12	0.48	—	—	—	—	2.15	1.58	0.51	0.26	2.00	—
6	0.37	—	—	—	—	1.20	0.74	0.24	0.17	2.00	—
11	0.38	—	—	—	—	2.60	2.00	0.47	0.32	—	2.40
6	0.31	—	—	—	—	1.51	1.23	0.35	0.24	—	1.00
5	0.20	—	—	—	—	2.18	2.06	0.52	0.46	2.00	—
—	—	5.51	4.06	—	—	—	—	—	—	—	—
—	—	5.40	3.96	—	—	—	—	—	—	—	—
—	—	3.64	2.66	—	—	—	—	—	—	—	—
—	—	4.60	2.71	—	—	—	—	—	—	—	—
—	—	4.00	3.60	—	—	—	—	—	—	—	—
—	—	3.08	4.74	—	—	—	—	—	—	—	—
—	—	2.60	3.00	—	—	—	—	—	—	—	—
—	—	3.20	4.00	—	—	—	—	—	—	—	—
—	—	4.92	4.03	—	—	—	—	—	—	—	—
—	—	3.50	3.78	—	—	—	—	—	—	—	—
—	—	3.50	3.53	—	—	—	—	—	—	—	—
—	—	5.21	4.93	—	—	—	—	—	—	—	—
—	—	3.08	4.74	—	—	—	—	—	—	—	—
—	—	2.60	3.00	—	—	—	—	—	—	—	—
—	—	3.20	4.00	—	—	—	—	—	—	—	—

mit Meßband und Maßstock und zwar 4, 5, 6 am stehenden Baume, 8 an der bereits ad rubr. 3 erwähnten Stammscheibe. Rubr. 9 : „% u." registrirt den durch Messung und Berechnung gefundenen Procentsatz der Stammperipherie, welcher durch die Schälverwundung der Rinde beraubt wurde.

Rubr. 10—17 veranschaulichen den Zuwachsgang vor und nach der Beschädigung durch directe Messungen der Stärkenzunahme, welche mittelst Zirkels und Transversalmaßstabes auf einer oberhalb der Schälstelle genommenen Stammscheibe ausgeführt wurden. Letztere konnte selbstverständlich nicht immer in absolut gleicher Stammhöhe ausgeschnitten werden, weil einestheils die Schälwunden verschieden hoch hinaufgreifen, anderntheils aber auch vorgeschrittene Rothfäule oft das genaue Abzählen und Abmessen der Jahresringe unmittelbar über der Schälwunde verhinderte.

In Rubr. 18, 19 ist die Länge des durch Hart- oder Rothfäule entwertheten Schaftstückes, wie sie bei Zerlegung des Stammes ermittelt wurde, angeführt.

Um auch correspondirende Untersuchungsresultate an den nicht geschälten Bestandesgliedern zu comparativen Betrachtungen zu gewinnen, sind unter Zugrundelegung eines einheitlichen Zeitpunktes der Beschädigung die Zuwachsmessungen und Holzqualitätsuntersuchungen auch an unbeschädigten Fichten vorgenommen und in Rubrik 10, 11, 12, 13, 18, 19 eingestellt. Mit Hülfe dieser Daten läßt sich ein ziemlich zuverlässiger Maßstab zur Beurtheilung der nachtheiligen Einflüsse der Schälverwundung construiren. —

Behufs Sichtung und Erleichterung einer verständnißvollen Beurtheilung der vorstehenden Zusammenstellungen mögen sich zunächst folgende Erörterungen über die verzeichneten Resultate der Stammanalysen, sowie über mancherlei andere Beobachtungen anreihen, die für die präcise Ausdrucksweise in Tabellenform nicht geeignet waren. In erster Reihe nehmen die Zuwachserhebungen unsere volle Aufmerksamkeit in Anspruch.

Dieselben sind in eine weniger gebräuchliche Form gekleidet, insofern sie nur die Stärkenzunahme darstellen. Es lag zunächst in Absicht, das periodische Massenzuwachs-Procent vor und nach dem Schäljahr zum Gegenstande der Vergleichung zu machen, doch stießen bei den diesbezüglichen Erhebungen mancherlei Schwierigkeiten auf, welche die zuverlässige Ermittelung des Massenzuwachsprocentes als einheitliche Darstellungsform sehr in Frage stellten. Erstens mußten — wie schon an anderer Stelle angedeutet — die Zuwachsmessungen, je nachdem die Schälwunde oder auch die Rothfäule mehr und minder hoch am Schaft hinaufgriff, in verschiedenen Höhenzonen vorgenommen werden, und zweitens war es in den meisten Fällen nicht möglich, die Stammhöhe im Schäljahr mit erforderlicher Genauigkeit zu bestimmen. Und selbst wenn dies der Fall gewesen wäre, so hätte den Massenzuwachsermittelungen immer nur ein sehr zweifelhafter Werth beigemessen werden können, weil der Höhenzuwachs von vielen Momenten beeinflußt wird, die sich jeder Beurtheilung und Würdigung entziehen. Es schien sonach geboten, einem so unselbstständigen Factor, wie der Höhenzuwachs, auf die Darstellung der Einwirkung, welche die Schälverwundung auf die Wachsthumserscheinungen des Baumes äußert, keinen Einfluß zu zugestehen.

Es ist schon a. a. O. darauf hingewiesen worden, daß die gegnerische oder — vielleicht besser gesagt — die calmirende Partei der Schädlichkeits-Frage in erster Reihe eine Beeinträchtigung des Baumzuwachses in Folge der Verwundung bestreitet. Sie lehnt sich dabei wohl mit vollem Rechte an die von der Physiologie vertretene Ansicht an, derzufolge die mit Entfernung der Rinde eintretenden Harzverluste auf die Lebensthätigkeit ohne nachweisbaren Einfluß bleiben. In der That lehrt eine comparative Betrachtung der an den Stammscheiben ausgeführten Messungen der Stärkenzunahme, daß die Wirkung der Schälverwundung nach dieser Seite hin nicht so extrem zum Ausdruck gelangt, als es mancherseits und — wir gestehen das gern ein — auch unserseits vermuthet und befürchtet wurde. Beschränkt man die Untersuchung des Zuwachsganges auf den geschälten Bestand allein, so überrascht allerdings die rapide Abnahme der Jahresringbreite, denn dieselbe sinkt bei den meisten Stämmen in dem, der Schälverwundung folgenden Jahrzehnt gewöhnlich auf die Hälfte jener Stärkenzunahme herab, welche im Jahrzehnt vor der Beschädigung angelegt wurde. Anders gestaltet sich jedoch die Sache, wenn auch der nicht geschälte Bestand zum Vergleich herangezogen wird, und die Resultate der in diesem gepflogenen Zuwachserhebungen gebührend mit in Rechnung gestellt werden. Die Parallelunterfuchungen, welche sich auf die correspondirenden Zeitabschnitte erstrecken, entlasten das Wild in recht erfreulicher Weise, indem sie auch an nicht geschälten Stämmen derselben Bestandespartieen ein nicht unbedeutendes Zurückgehen des Zuwachses erkennen lassen. Diese Thatsache ist einigermaßen auffällig, dürfte aber in dem Umstande ihre Erklärung finden, daß das Hochwild in der Regel die Schälschäden beginnt, wenn der Jungbestand im Uebergangsstadium von der Dickung zum Stangenorte sich befindet, und sich jene Spannung im Bestandesleben bemerkbar macht, welche unter allen Umständen die freie Entwickelung des einzelnen Bestandesgliedes hemmt, den Stärkenzuwachs ungemein beeinträchtigt und den Schwerpunkt des Wachsthums zeitweilig auf die Höhen- und Formausbildung verlegt. In eben dieser Zeit, wo die Axt hilfreich hätte eingreifen sollen, um den Existenzkampf der Rivalen abzukürzen und zu entscheiden, scheute sich die pflegende Hand, mittelst kräftiger Durchforstung einzuschreiten, weil die Erfahrung lehrt, daß die Schälschäden nach den ersten, öffnenden Ausläuterungen in der Regel sehr ausarten. Die Bestandespflege wurde sonach — gleichviel hier, ob aus berechtigter oder unberechtigter Sorge um die Bestandeszukunft — schwer vernachlässigt, der Zuwachs mußte nothwendig darunter leiden, und zwar um so mehr und um so nachhaltiger, je länger die Pflege ausgesetzt wurde.

Wenn nun auch hiermit zugegeben und nachgewiesen ist, daß mancherlei andere Factoren einen entschieden weit größeren Einfluß auf die Zuwachsschwankungen der vom Wilde beschädigten Fichte ausüben, so gelangt doch auch in der Vergleichung der Zuwachsermittelungen am geschälten und nicht geschälten Bestande die nachtheilige Wirkung der Schälverwundung auf die Stärkenzunahme ganz unzweifelhaft zum Ausdruck.

Zur Erleichterung der Uebersicht sind in der folgenden Tabelle die abtheilungsweise ermittelten Durchschnittszahlen des Zuwachsganges vor und nach der Schälverwundung zusammengestellt.

Summarische Darstellung und Vergleichung des Zuwachsganges an geschälten und nicht geschälten Stämmen.

Ortsbezeichnung. Revier.		Durchschnittliche Stammstärken-Zunahme																
		am geschälten Bestande										am nicht gesch. Bestande						
		im I. Dec.		i. II. Dec.	i. III. Dec.	fünf Jahre		ein Jahr				im I. Dec.		i. II. Dec.	i. III. Dec.	fünf Jahre		
		vor	nach	nach	nach	vor	nach	vor	nach			vor	nach	nach	nach	vor	nach	
		stattgehabter Schälverwundung.										der Bestandesbeschädigung.						
		Centimeter										Centimeter						
Königsstuhl	5e	4.14	2.52	—	—	2.03	1.42	0.40	0.25			3.87	3.78	—	—	—	—	
"	5f	4.27	2.52	2.05	—	2.10	1.40	0.43	0.30			4.28	2.62	2.35	—	—	—	
"	6i	5.89	4.15	2.73	—	3.34	2.38	0.67	0.56			4.76	3.59	3.59	—	—	—	
Chousava	24b	4.18	2.84	1.77	1.35	1.95	1.45	0.40	0.31			4.21	3.93	2.58	2.23	—	—	
"	31a	4.16	2.40	1.31	0.88	1.84	1.24	0.34	0.23			5.04	4.81	3.07	2.86	—	—	
"	40a	—	—	—	—	1.58	1.07	0.28	0.20			—	—	—	—	1.65	1.73	
"	41b	5.32	3.00	1.93	0.82	2.31	1.54	0.46	0.36			5.79	3.76	2.85	—	—	—	

Hiernach weisen die geschälten Stämme doch eine bedeutendere Zuwachsabnahme auf als die nicht geschälten. Bei den ersteren verringert sich im Jahrzehnt nach der Verwundung die Stärkenzunahme im Maximum um 43%, im Minimum um 32%, im Mittel um 38%; bei den letzteren im Maximum um 35%, im Minimum um 2%, im Mittel um 20%, so daß also der Schälverwundung noch eine Herabminderung des Stärkenzuwachses = 18 cm von 100 cm als concreter Einfluß zur Last zu setzen wäre. Diese Zuwachsabnahme des geschälten Bestandes, gelangt im 2. und 3. Decennium noch weit schärfer zum Ausdruck, während bei den nicht geschälten Stämmen eine langsame und gleichmäßigere

Neigung der Zuwachscurve vorherrscht. In den Einzeldaten der analytischen Stammuntersuchungen ist bei den nicht geschälten Bestandesgliedern in den späteren Jahren sogar öfter eine Zuwachssteigerung zu bemerken.

Dieselben Erscheinungen treten nun auch an denjenigen Zuwachsermittelungen zu Tage, welche sich auf die kürzeren Zeitabschnitte von fünf und von einem Jahre erstrecken. Den letzteren soll übrigens eine maßgebende Bedeutung i. A. nicht beigelegt werden, weil das Auftreten sogenannter Scheinringe[1]) oft die Möglichkeit einer unanfechtbar zuverlässigen Bestimmung des Schäljahres ausschließt, ein Umstand, der bei den Zuwachsmessungen für längere Zeitabschnitte nicht ins Gewicht fällt, die genaue Bestimmung der Stärkenzunahme eines einzigen, bestimmten Jahrganges aber sehr problematisch erscheinen läßt. Es mögen hierdurch auch mancherlei Unregelmäßigkeiten in den bez. Rubriken der Tabellen (Seite 80—89) erklärt werden.

Eine besondere Sorgfalt wurde bei den Stamm-Analysen auch der Frage zugewendet, ob und welche begleitenden Momente die nachtheilige Einflußnahme des Schälens auf den Baumzuwachs steigern oder mildern, denn es liegt ja am Ende nicht gar so fern,

---

[1]) Es ist uns nicht genau gegenwärtig, ob die Frage des Vorkommens von Doppel-Jahresringen bei der Fichte definitiv entschieden ist; doch möge auf Grund zahlreicher Beobachtungen hier constatirt werden, daß die Stammscheiben ziemlich häufig concentrische Färbungen zwischen den Jahresringen zeigen, die dem Herbstholz ähnlich und wohl auch nichts anderes sind als verdichtete Zellenbildungen mit Harzeinlagerung. Diese Scheinringe sind nicht immer concentrisch geschlossen; sie erstrecken sich mitunter nur auf $1/2$ oder $2/3$ der Peripherie und lösen sich dann in einen weiten Jahresring auf, lassen sich aber oft auch mehr oder weniger deutlich in der ganzen Stammrundung verfolgen. — Wenn der Herbstholzring in erster Reihe durch den im Hochsommer sich steigernden Druck der Rindengewebe erzeugt wird, so ist es wohl denkbar, daß dieser Druck durch Witterung oder zufällige Einflüsse innerhalb der Vegetationsperiode auch nur vorübergehend zur Wirkung und in der Bildung dieser Scheinringe zum Ausdruck gelangt. —

daß z. B. das Stammalter, in welchem die Beschädigung erfolgte, der Grad der Beschädigung selbst, der mehr oder minder energische Verlauf der Ueberwallung, oder auch Standortsverhältnisse, vorgeschrittene Holzzersetzung 2c. einen nachweisbaren Einfluß zur Aeußerung brachten.

Die in dieser Richtung angestellten meist resultatlosen Untersuchungen, deren unfruchtbare Reproduction an dieser Stelle vollständig überflüssig, scheinen abermals zu beweisen, daß die Wirkung der Schälverwundung auf den Baumzuwachs durch andere, wichtigere Factoren mehr oder weniger verwischt wird, und das Einzige, was sich allenfalls aus den mühevollen Combinationen herleiten ließe, wäre die Einflußnahme der peripherischen Wundenausdehnung.

Die nachstehende Uebersicht stellt die Abnahme des Stärkenzuwachses im geschälten Bestande und zwar getrennt nach der auf

Ortsbezeichnung.	Ausdehnung der Schälwunde.						Bemerkung
	bei über $\frac{u}{2}$			bei unter $\frac{u}{2}$			
	Abnahme des Stärkenzuwachses						
	i. I. Dec	i. II. Dec	i. III. Dec.	i. I. Dec	i. II. Dec.	i. III. Dec.	
	Centimeter			Centimeter			
Königsstuhl 5f	1.90	0.60	—	1.52	0.24	—	5e u. 40a sind wegen ungenügenden u. ungleichen Alters der Schälwunde ausgeschlossen.
" 6i	1.81	—	—	1.70	—	—	
Chousava 24b	1.38	0.96	0.55	1.29	1.22	0.23	
" 31a	2.05	1.28	0.66	1.51	0.93	0.07	
" 41b	2.71	1 18	—	1.78	0.85	—	

der Stammscheibe gemessenen Umfangs-Ausdehnung .der Wunde (über und unter $\frac{u}{2}$) im Schäljahr dar und bringt für die über $\frac{u}{2}$ geschälten Stämme unverkennbar eine nachhaltig weit stärkere Zuwachsabnahme zum Ausdruck:

Ergiebt sich nun auch aus den vergleichenden Zusammenstellungen der Gesammtresultate, daß die Störungen der Wachsthumserscheinungen in Folge der Schälverwundung im Großen und Allgemeinen nicht gar so beträchtlich sind, so wird man doch selbst bei Außerachtlassung der indirecten Zuwachsverluste, welche die aus Sorge einer Erhöhung der Schälgefahr zurückgehaltene Bestandespflege stets nach sich zieht, zugeben müssen, daß die Wuchsleistungen des Baumes durch das Schälen in immerhin recht empfindlichem Grade beeinträchtigt werden, und daß es kaum eine zweite Stammbeschädigung giebt, die den Stärkenzuwachs so nachhaltig herabdrückt. — Angesichts dieser Thatsache muß es sehr auffällig erscheinen, wenn wir wiederholt in der Litteratur die gegentheilige, ebenfalls aus directen Untersuchungen hergeleitete Behauptung finden. So glaubt Pape, daß die Wachsthumsverhältnisse „meistentheils ungestört die bisherigen bleiben, nicht selten sogar zu neuem Aufschwunge gesteigert werden" und demonstrirt dies auch an Stammscheiben. Aber er thut entschieden nicht wohl daran, sich dabei auf Messungen zu stützen, die er an, der Schälwunde entnommenen Stammscheiben angestellt hat, weil diese unter allen Umständen ein ganz falsches Bild von den Zuwachsverhältnissen darbieten. Es ist eine bekannte Erscheinung, daß der Baum nach einer stattgehabten Verwundung seine Reproductionsthätigkeit besonders anstrengt, um den zugefügten Schaden wiederauszuheilen; — man denke nur an die ziemlich gewöhnliche Erscheinung der wulstartigen Auftreibungen des Schaftes in Wundhöhe. Die Jahresringe dieser Stammscheiben erreichen in Höhe der Schälstelle oft Centimeter-Breite und sind sowohl wegen ihrer Unregelmäßigkeit, sowie wegen der Unmöglichkeit, die Messungen übers Kreuz vorzunehmen, für Zuwachsermittelungen absolut nicht brauchbar.

Leo sagt in seinen „Wildgärten", daß er einen Zuwachsverlust in Fichtenbeständen in Folge des Schälens nicht entdecken konnte und beruft sich auf einige allgemein gehaltene Mittheilungen aus dem Harze und aus Sachsen, denen ebenfalls Untersuchungen in Höhe der Schälstelle zu Grunde zu liegen scheinen, und überdies die vergleichenden Daten von nicht geschälten Fichten fehlen.

Aehnlich schließt auch Schacht aus „einem" in Katzhütte gefundenen Querschnitt einer gelachteten Fichte, daß der Zuwachs durch die Harznutzung nicht gelitten habe. Seine Behauptung ist nicht haltbar, weil die Scheibe in Lachtenhöhe entnommen wurde.

Weit greller als auf die Wachsthumsverhältnisse des Bestandes prägt sich jedenfalls die Einwirkung der Schälverwundung auf die Holzbeschaffenheit aus.

Summarische Vergleichung der Holzbeschaffenheit der geschälten und nicht geschälten Stämme.

Orts-bezeichnung.	Von den geschälten Fichten waren die Stammenden gesund *)	hartfaul	rothfaul		Von den nicht geschälten Fichten waren die Stammenden gesund *)	hartfaul	rothfaul	
	bei Procenten der untersuchten Stammzahl			bei Längen-Meter	bei Procenten der untersuchten Stammzahl			bei Längen-Meter
	%	%	%	i. D.	%	%	%	i. D.
Königsstuhl, 5e	—	59	41	2.10	100	—	—	—
" 5f	—	39	61	2.83	89	—	11	0.29
" 6i	—	50	50	4.05	100	—	—	—
Chousava, 24b	—	19	81	3.83	75	—	25	0.35
" 31a	—	9	91	3.32	86	—	14	0.80
" 40a	—	100	—	—	100	—	—	—
" 41b	—	7	93	3.16	60	—	40	0.50

An sämmtlichen geschälten Stämmen sind die Wundstellen ohne Ausnahme abgestorben, das Holz äußerlich verwittert, innerlich todt, mehr oder weniger intensiv gelb und braun gefärbt, auf dem Sägeschnitt eine wesentliche Structurveränderung zeigend, insofern namentlich das weiche Frühjahrsholz tief ausgerissen erscheint.

In der Litteratur ist dieses Zersetzungsstadium des Holzkörpers ganz zutreffend mit dem Namen „Hartfäule" bezeichnet. Dieselbe scheint mit der Breitenausdehnung der Wunde in ziemlich gleichmäßigem Verhältniß sich zu steigern und erstreckt sich bei träger Ueberwallung oder bei Beschädigungen über $\frac{u}{2}$ in der Regel auf

*) Unter „gesund" ist Nutzholzqualität, unter „hartfaul" die todte Schälstelle eingestellt, die ohne eigentlich anbrüchig zu sein, doch nur als Brennholz verwerthbar. —

den ganzen Stammumfang des Schäljahres, so daß nur der später angelegte Holzmantel sich frisch und lebendig erhält. Der untere Schafttheil ist durch die Hartfäule stets bis zu geringster Brennholzqualität entwerthet, wäre übrigens als Nutzholz ohnehin nie verwendbar, weil die im Ueberwallungsprocesse über die Wundfläche angelegten Holzschichten nie mehr einen innigen Contact mit dem Wundholze eingehen und beim Austrocknen sich stets loslösen. Ist schon hierdurch ein beträchtlicher Verlust an Nutzholz bedingt, der zum Mindesten auf die ganze Höhenausdehnung der Schälstelle sich erstreckt, so wird die Entwerthung der geschälten Fichte noch ungemein gesteigert durch das häufige und intensive Auftreten der Rothfäule, die in den meisten Fällen weit über die Schälstelle hinauf reicht und den von ihr occupirten, werthvollsten Theil des Schaftes für jeden Verwendungszweck untauglich macht. Von sämmtlichen 128 geschälten Fichten war keine einzige am Stammende zu Nutzholzzwecken verwendbar; 49 Stämme = 38,3 % hartfaul und 79 = 61,7 % mit mehr oder minder vorgeschrittener Rothfäule behaftet, während von 72 nicht geschälten Fichten nur 8 Stück = 11 % einen verschwindend geringen Grad von Anbrüchigkeit erkennen ließen. Von letzteren 8 anbrüchigen Stämmen wurde in Summa 3,37 Längenmeter als anbrüchig abgeschnitten, während die Längensumme der rothfaulen Schaftstücke die beträchtliche Ziffer von 246,20 Meter erreichte.

Die Häufigkeit ihres Auftretens sowohl, wie die Intensität der Rothfäule scheint nun in ziemlich regelmäßigem Connex mit dem Alter der Schälwunde und den Standortsverhältnissen zu stehen, so zwar, daß die ältere Verwundung in der Regel die vorgeschrittenere Rothfäule zeigt, während die Standortsgüte in dieser Richtung mehr einen beschleunigenden Einfluß ausüben dürfte, der ihr ja im Allgemeinen auch wohl zuerkannt wird. Unter sonst gleichen Umständen scheint auch die peripherische Ausdehnung der Verwundung den Eintritt der Rothfäule zu beschleunigen und ihr Fortschreiten zu fördern.

Von besonderem Interesse ist das local so verschiedene Vorkommen und Umsichgreifen der Wund- oder Rothfäule im einzelnen Baumindividuum. Wohl am häufigsten tritt sie unter- und oberhalb der Schälstelle auf und greift von hier aus im Stamme auf und abwärts, beschränkt sich aber nur sehr selten auf die Schälstelle allein. Die eigentliche, von den Wurzeln ausgehende Rothfäule, wie sie R. Hartig in seinen „Baumkrankheiten", von Trametes radiciperda herrührend, als ein grassirend auftretendes Bestandesübel schildert, konnte bei sorgfältigster Untersuchung, wenn überhaupt, so gewiß nur an drei Stämmen[1]) durch das Auffinden rothfauler Seitenwurzeln constatirt werden. Dagegen war die Fäule ziemlich häufig schon in der Höhe des Wurzelstockes bemerkbar und zwar zeigten von den 79 rothfaul befundenen Stämmen 37 Stück, welche in den Tabellen (Seite 80—89) durch fetteren Druck der in Rubrik 19 eingestellten Längen kenntlich markirt sind, auf dem tiefen Stockschnitt eine deutliche Zersetzung. Dieselbe war zwar in allen Fällen im Zusammenhange mit der von oben herabgehenden Wundfäule, doch nahm der Grad der Zersetzung in 9 Fällen nicht von oben nach unten, sondern von unten nach oben gegen die Schälstelle ab.

Nun hat man allerdings behauptet, daß eine schon auf dem Stocke bemerkbare Rothfäule zur Schälverwundung in keinerlei Beziehungen gebracht und dem Wilde nicht zur Last gelegt werden dürfe. Wie haltlos aber diese Behauptung, lehrt schon die vergleichende Betrachtung der in den Rubriken 18, 19 der Tabellen eingestellten Messungen über den Anbrüchigkeitsgrad der geschälten und nicht geschälten Fichten. Wie wollte man es erklären, daß der nicht geschälte Stamm so selten, der geschälte so häufig stockfaul befunden wurde? Sagt ja auch Grebe, daß die durch An-

[1]) In einem dieser Fälle war die Fäulniß der über einen Holzabfuhrweg hinübergreifenden flachstreichenden Wurzel offenbar in Folge der Beschädigung durch das Wagenrad eingetreten. Die Wurzel war ganz abgefahren.

lachtung verursachte Fäulniß zuerst in den Wurzelstock zieht und von da im Innern des Baumes mehr oder weniger aufsteigt. Die Erscheinung wird theilweise vielleicht auch aufgeklärt durch den von R. Hartig geführten Nachweis, daß bei parasitären Infectionen das Pilzmycel den äußerlichen Zersetzungserscheinungen voranschreitet und die Färbung erst dann bemerkbar wird, wenn die Fermentwirkung des Mycels weiter vorgeschritten. Daß aber durch die Schälwunde Pilzparasiten eindringen können, ist zweifellos.

Wo schon der Stock angegriffen, tritt die Rothfäule sowohl nach horizontaler wie nach verticaler Ausdehnung am stärksten auf, setzt sich aber ziemlich selten durch den von der Schälstelle occupirten Schafttheil herauf fort und tritt in concentrischem Zusammenhange nie durch den hartfaulen, todten Holzkörper der Schälstelle hindurch. Oefter wurden hinter der Schälstelle scheinbar selbstständige Fäulnißhöfe verschiedener Ausdehnung bemerkt, und wo die Rothfäule überhaupt durch die Schälhöhe sich fortsetzte, wurde sie in der Regel derart beobachtet, daß sie concentrisch geschlossen gegen die Wunde ansteigt, dicht unterhalb dem bloßgelegenen, abgestorbenen Holzkörper in zwei schmale Säulen sich verzweigt, welche zu den Seiten der Wunde in dem weitzelligsten Ueberwallungsholze aufgehen, um unmittelbar oberhalb sich im Stammcentrum wieder zu vereinigen. Diese Form der Rothfäule scheint für die Annahme zu sprechen, daß das Pilzmycel in dem abgestorbenen Holze gar nicht fortkommt oder — wenigstens scheinbar — unter minder augenfälligen Zersetzungserscheinungen hindurchtritt. — In drei Fällen (conf. lauf. Stamm-Nummer 79, 97, 111), wo die Fäulniß ganz ungewöhnlich, 7—8 Meter hoch, im Schafte hinaufgriff, wurden obere Verletzungen (Schneebruch ꝛc.) constatirt, von denen aus ein selbstständiger Zersetzungsproceß eingeleitet erschien.

Was sonst die Intensität des Fäulnißgrades im Allgemeinen anlangt, so sei bemerkt, daß jedes Stadium von der leicht wolkig-violetten Färbung bis zum vollständig zerstörten, wasserdurchtränkten Faulholz gefunden wurde, und daß der Verlauf des Zersetzungsprocesses selbst zum Alter der Wunde, sowie zum Zuwachs und Standort in bestimmten Beziehungen steht.

Es ist nun häufig auch darauf hingewiesen worden, daß die Gefahr einer Entstehung der Rothfäule in Folge der Schälverwundung nicht oder nur in geringem Maße vorliege, weil sowohl die Ueberwallung, sowie die innerliche und äußerliche Verharzung der Schälstelle vor eintretender Zersetzung schütze, und es steht auch wohl ganz außer Frage, daß beide Momente eine um so günstigere Wirkung in dieser Richtung äußern, je schneller und je vollständiger Verwallung und Verharzung eintreten; aber in der Praxis stellt sich die Sache eben ganz anders.

Die Reproductionskraft der gegen Rindenverletzungen in hohem Grade empfindlichen Fichte ist im Allgemeinen nicht gar so stark und vor allem nicht so nachhaltig, als man aus einzelnen, besonders günstig sich gestaltenden Fällen schließen zu dürfen glaubt. Schmale Rindenverletzungen, Astwunden, selbst Schaftbrüche (Schneebruch) pflegen schnell und energisch zu überwallen, aber bei Schälwunden von 0.3, 0.5 oder gar 0.75 der Peripherie treten Anforderungen an die Reproductionskraft heran, denen die Fichte und wohl jede andere Holzart[1]) nur unter ganz besonders günstigen Umständen gewachsen ist, auch schon deßhalb, weil die Schälschäden doch mehr oder weniger in ein Alter fallen, in welchem nach Ratzeburgs interessanten Untersuchungen und Darstellungen die Ueberwallung schon schwieriger von Statten geht. In den ersten Jahren nach der Verwundung ist sie meist sehr auffällig und erfolgreich thätig, läßt aber um so eher nach, je größer die Umfangsausdehnung der Wunde, je mehr ein zu dicht gehaltener Bestandesschluß die Kronenausbildung und den Zuwachs hemmt. Außerdem haben

---

[1]) Soweit unsere Beobachtungen an anderen Holzarten gehen, überwallen junge Eichen die Rindenverletzungen am besten. Geschälte Eichenreidel hatten Wunden von über $\frac{u}{2}$ in 8—10 Jahren überwallt; waren aber, nebenbei bemerkt, auch stark angefault. —

wir, wie schon w. o. angedeutet, bei den Untersuchungen auch den Eindruck gewonnen, daß die starke Verharschung der Wundränder mit ihren oft steinharten Harzsträngen dem Ueberwallungsproceß ein mechanisches Hinderniß entgegenstellt, welches die Bildung des Callus beeinträchtigt. Der Ueberwallungswulst scheint in solchen Fällen oft zu besonderen Anstrengungen, die unter Anderm in der häufig bemerkten flammfaserigen Structur des jungen Holzes zum Ausdruck gelangen dürfte, sich aufzuraffen; er zwängt sich bald scharf-keilförmig zwischen Wundholz und Harzincrustirung hindurch, die letztere nach Außen drängend; steigt bald auch vor einer harten Harzkruste, die er nicht zur Seite zwingen kann, jäh an, um sie selbst mit in das Bauminnere einzuschließen; aber — eben diese Anstrengungen, diese Ueberwindung von mechanischen Hindernissen bedeuten für den Ueberwallungsproceß mindestens eine empfindliche Störung und Verzögerung.

Pape bringt in seiner Brochüre meist vollständig überwallte Stammscheiben, doch zeigen dieselben durchweg schmale Verwundungen und selbst diese brauchten 20 Jahre und darüber bis der Zuwachs wieder in vollen concentrischen Ringen über die Schälwunde hinlief, ein Zeitraum, der wohl hinreichen dürfte, um Zersetzungserscheinungen rein chemischer Natur eben so, wie durch parasitäre Infection zu veranlassen. Ratzeburg präsentirt in seiner Waldverderbniß eine Kiefernstammscheibe, die zur Ueberwallung einer kaum $\frac{u}{4}$ einnehmenden Schälwunde über 30 Jahre gebrauchte und stellt in den Abbildungen einiger Fichtenstammscheiben, die vom Rothwilde geschält sind, sehr naturgetreu den Ueberwallungsproceß dar, wie er langsamer kaum gedacht werden kann. Auch in den Stammanalysen gelangt bei Vergleichung der Rubriken 6 und 8 ein überaus träger Verlauf der Ueberwallung zum Ausdruck. Die Differenzen in den Daten beider Rubriken stellen die Reproductionsthätigkeit des Wundcambiums in einigermaßen präciser Form dar und ergeben für die verschiedenen Bestände folgende Durchschnittszahlen:

Ortsbezeichnung		Größte Wundbreite i. Durchschn. pro Stamm		Durchschn. Ueberwallungsthätigkeit pro Stamm		
		i. Schäljahr cm	i. J. 1882 cm	in Jahren	nach cm	pro Jahr cm
Königsstuhler Revier,	5e	8.3	5.6	10	2.70	0.27
	5f	13.6	9.7	20	4.10	0.20
	6i	19.9	14.0	20	5.90	0.29
Chousava Rev.,	24b	17.0	7.4	35	9.60	0.27
	31a	18.8	7.8	37	11.00	0.30
	40a	8.4	6.7	6	1.70	0.28
	41b	16.2	9.0	28	7.20	0.26

Wenn auch diese Durchschnittszahlen eine gewisse Einflußnahme der Bodengüte nicht verkennen lassen, so überrascht im Allgemeinen doch eine auffällige Gleichmäßigkeit in der Ueberwallungsthätigkeit, die im Jahresdurchschnitt nur zwischen 0,20 und 0,30 cm schwankt. In den einzelnen Abtheilungen treten dagegen individuell ziemlich bedeutende, aber regellose Schwankungen auf, die am ehesten noch an die peripherische Ausdehnung der Wunde sich zu binden scheinen. Aber mag man die Ueberwallung in den Tabellen noch so eingehend studiren, immer wird man sich der Ueberzeugung nicht verschließen können, daß der Ueberwallungsproceß durchweg sehr langsam verläuft und es nicht Wunder nehmen kann, wenn schon lange vor dem Schluß der Schälwunde allerhand Zersetzungserscheinungen eintreten.

Was nun den zweiten Einwand anlangt, daß die Verharzung die Zersetzung des Holzes verhindere, so möchte in dieser Richtung getrennt zu halten sein:

1. die äußere Incrustirung der Wunde durch Harzerguß und
2. die innere Verkienung des Wundholzes durch Harzinfiltration, derer auch Ratzeburg Seite 269 seiner „Waldverderbniß" Erwähnung thut.

Die Incrustation der Schälwunde durch das aus den geöffneten Harzcanälen der Rinde und des Holzes austretende Terpentin ist, wie schon an anderer Stelle bemerkt, in den ersten Jahren nach der Verwundung eine ziemlich lebhafte. Wenn auch vorwiegend sehr unvollständig, gewährt sie jenen Partien des Wundholzes, die sie im Zusammenhange wirksam überzieht, einen immerhin sehr beachtenswerthen Schutz gegen alle meteorischen Einflüsse. Inzwischen kann ein partieller Harzüberzug der Wundfläche die Austrocknung der äußern Holzlagen auf die Dauer nicht verhindern, und mit dem Absterben der jüngsten Splintschicht hört der Harzerguß aus den Markstrahlcanälen stets auf. Wohl dringen an den Wundrändern, wo der Thätigkeit des Cambiums eine nachhaltige Incrustation vorangeht, noch frische Harzmassen aus, die aber durchaus nicht reichlich, auch nicht leichtflüssig genug sind, um an der Ueberkleidung der Wundfläche selbst noch wirksam sich zu betheiligen. Mit dem Nachlassen des Harzergusses aus den Markstrahlcanälen beginnt nun auch die dem Wundholze äußerlich anhaftende Harzkruste zu verwittern und abzubröckeln, so daß die Schälstelle in den meisten Fällen nach 6—8 Jahren einer äußeren Incrustirung schon ganz entbehrt und den meteorischen Einflüssen der unbeschränkteste Zutritt eröffnet ist. Bei dichterem Bestandesschluß, geringer Kronenbildung, ist die Incrustirung der Schälwunde selbst auf gutem Standorte außerordentlich gering. Man findet die äußere Splintschicht oft schon im zweiten Jahre vertrocknet, mit schwachen Längsrissen behaftet. — Eine 7jährige Schälwunde war bereits stark hartfaul und von Insectenlarven (sirex) durchbohrt.

Uebrigens ist auch der Grad der Incrustirung schon deßhalb durchaus kein beständig gleichmäßiger, weil sowohl der Harzreichthum, wie die Anzahl der harzführenden Canäle, deren Bildung an keine bestimmten anatomisch-physiologischen Gesetze gebunden ist, individuell sehr differirt und die Fichte an und für sich in der Bildung von Harzcanälen anderen Nadelhölzern gegenüber zurücksteht. Moeller spricht in seiner Anatomie der Schwarzföhre die Ansicht aus, daß im Allgemeinen in breiteren Jahresringen auch zahlreichere Harzgänge sich zu bilden pflegen, und es ist deßhalb wohl auch die Annahme statthaft, daß alle diejenigen Factoren, welche die Breite der Jahresringe fördern, mehr weniger auch die Bildung der Harzgänge begünstigen, ein Umstand, dem eine nicht zu unterschätzende practische Bedeutung beizumessen ist, insofern darnach die Schälschäden auf leistungsfähigerem Standorte, unter anderm auch wegen wirksamerer Incrustirung der Wunde, minder gefährlich erschienen, und die sorgliche Zuwachspflege in den geschälten Beständen von ganz besonderer Bedeutung wäre.

Bezüglich der Verkienung der inneren Holzlagen sei bemerkt, daß in den untersuchten Stämmen nur sehr selten kleine „speckige" Flecken in dem abgestorbenen Theile des Schaftes, nie aber größere Stellen oder gar ganze Stammscheiben gefunden wurden, in denen das Harz als infiltrirte Substanz die Zellenmembran durchdrungen und die Zellenhöhlungen vollständig ausgefüllt hätte. Diese localen Harzdurchtränkungen hatten überdies meist ihren Sitz in unmittelbarer Nachbarschaft der durch Ueberwallung aufgelegten jüngeren Holzringe und dürften eben beim Ueberwallungsprocesse in den Rändern des ausgetrockneten Wundholzes stattgefunden haben. Sonst zeigt der Querschnitt durch die Schälwunde in den todten Holzlagen eine sehr auffällige Harzarmuth, kaum daß die frische Schnittfläche einen leichten Terpentingeruch zeigt. Nach den eben angezogenen Untersuchungen Moeller's dürfte sich diese Harzarmuth des Wundholzes dadurch erklären, daß die lebende Holzzelle für Harze undurchdringlich, sonach eine Infiltration erst nach dem Abtrocknen des Holzkörpers, also zu einer Zeit erfolgen kann, wo sich die Harzcanäle des letzteren schon vollständig entleert haben.

Nach diesen Erörterungen vermögen wir der Incrustirung der äußeren Schälwunde als mechanisches Schutzmittel gegen zersetzungsanregende, atmosphärische Einflüsse wohl eine bedingte, unter allen Umständen aber keine nachhaltige, vielmehr stets nur eine vorübergehende, der Verkienung im inneren Holzkörper aber gar keine Bedeutung beizumessen, weil dieselbe viel zu geringfügig, als daß die antiseptische Eigenschaft des Harzes bei Entstehung und Verbreitung der Rothfäule eine merkliche Wirkung ausüben könnte.

Vorübergehend möge beim Studium der Tabellen endlich noch darauf die Aufmerksamkeit hingelenkt werden, daß es ganz allgemein den Anschein gewinnt, als ob die Schälbeschädigungen der neueren Zeit in immer jüngeren Bestandesclassen stattfinden und daß correspondirend mit dieser Erscheinung auch die relative, d. i. die peripherische Ausdehnung der Wunde, abzunehmen scheint. So sind z. B. im Chousaver Revier die ältesten aus den 1840er Jahren stammenden Beschädigungen durchweg in 40 bis 50jährigen Stangenorten mit einer Umfangsausdehnung der Wunde von i. D. über $\frac{u}{2}$ angerichtet worden, während die jüngsten Schälbestände (5^e, 40^a) schon im 20. bis 25. Lebensjahre angegriffen wurden, die Wundausdehnung i. D. aber nur $\frac{u}{3}$ betrug. Beide Wahrnehmungen sind übrigens durchaus nicht darnach angethan zu beruhigen, denn in dem früheren Angriffe begründet sich die Wahrscheinlichkeit, daß die Bestände um so länger der Beschädigung ausgesetzt sein werden, und die geringere peripherische Ausdehnung der Wunde, die wohl nur als eine Folge der in diesem jugendlichen Alter noch sehr hindernden, dichten Beastung zu betrachten ist, dürfte um so sicherer das Wild zu einem zweiten Angriffe auf denselben Stamm verführen.

Hiermit ist das reiche Material, welches die Aufzeichnungen der Stammanalysen bieten, in seinen Beziehungen zur Schälfrage erschöpfend verarbeitet und wohl auch dargethan, daß die Schälverwundung durch Rothwild unter allen Umständen auf Zuwachs und Holzbeschaffenheit einen eminent nachtheiligen Einfluß äußert, und daß der Zukunftswerth der Schälbestände in der That sehr empfindlich beeinträchtigt und gefährdet wird.

Ob die Resultate der Untersuchungen genügen? Ob die Beweiskraft der am einzelnen Baumindividuum gesammelten Daten anerkannt wird? — Schwerlich! — Da wird man von der einen Seite die vorurtheilsfreie Auswahl der Versuchsstämme anzweifeln, um so mehr und nicht ganz mit Unrecht, wenn wir a priori zugestehen, daß es für rathsam erachtet wurde, Stämme zu wählen, an denen zweifellos Sommerschäle stattgefunden hatte und daß somit die Möglichkeit einer vorzugsweisen Untersuchung von stärker beschädigten Stämmen nicht ganz ausgeschlossen ist. — Von anderer Seite wird man vielleicht zur Geltung bringen, daß eine nicht genügende Anzahl ungeschälter Fichten zur Parallel-Untersuchung einbezogen wurde, somit für comparative Schlußfolgerungen ganz verschiedene Fehlerquellen vorliegen, und wir müßten die haltlose Entschuldigung bringen, daß der nicht geschälten Stämme sehr wenige vorhanden, und diese wenigen ungern gefällt wurden. — Man wird von dritter Seite vielleicht auch darauf hinweisen, daß die Frage über die nachtheiligen Folgeübel der Schälverwundung nur halb gelöst sei; man wird nach dem Grunde fragen, warum der Massenanfall an gesundem und anbrüchigem Holze der geschälten und ungeschälten Fichten nicht präcis ermittelt und in ziffermäßiger Darstellung zur Vergleichung gebracht ist, und wir könnten nur antworten, daß die mühevolle Aufgabe der cubischen Ermittelung eines oft in 15 und mehr Abschnitte und Scheiben der verschiedensten Dimension zerlegten Stammes mit Exactheit nicht durchführbar schien.

Um solchen und ähnlichen Bedenken vorzubeugen, mögen sich in den folgenden Blättern noch die genau ermittelten summarischen Ergebnisse aus einigen, in Schälbeständen geführten Abtriebsschlägen anreihen, in denen die angefallenen Massen von gesunden und anbrüchigen Hölzern im geschälten und nicht geschälten Bestande nach ihrem Cubikgehalt nicht allein getrennt ermittelt, sondern auch nach einheitlichen Preissätzen bewerthet erscheinen, so daß also schließlich der wichtigste und zuverlässigste Maßstab „das Geld" den endgiltigen Ausschlag geben wird über die nachtheilige Gesammtwirkung der Schälbeschädigung.

Vorher sei uns gestattet, in Ergänzung der Stammanalysen auf Seite 80—89 noch eine Anzahl von Probefällungen einzuschalten, die wir erst lange nach Verarbeitung der früher verzeichneten Daten gewinnen konnten, denen wir aber eine sehr

Orts-Bezeichnung, Boden, Bestand.	Des Fichten-Stammes lauf. №	Des Fichten-Stammes Alter Jahre.	Alter der Schälwunde Jahre.	Dimensionen der im Jahre der Untersuchung 1885: Länge in Centimeter	Breite Mittl. Centimeter	Breite Maxim. Centimeter	Fläche in □ Ctmt.
Domaine Opočno. Revier Sattel 30 d. 28 j. Fichtenstangenort, bereits durchforstet; frischer, kräftiger Boden.	1	28	8	—	—[1]	2	—
	2*	—	5	—	—	8	—
	3	—	9	—	—	2	—
	4	—	9		überwallt		—
	5*	—	6	—	—	6	—
	6*	—	7	—	—	4	—
30 c. 75 j. Fichtenstangenort, etwas gedrängter Stand, Boden ebenfalls frisch und kräftig.	7	75	16	—	—	15	—
	8	—	17	—	—	19	—
	9	—	16	—	—	20	—
	10	—	16	—	—	11	—
16 c. 60—65 j. Fichtenstangen auf kräftigem und frischem Boden.	11	65	26	120	15	20	1800
	12	60	17	50	7	12	350
	13	67	25	70	12	18	840
	14	60	18	100	6	10	600
	15	60	18	60	8	12	480
	16	65	17	60	14	20	840
	17	58	14	120	15	25	1800
	18	59	25	50	12	8	600
16 d. 45—50 Fichtenstangen; wie vorher.	19	50	15	40	15	16	600
	20	48	15	70	20	30	1400
	21	45	16	40	9	12	360
4 d. Ungleichaltrige Fichtenstangen, 30—60 jähr., etwas flachgründiger Boden.	22	59	21	100	18	24	1800
	23	50	22	50	5	7	250
	24	50	23	100	7	12	700
	25*	40	11	40	12	16	480
	26*	36	10	50	16	24	800
	27*	36	12	70	6	8	420
11 h. 25—30 j. Fichtendickung.	28*	26	5	70	5	10	350
	29*	25	3	50	7	9	350
12 a.	30	45	10	90	8	20	720
	31	43	10	120	8	12	960
12 c.	32*	23	3	58	8	10	464
28 d.	33*	50	7	50	12	22	600
	34*	55	5	90	10	18	900
29 d.	35	65	12	17	12	15	204
	36	60	10	80	15	22	1200
	37	55	10	80	10	15	800
	38	54	11	100	16	20	1600
	39	50	12	50	6	8	300
	40	26	7	100	5	6	500

[1]) Von den Stämmen 1—10 sind die im Walde bei der Fällung vorgenommenen

Schälwunde im Schäl-Jahr Wundbreite		Stärkenzunahme oberhalb der Schälwunde								Schaftende war	
		im I. Dec.		II. Dec.	III. Dec	5 Jahre		1 Jahr			
		vor	nach	nach	nach	vor	nach	vor	nach	hart-faul	roth-faul
Maxim.	% u	der Beschädigung des Stammes									
Ctmtr.	0.00	Centimeter.								Längenmeter.	
8	—	—	—	—	—	3.23	2.35	0.63	0.45	—	2.00
9	—	—	—	—	—	3.92	2.23	0.65	0.58	3.00	—
6	—	—	—	—	—	3.26	1.65	0.54	0.50	2.00	—
5	—	—	—	—	—	4.06	1.44	0.94	0.80	—	2.50
7	—	—	—	—	—	3.17	2.38	0.70	0.66	—	2.00
6	—	—	—	—	—	4.01	3.30	0.75	0.86	2.00	—
18	—	5.00	2.72	—	—	2.36	1.40	0.54	0.34	—	2.75
24	—	1.83	1.48	—	—	0.80	0.80	0.14	0.15	—	4.50
26	—	2.12	1.80	—	—	1.00	0.62	0.21	0.12	—	6.00
15	—	1.86	1.00	—	—	1.00	0.61	0.16	0.10	—	4.00
25	0.61	6.34	3.74	—	—	3.20	2.16	0.76	0.24	—	4.80
17	0.45	4.46	3.40	—	—	2.18	2.18	0.50	0.50	—	4.50
24	0.63	6.88	4.83	—	—	3.40	2.05	0.61	0.44	—	4.10
17	0.61	6.48	3.08	—	—	4.06	2.30	0.66	0.60	—	7.20
19	0.50	5.48	3.86	—	—	2.90	2.17	0.68	0.42	—	3.60
24	0.51	3.14	2.78	—	—	1.43	1.45	0.28	0.25	—	4 10
18	0.44	3.86	3.18	—	—	1.92	1.80	0.41	0.28	—	2.40
28	0.64	5.92	5.00	—	—	2.74	2.76	0.62	0.62	—	2.30
18	0.47	4.26	2.25	—	—	2.08	1.18	0.37	0.25	2.60	—
32	0.64	3.98	1.96	—	—	2.03	0.82	0.22	0.20	—	2.40
17	0.45	6.85	3.96	—	—	3.14	2.27	0.52	0.42	—	3.20
33	0.87	6.14	2.50	—	—	3.02	3.08	0.83	0.74	—	2.00
19	0.54	3.74	2.40	—	—	1.36	1.17	0.29	0.12	2.30	—
25	0.71	6.26	5.24	—	—	2.77	2.65	0.71	0.63	—	2.60
18	0.58	2.32	1.64	—	—	0.96	1.15	0.21	0.20	—	3.40
29	0.83	4.02	3.54	—	—	1.53	0.90	0.34	0.20	—	2.30
12	0.63	4.43	2.57	—	—	1.95	1.58	0.42	0.42	—	2.60
11	0.48	—	—	—	—	2.75	2.12	0.52	0.45	—	1.80
10	0.52	—	—	—	—	—	—	0.22	0.16	1.20	—
25	0.81	3.44	2.36	—	—	1.47	1.70	0.30	0.36	—	3.30
14	0.50	5.72	2.45	—	—	2.61	1.46	0.40	0.26	—	2.50
10	0.40	—	—	—	—	—	—	0.46	0.40	1.00	—
24	0.48	—	—	—	—	0.80	0.42	0.11	0.06	—	2.70
18	0.47	—	—	—	—	0.25	0.18	—	—	1.40	—
18	0.44	2.10	1.64	—	—	1.08	0.76	0.20	0.15	—	3.20
25	0.66	1.94	1.12	—	—	0.80	0.72	0.18	0.16	—	4.60
20	0.64	2.20	0.88	—	—	0.58	0.51	0.12	0.10	—	3.30
26	0.68	3.71	2.14	—	—	1.95	1.36	0.35	0.22	—	5.30
10	0.40	2.93	2.06	—	—	1.30	1.10	0.31	0.25	—	3.50
7	0.32	—	—	—	—	3.42	2.25	0.62	0.57	—	2.00

Messungen der Wunden- und Stammdimensionen verloren gegangen.

beachtenswerthe Bedeutung insofern glauben beilegen zu müssen, als sie einem ganz anderen Standortsgebiete der Fichte entstammen. Es sind dies Untersuchungen von Schälstämmen aus dem Adlergebirge (Ausläufer der Sudeten), angestellt im Reviere Sattel der fürstlich Colloredo-Mannsfeld'schen Domäne Opočno auf durchweg gutem und sehr gutem Fichtenboden, dem nährkräftigen, mildlehmigen Verwitterungsproducte des Glimmerschiefers. Meereshöhe 800—1000 m.

Es ist wohl von hohem Interesse und dürfte auch den Werth der früher aus den hiesigen Forsten producirten Untersuchungsergebnisse wesentlich heben, wenn wir an der Hand der oben verzeichneten Zahlendaten constatiren, daß auf dem kräftigen Boden des Glimmerschiefers in den Schälbeständen nach Grad und Art ganz dieselben Erscheinungen zu Tage treten, wie auf dem ärmeren Verwitterungsproducte der Grauwacke und des Thonschiefers bei 400 bis 500 m Meereshöhe, und daß somit die Erhebungsresultate über die nachtheilige Einflußnahme der Schälverwundung durch das Rothwild aus zwei total verschiedenen Standortsgebieten der Fichte vollständig harmoniren.

Vergleichen wir zunächst die Stärkenzuwachsmessungen, so finden wir in der vorstehenden Tabelle vielleicht etwas höhere Wuchsleistungen des kräftigen Glimmerschieferbodens verzeichnet, doch weichen die Differenzen der Stärkenzunahme in den der Messung unterstellten gleichnamigen Zeitabschnitten, von denen aus den Tabellen auf Seite 80—89 resultirenden, nicht nennenswerth ab. Sie betragen im Durchschnitt pro Stamm:

im 1. Jahrzehnt nach der Verwundung	1,49 cm
„ 1. Jahrfünft „ „ „	0,61 „
„ 1. Jahre „ „ „	0,09 „ ,

Differenzen, die sich aus der Darstellung des Zuwachsganges auf Seite 93 in gleicher Höhe ohne weiteres ableiten lassen.

Das Auftreten der Rothfäule in den Schälbeständen markirt sich entschieden in noch grellerem Lichte, wie in den früheren Darstellungen, denn wir erhalten im vorliegenden Falle das schwerbelastende Resultat:

80% der Schälstämme waren rothfaul i. D. auf 3,36 m Schafthöhe. Dahingegen tritt die aus den ersten Analysen hergeleitete Erscheinung, derzufolge die Zuwachsabnahme im Allgemeinen mit der peripherischen Ausdehnung der Wunde sich steigert, nicht so präcis zu Tage. —

Wir gehen nunmehr zu den bereits angekündigten Versuchsschlägen über.

Der erste Schlag wurde im Jahre 1883 im Königsstuhler Revier Abthlg. 5 f, in welcher bereits eine ziemliche Anzahl von Versuchsstämmen (conf. die Tabellen) gefällt waren, ausgeführt. Der Bestand, ein 60jähriger, mit Kiefer und Birke ungleichmäßig durchstellter Fichtenstangenort auf kaum mittlerer Standortsgüte ist vor 15—25 Jahren vom Wilde derartig ruinirt, daß die Betriebspläne ihn zu vorzeitiger Abnutzung unbedingt hatten einstellen müssen. Der Abtriebsschlag hält 3,02 Joch = 1,728 ha. Fläche.

Der zweite Schlag im Jahre 1884, Chousaver Revier, 31 f traf einen 80jährigen, Buchen- und Birken durchsprengten, vom Winde stellenweise etwas gelichteten und lückigen Fichtenbaumort auf kräftigem Boden in einer Flächenausdehnung von 4,46 Joch = 2,567 ha. nördlicher Abdachung. Die Schälschäden hatten hier vor 30 bis 40 Jahren stattgefunden, doch erreichte der Grad der Beschädigung bei Weitem nicht den bedenklichen Character wie in 5 f.

Der dritte Schlag vom Jahre 1885 erstreckte sich in einer Größe von 2,16 Joch = 1,243 ha. auf einen sehr stark geschälten, mit Tannen leicht durchmischten, 70jährigen Fichtenort von etwas ungleichmäßiger Bestockung im Königsstuhler Revier, 6 m. Boden ziemlich flach und gering; im Frühjahr lange naß; eben.

In allen Versuchsschlägen ist behufs Erhebung der weiter unten mitgetheilten Daten nachstehend beschriebene, einheitliche Arbeitsfolge beobachtet worden:

Zunächst wurden alle Stämme, an denen die äußeren Merkmale stattgehabter Saftschäle zweifellos erkennbar waren, mittelst Reißhakens deutlich gezeichnet, und hierdurch der geschälte und nicht geschälte Bestand von einander getrennt. Alle Stämme, die durch winterliches Benagen nur oberflächlich an der äußeren Rinde beschädigt waren, sind dem nicht geschälten Bestande subsummirt worden. Es erfolgte nun die Bestandesaufnahme mit der Meßkluppe und zwar:

1. Auszählung der geschälten Fichten;
2. Auszählung der nicht geschälten Fichten;
3. Auszählung der Mischhölzer, getrennt nach Holzart.

ad 1 und 2 wurde die Stammstärke in 1,8 m. Meßhöhe (also oberhalb der Schälwunde) behufs Darstellung der Dimensionsverhältnisse ermittelt, und die Abzählung ad 3 hatte nur den Zweck, den Mischungs- und Bestockungsgrad zum Ausdruck zu bringen.

Nach diesen gewissermaßen vorbereitenden Arbeiten begann der Abtrieb mit Fällung der geschälten Fichten; Abstockung am Wurzelhalse bei etwa 0,3 Meter über dem Boden. Die separate Aufarbeitung, Cubirung und Verbuchung des Materials erfolgte sofort; es wurde auch die Anzahl der anbrüchigen Stämme ermittelt und dann erst zur Fällung der nicht geschälten Fichten geschritten, an denen sich derselbe Arbeitsgang, wie bei den geschälten wiederholte. Der schließlichen Fällung der Mischhölzer wurde eine besondere Aufmerksamkeit nicht mehr zugewendet.

I. Versuchsschlag:

Abtheilung 5 f Königsstuhler Revier 3,02 Joch = 1,728 ha.

Die Auszählung ergab:

2182 Fichten
795 Kiefern
115 Birken

somit eine Gesammtbestockung = 3092 Stämmen.

Kiefer und Birke interessiren nicht weiter und bleiben außer Bereich aller weiteren Betrachtungen.

Von den vorgefundenen 2182 Stück Fichtenstämmen waren
geschält . . . . 1656 Stück oder 76%;
nicht geschält . . 526 Stück oder 24%.

Von den geschälten 1656 Stück Fichten wurden
619 stark, 319 schwach, i. Sa. also 938 Stück oder 56,6%,
von den 526 nicht geschälten Stämmen dagegen nur
15 stark, 12 schwach, i. S. also 27 Stück oder 5,1%
anbrüchig befunden.

Die Dimensionsverhältnisse im geschälten und nicht geschälten Bestandestheile stellen sich auf Grund der bei 1,80 Meter Meßhöhe vorgenommenen Kluppirung wie folgt:

Nicht geschälte Fichten		Durchm. bei 1.8 mh	Geschälte Fichten	
Stück	Proc.	cm	Stück	Proc.
—	—	5	7	0.42
—	—	6	25	1.51
—	—	7	41	2.47
3	0.57	8	56	3.44
3	0.57	9	80	4.83
11	2.09	10	135	8.15
12	2.28	11	163	9.84
19	3.61	12	178	10.75
26	4.94	13	165	9.96
41	7.79	14	168	10.14
44	8.36	15	159	9.60
42	8.00	16	146	8.82
49	9.32	17	96	5.79
50	9.51	18	76	4.59
45	8.55	19	59	3.54
44	8.36	20	34	2.05
37	7.04	21	34	2.05
29	5.52	22	15	0.91
18	3.42	23	11	0.66
13	2.47	24	2	0.12
11	2.09	25	5	0.30
8	1.52	26	—	—
505	96.01	Summa	1655	99.94

Nicht geschälte Fichten		Durchm. bei 1.8 mh	Geschälte Fichten	
Stück	Proc.	cm	Stück	Proc.
505	96.01		1655	99.94
4	0.76	27	—	—
5	0.95	28	1	0.06
2	0.38	29	—	—
1	0.19	30	—	—
3	0.57	31	—	—
1	0.19	32	—	—
1	0.19	33	—	—
1	0.19	34	—	—
3	0.57	35	—	—
526	100	Summa	1656	100

Hiernach stellt sich die Durchschnittsstärke des Mittelstammes
im nicht geschälten Bestande auf . . . . 18.0 cm
im geschälten auf . . . . 13.6 -
so daß also die Stammstärke der geschälten Fichte i. D. um 4.4 - zurücksteht. In dieser Differenz tritt uns also auch aus den im Bestande gepflogenen Erhebungen eine sehr augenfällige Beeinträchtigung des Zuwachsganges in Folge der Schälverwundung entgegen. Wir dürfen derselben hier eine um so größere Bedeutung beilegen, wenn noch dem Umstande Rechnung getragen wird, daß das Wild erfahrungsmäßig die schönsten, wüchsigsten Bestandesglieder stets mit besondrer Vorliebe schält und daß somit, begründeter Vermuthung zufolge, die geschälten Fichten zur Zeit der Beschädigung den dominirenden Stammclassen angehört haben dürften.

Für die folgende Ertragsspecification der drei Versuchsschläge sei bemerkt:

Scheitholz umfaßt die Brennhölzer von 15 cm Stärke aufwärts. Remmelholz (Rml.) I. Cl. = Brennholz von 7—14 cm Stärke. Remmelholz II. Cl. = Brennholz unter 7 cm Stärke.

des nicht geschälten und **des geschälten**

Bestandes

Gesammtmaterialertrag = 268.81 Fm

und zwar

des nicht geschälten: 106.75 Fm		des geschälten: 162.06 Fm	
Nutzholz	Brennholz	Nutzholz	Brennholz
86.32 Fm = 81 %	20.43 Fm = 19 %	67.00 Fm = 41.3 %	95.06 Fm = 58.7 %
davon		davon	
72.05 Fm 16—20 cm Mitte	3.50 Fm ges. Scheith.	65.38 Fm 16—20 cm Mitte	19.60 Fm ges. Scheith.
10.55 „ 21—25 „ „	2.10 „ anbr. „ (0.8)	1.62 „ Latten	16.80 „ anbr. „ (0.7)
2.28 „ 26—30 „ „	11.80 „ ges. Rml. I.		37.14 „ ges. Rml. I.
1.35 „ 31—35 „ „	0.20 „ anbr. „ (0.7)		13.86 „ anbr. „ (0.7)
0.09 „ Latten „ „	2.83 „ ges. Rml. II.		7.66 „ ges. Rml. II.

Materialbewerthung nach Localpreisen (werbungskostenfrei).

Nutzholz

des nicht geschälten	des geschälten
72.05 Fm 16—20 cm Mitte à 4.20 fl. = 302.61 fl.	65.38 Fm 16—20 cm Mitte à 4.20 fl. = 274.59 fl.
10.55 „ 21—25 „ „ à 5.00 „ = 52.75 „	1.62 „ Latten „ „ i. Ganz. „ = 14.55 „
2.28 „ 26—30 „ „ à 6.00 „ = 13.68 „	
1.35 „ 31—35 „ „ à 7.00 „ = 9.45 „	
0.09 „ Latten „ „ i. Ganz. = 0.63 „	
379.12 fl.	289.14 fl.

Brennholz

des nicht geschälten	des geschälten
3.50 Fm ges. Scheith. à 4.07 fl. = 14.24 fl.	19.60 Fm ges. Scheith. à 4.07 fl. = 79.77 fl.
2.10 „ anbr. „ à (4.07 × 0.8) „ = 6.85 „	16.80 „ anbr. „ à (4.07 × 0.7) „ = 47.85 „
11.80 „ ges. Rml. I à 3.82 „ = 45.07 „	37.14 „ ges. Rml. I à 3.82 „ = 141.89 „
0.20 „ anbr. „ à (3.82 × 0.7) „ = 0.53 „	13.86 „ anbr. „ à (3.82 × 0.7) „ = 37.00 „
2.83 „ ges. Rml. II à 3.23 „ = 9.14 „	7.66 „ ges. Rml. II à 3.23 „ = 24.74 „
75.83 fl.	331.25 fl.
daher Gesammtwerth = 454.95 fl.	daher Gesammtwerth = 620.39 fl.

Durchschnittsverwerthung pro Einheit.

des nicht geschälten	des geschälten
Nutz- und Brennholz pro Fm = 4.26 fl.	Nutz- und Brennholz pro Fm = 3.83 fl.

Substituirt man gleiche Stammzahl, so erhält man für 100 Stämme:

im nicht geschälten Bestande		im geschälten Bestande	
20.3 Fm		9.8 Fm	
und zwar			
16.4 Fm = 81 % Nutzh.	3.9 Fm = 19 % Brennh.	4.00 Fm = 41.3 % Nutzh.	5.8 Fm = 58.7 % Brennh.
davon		davon	
13.69 Fm 16—20 cm Mitte	0.66 Fm gef. Scheith.	3.90 Fm 16—20 cm Mitte	1.20 Fm gef. Scheith.
2.00 „ 21—25 „ „	0.40 „ anbr. „ (0.8)	0.10 „ Latten	1.02 „ anbr. „ (0.7)
0.43 „ 26—30 „ „	2.25 „ gef. Rml. I.		2.28 „ gef. Rml. I.
0.26 „ 31—35 „ „	0.04 „ anbr. „ (0.7)		0.84 „ anbr. „ (0.7)
0.02 „ Latten „ „	0.55 „ gef. Rml. II.		0.46 „ gef. Rml. II.

Materialbewerthung nach Localpreisen (werbungskostenfrei).

im nicht geschälten Bestande

Nutzholz

13.69 Fm	16—20 cm Mitte	à 4.20 fl.	= 57.50 fl.		
2.00 „	21—25 „ „	à 5.00 „	= 10.00 „		
0.43 „	26—30 „ „	à 6.00 „	= 2.58 „		
0.26 „	31—35 „ „	à 7.00 „	= 1.82 „		
0.02 „	Latten „ „	i. Ganz.	= 0.14 „		
				72.04 fl.	

Brennholz

0.66 Fm	gef. Scheith.	à 4.07 fl.	= 2.68 fl.	
0.40 „	anbr. „	à (4.07 × 0.8) „	= 1.30 „	
0.25 „	gef. Rml. I	à 3.82 „	= 8.59 „	
0.04 „	anbr. „	à (3.82 × 0.7) „	= 0.11 „	
0.55 „	gef. Rml. II	à 3.23 „	= 1.77 „	
				14.45 fl.
			daher Gesammtwerth =	86.49 fl.

im geschälten Bestande

Nutzholz

3.90 Fm	16—20 cm Mitte	à 4.20 fl.	= 16.38 fl.	
0.10 „	Latten	i. Ganz.	= 0.90 „	
				17.28 fl.

Brennholz

1.20 Fm	gef. Scheith.	à 4.07 fl.	= 4.88 fl.	
1.02 „	anbr. „	à (4.07 × 0.7) „	= 2.91 „	
2.28 „	gef. Rml. I	à 3.82 „	= 8.71 „	
0.84 „	anbr. „	à (3.82 × 0.7) „	= 2.23 „	
0.46 „	gef. Rml. II	à 3.23 „	= 1.48 „	
				20.21 fl.
			daher Gesammtwerth =	37.49 fl.

Durchschnittsverwerthung pro Einheit

wie oben

Nutz- und Brennholz pro Fm = 4.26 fl.	Nutz- und Brennholz pro Fm = 3.83 fl.

Basirt man den Ertragsvergleich auf die Fläche, so erhält man für den reinen Fichtenbestand die Proportionalfläche von 2.13 Joch

und zwar

im nicht gesch. Bestande 0.52 Joch mit 454.95 fl. Abtriebsertrag.	im gesch. Best. 1.61 Joch mit 620.39 fl. Abtriebsertrag.

Das ist Brutto pro Joch

im nicht gesch. Best. = 874.88 fl.	im gesch. Best. = 385.28 fl.

II. Versuchsschlag.

Abtheilung 31f des Chousaver Reviers 4.46 Joch = 2.567 ha.

Die Auszählung ergab: 187 Buchen,
155 Birken,
768 Fichten,

somit Gesammtbestockung v. 1110 Stämmen.

Die Mischhölzer Buche und Birke interessiren nicht weiter und bleiben außer Bereich aller weiteren Erörterungen.

Von den vorgefundenen 768 Stück Fichtenstämmen waren

geschält	140 Stück oder 18%,
nicht geschält	628 Stück oder 82%.

Von den geschälten 140 Stück Fichten wurden

62 stark, 14 schwach, i. Sa. also 76 Stück oder 54.3%;

von den nicht geschälten 628 Stämmen dagegen

51 stark, 77 schwach, i. Sa. also 128 Stück oder 20.3% anbrüchig befunden. Dabei muß hervorgehoben werden, daß der Bestand von einem alten, nicht ausgebauten Holzabfuhrwege diagonal durchschnitten wurde, längs dessen Trace 16 nicht geschälte und 3 geschälte Fichten in Folge von stattgehabten Wurzelbeschädigungen nachweisbar anbrüchig geworden waren, ein Umstand, der das verhältnißmäßig häufige Auftreten der Rothfäule an den nicht geschälten Fichten erklärt. — Die Seitenwurzeln waren vielfach ganz durchgefahren, total faul. Die Zersetzung griff in allen Fällen bis in den Wurzelstock hinein, aber kaum auf 0.3 m im Stamme aufwärts.

Die Dimensionsverhältnisse des geschälten und nicht geschälten Bestandtheiles stellen sich auf Grund der bei 1.80 m Meßhöhe vorgenommenen Kluppirung wie folgt:

Nicht geschälte Fichten		Durchmesser bei 1.8 mh	Geschälte Fichten		Nicht geschälte Fichten		Durchmesser bei 1.8 mh	Geschälte Fichten	
Stück	Proc.	cm	Stück	Proc.	Stück	Proc.	cm	Stück	Proc.
3	0.47	12	1	0.71	529	84.23		133	94.98
5	0.79	13	1	0.72	10	1.59	35	2	1.44
3	0.48	14	—	—	14	2.23	36	3	2.14
9	1.43	15	2	1.43	5	0.79	37	—	—
16	2.55	16	10	7.15	12	1.92	38	—	—
24	3.82	17	6	4.29	7	1.12	39	—	—
29	4.62	18	7	4.99	3	0.48	40	—	—
28	4.46	19	5	3.58	4	0.64	41	—	—
26	4.14	20	14	9.99	7	1.11	42	2	1.44
34	5.41	21	10	7.14	6	0.95	43	—	—
27	4.30	22	8	5.70	7	1.11	44	—	—
38	6.04	23	9	6.43	3	0.47	45	—	—
29	4.62	24	7	4.99	3	0.48	46	—	—
40	6.37	25	10	7.15	2	0.32	47	—	—
22	3.50	26	12	8.57	1	0.16	48	—	—
28	4.46	27	5	3.57	2	0.32	49	—	—
28	4.46	28	8	5.71	1	0.16	50	—	—
26	4.14	29	3	2.15	2	0.32	51	—	—
42	6.69	30	2	1.44	4	0.64	52	—	—
24	3.83	31	3	2.14	3	0.48	57	—	—
17	2.71	32	4	2.85	1	0.16	58	—	—
18	2.87	33	2	1.43	1	0.16	60	—	—
13	2.07	34	4	2.85	1	0.16	63	—	—
529	84.23	Summa	133	94.98	628	100	Summa	140	100

Hiernach stellt sich die Durchschnittsstärke des Mittelstammes
im nicht geschältem Bestande auf . . . . 27.00 cm
im geschälten Bestande auf . . . . 23.80 =
so daß also die Stammstärke der geschälten Fichte i. D. um 3.20 =
zurücksteht.

[illegible]

des nicht geschälten und **des geschälten**

Bestandes

Gesammtmaterialertrag = 464.02 Fm

und zwar

Des nicht geschälten Bestandes

404.02 Fm

Nutzholz	Brennholz
257.63 Fm = 63.8 %	146.39 Fm = 36.2 %

davon

Nutzholz		Brennholz	
0.36 Fm	unter 15 cm Mitte	93.66 Fm	ges. Scheith.
24.07 „	von 16—20 „ „	14.21 „	anbr. „ (0.8)
70.42 „	„ 21—25 „ „	33.72 „	ges. Rml. I.
64.61 „	„ 26—30 „ „	4.50 „	ges. Rml. II.
54.87 „	„ 31—35 „ „	0.30 „	anbr. „ (0.8)
43.30 „	über 35 „ „		

Des geschälten Bestandes

60.00 Fm

Nutzholz	Brennholz
26.49 Fm = 44.2 %	33.51 Fm = 55.8 %

davon

Nutzholz		Brennholz	
0.14 Fm	unter 15 cm Mitte	19.74 Fm	ges. Scheith.
8.93 „	von 16 - 20 „ „	5.39 „	anbr. „ (0.7)
10.14 „	„ 21—25 „ „	7.08 „	ges. Rml. I.
5.29 „	„ 26—30 „ „	0.60 „	anbr. „ (0.8)
1.99 „	„ 31—35 „ „	0.70 „	ges. Rml. II.

Materialbewerthung nach Localpreisen (werbungskostenfrei).

Des nicht geschälten Bestandes

Nutzholz

0.36 Fm	unter 15 cm Mitte	à 3.80 fl.	= 1.37 fl.
24.07 „	16—20 „ „	à 4.20 „	= 101.09 „
70.42 „	21—25 „ „	à 5.00 „	= 352.10 „
64.61 „	26—30 „ „	à 6.00 „	= 387.66 „
54.87 „	31—35 „ „	à 7.00 „	= 384.09 „
43.30 „	über 35 „ „	à 8.00 „	= 346.40 „
			1572.71 fl.

Brennholz

93.66 Fm	ges. Scheith.	à 4.07 fl.	= 381.20 fl.
14.21 „	anbr. „	à (4.07 × 0.8) „	= 46.18 „
33.72 „	ges. Rml. I	à 3.82 „	= 128.81 „
4.50 „	ges. Rml. II	à 3.23 „	= 14.53 „
0.30 „	anbr. „	à (3.23 × 0.8) „	= 0.77 „
			571.49 fl.

daher Gesammtwerth = 2144.20 fl.

Des geschälten Bestandes

Nutzholz

0.14 Fm	unter 15 cm Mitte	à 3.80 fl.	= 0.53 fl.
8.93 „	16—20 „ „	à 4.20 „	= 37.50 „
10.14 „	21—25 „ „	à 5.00 „	= 50.70 „
5.29 „	26—30 „ „	à 6.00 „	= 31.74 „
1.99 „	31—35 „ „	à 7.00 „	= 13.93 „
			134.40 fl.

Brennholz

19.74 Fm	ges. Scheith.	à 4.07 fl.	= 80.34 fl.
5.39 „	anbr. „	à (4.07 × 0.7) „	= 15.36 „
7.08 „	ges. Rml. I	à 3.82 „	= 27.04 „
0.60 „	anbr. „	à (3.82 × 0.8) „	= 1.83 „
0.70 „	ges. Rml. II	à 3.23 „	= 2.26 „
			126.83 fl.

daher Gesammtwerth = 261.23 fl.

Durchschnittsverwerthung pro Einheit.

Nicht geschält: Nutz- und Brennholz pro Fm 5.30 fl.

Geschält: Nutz- und Brennholz pro Fm 4.35 fl.

Substituirt man gleiche Stammzahl, so erhält man für 100 Stämme:

im nicht geschälten Bestande

64.33 Fm

und zwar

41.04 Fm = 63.8 % Nutzh. 23.29 Fm = 36.2 % Brennh.

davon

0.06 Fm unter 15 cm Mitte	14.90 Fm	ges. Scheith.		
3.83 „ 16—20 „ „	2.26 „	anbr. „	(0.8)
11.22 „ 21—25 „ „	5.37 „	ges. Rml. I.	
10.29 „ 26—30 „ „	0.71 „	ges. Rml. II.	
8.74 „ 31—35 „ „	0.05 „	anbr. „	(0.8)
6.90 „ über 35 „ „			

im geschälten Bestande

42.85 Fm

und zwar

18.94 Fm = 44.2 % Nutzh. 23.91 Fm = 55.8 % Brennh.

davon

0.10 Fm unter 15 cm Mitte	14.10 Fm	ges. Scheith.	
6.39 „ 16—20 „ „	3.84 „	anbr. „	(0.7)
7.24 „ 21—25 „ „	5.04 „	ges. Rml. I.	
3.79 „ 26—30 „ „	0.43 „	anbr. „	(0.8)
1.42 „ 31—35 „ „	0.50 „	ges. Rml. II.	

Materialbewerthung nach Localpreisen (werbungskostenfrei).

im nicht geschälten Bestande

Nutzholz

0.06 Fm unter 15 cm Mitte	à 3.86 fl.	= 0.23 fl.	
3.83 „ 16—20 „ „	à 4.20 „	= 16.09 „	
11.22 „ 21—25 „ „	à 5.00 „	= 56.10 „	
10.29 „ 26—30 „ „	à 6.00 „	= 61.74 „	
8.74 „ 31—35 „ „	à 7.00 „	= 61.18 „	
6.90 „ über 35 „ „	à 8.00 „	= 55.20 „	
			250.54 fl.

Brennholz

14.90 Fm ges. Scheith.	à 4.07 fl.	= 60.64 fl.	
2.26 „ anbr. „	à (4.07 × 0.8) „	= 7.34 „	
5.37 „ ges. Rml. I	à 3.82 „	= 20.51 „	
0.71 „ ges. Rml. II	à 3.23 „	= 2.29 „	
0.05 „ anbr. „	à (3.23 × 0.8) „	= 0.13 „	
			90.91 fl.

daher Gesammtwerth = 341.45 fl.

im geschälten Bestande

Nutzholz

0.10 Fm unter 15 cm Mitte	à 3.80 fl.	= 0.38 fl.	
6.39 „ 16—20 „ „	à 4.20 „	= 26.84 „	
7.24 „ 21—25 „ „	à 5.00 „	= 36.20 „	
3.79 „ 26—30 „ „	à 6.00 „	= 22.74 „	
1.42 „ 31—35 „ „	à 7.00 „	= 9.94 „	
			96.10 fl.

Brennholz

14.10 Fm ges. Scheith.	à 4.07 fl.	= 57.39 fl.	
3.84 „ anbr. „	à (4.07 × 0.7) „	= 10.94 „	
5.04 „ ges. Rml. I	à 3.82 „	= 19.25 „	
0.43 „ anbr. „	à (3.82 × 0.8) „	= 1.31 „	
0.50 „ ges. Rml. II	à 3.23 „	= 1.61 „	
			90.50 fl.

daher Gesammtwerth = 186.60 fl.

Durchschnittsverwerthung pro Einheit

wie oben

im nicht geschälten Bestande	im geschälten Bestande
Nutz- und Brennholz pro Fm = 5.30 fl.	Nutz- und Brennholz pro Fm = 4.35 fl.

Basirt man den Ertragsvergleich auf die Fläche, so erhält man für den reinen Fichtenbestand die Proportionalfläche von 3.09 Joch

und zwar:

im nicht gesch. Best. 2.52 Joch mit 2144.20 fl. Abtriebsertrag	im gesch. Best. 0.57 Joch mit 261.23 fl. Abtriebsertrag.

Das ist Brutto pro Joch

im nicht gesch. Best. = 850.90 fl.	im gesch. Best. = 458.30 fl.

III. Versuchsschlag.

Abtheilung 6m des Königsstuhler Revieres, 2.16 Joch = 1.243 ha.

Die Auszählung ergab: 333 Tannen,
1153 Fichten,

somit Gesammtbestockung v. 1486 Stämmen.

Von den vorgefundenen 1153 Stück Fichtenstämmen waren
geschält 1051 Stück oder 91%,
nicht geschält 102 Stück oder 9%.

Von den geschälten 1051 Stück Fichten wurden
499 stark, 247 schwach, i. Sa. also 746 Stück oder 71%;
von den nicht gesch. 102 Stück, dagegen
9 stark, 8 schwach, i. Sa. also 17 Stück oder 17%
anbrüchig befunden:

Die Dimensionsverhältnisse des geschälten und nicht geschälten Bestandestheiles stellen sich auf Grund der bei 1.80 m Meßhöhe vorgenommenen Kluppirung wie folgt:

Nicht geschälte Fichten		Durchm. bei 1.8 mh	Geschälte Fichten	
Stück	Proc.	cm	Stück	Proc.
—	—	7	7	0.66
1	0.98	8	11	1.04
1	0.98	9	40	3.80
1	0.98	10	48	4.58
3	2.94	Summa	106	10.08

Nicht geschälte Fichten		Durchm. bei 1.8 mh	Geschälte Fichten	
Stück	Proc.	cm	Stück	Proc.
3	2.94		106	10.08
2	1.96	11	69	6.56
2	1.96	12	86	8.19
4	3.92	13	96	9.15
3	2.94	14	97	9.23
1	0.98	15	79	7.51
3	2.94	16	91	8.67
13	12.73	17	88	8.37
9	8.81	18	65	6.19
6	5.88	19	65	6.18
4	3.92	20	56	5.32
5	4.90	21	45	4.27
10	9.80	22	25	2.38
7	6.92	23	27	2.57
5	4.90	24	22	2.09
3	2.94	25	11	1.04
5	4.90	26	5	0.47
3	2.94	27	8	0.76
3	2.94	28	2	0.19
1	0.98	29	3	0.28
—	—	30	1	0.10
—	—	31	1	0.10
2	1.96	32	1	0.10
3	2.94	33	—	—
3	2.94	34	1	0.10
—	—	35	1	0.10
—	—	36	—	—
2	1.96	37	—	—
102	100	Summa	1051	100

Hiernach stellt sich die Durchschnittsstärke des Mittelstammes
im nicht geschälten Bestande auf . . . . 20.8 cm,
im geschälten auf . . . . 15.8 „
so daß also die Stammstärke der gesch. Fichte i. D. um 5.0 „
zurücksteht.

Ertragsvergleichung

des nicht geschälten und des geschälten

Bestandes

Gesammtmaterialertrag = 150.10 Fm

und zwar

des nicht geschälten Bestandes: 31.85 Fm

Nutzholz 25.71 Fm = 81 % | Brennholz 6.14 Fm = 19 %

davon

12.43 Fm	16—20 cm	Mitte	2.19 Fm	ges. Scheith.		
6.21 „	21—25 „	„	0.70 „	anbr. „	(0.9)	
5.10 „	26—30 „	„	3.00 „	ges. Rml. I.		
1.97 „	31—35 „	„	0.25 „	ges. Rml. II.		

des geschälten Bestandes: 118.25 Fm

Nutzholz 42.84 Fm = 36 % | Brennholz 75.41 Fm = 64 %

davon

40.83 Fm	16—20 cm	Mitte	8.31 Fm	ges. Scheith.	
2.01 „	21—25 „	„	28.00 „	anbr. „	(0.8)
			22.20 „	ges. Rml. I.	
			11.40 „	anbr. „	(0.7)
			5.50 „	ges. Rml. II.	

Materialbewerthung nach Localpreisen (werbungskostenfrei).

Nicht geschälter Bestand

Nutzholz

12.34 Fm 16—20 cm Mitte à 4.20 fl. = 52.20 fl.
6.21 „ 21—25 „ „ à 5.00 „ = 31.05 „
5.10 „ 26—30 „ „ à 6.00 „ = 30.60 „
1.97 „ 31—35 „ „ à 7.00 „ = 13.79 „

127.64 fl.

Brennholz

2.19 Fm ges. Scheith. à 4.07 fl. = 8.91 fl.
0.70 „ anbr. „ à (4.07 × 0.9) „ = 2.56 „
3.00 „ ges. Rml. I à 3.82 „ = 11.46 „
0.25 „ ges. Rml. II à 3.23 „ = 0.81 „

23.74 fl.

daher Gesammtwerth = 151.38 fl.

Geschälter Bestand

Nutzholz

40.83 Fm 16—20 cm Mitte à 4.20 fl. = 171.48 fl.
2.01 „ 21—25 „ „ à 5.00 „ = 10.05 „

181.53 fl.

Brennholz

8.31 Fm ges. Scheith. à 4.07 fl. = 33.82 fl.
28.00 „ anbr. „ à (4.07 × 0.8) „ = 91.00 „
22.20 „ ges. Rml. I à 3.82 „ = 84.80 „
11.40 „ anbr. „ à (3.82 × 0.7) „ = 30.44 „
5.50 „ ges. Rml. II à 3.23 „ = 17.76 „

257.82 fl.

daher Gesammtwerth = 439.35 fl.

Durchschnittsverwerthung pro Einheit.

Nutz- und Brennholz pro Fm = 4.76 fl. | Nutz- und Brennholz pro Fm = 3.72 fl.

Substituirt man gleiche Stammzahl, so erhält man für 100 Stämme:

Bestande

im nicht geschälten

31.22 Fm

und zwar

25.29 Fm = 81 % Nutzh. 5.93 Fm = 19 % Brennh.

davon

12.22 Fm	16—20 cm Mitte	2.11 Fm	gef. Scheith.	
6.11 "	21—25 " "	0.69 "	anbr. "	(0.9)
5.02 "	26—30 " "	2.89 "	gef. Rml. I.	
1.94 "	31—35 " "	0.24 "	gef. Rml. II.	

im geschälten

11.27 Fm

und zwar

4.06 Fm = 36 % Nutzh. 7.21 Fm = 64 % Brennh.

davon

3.87 Fm	16—20 cm Mitte	0.79 Fm	gef. Scheith.	
0.19 "	21—25 " "	2.68 "	anbr. "	(0.8)
		2.12 "	gef. Rml. I.	
		1.09 "	anbr. "	(0.7)
		0.53 "	gef. Rml. II.	

Materialbewerthung nach Localpreisen (werbungskostenfrei).

im nicht geschälten Bestande:

Nutzholz

12.22 Fm 16—20 cm Mitte à 4.20 fl. = 51.32 fl.
6.11 " 21—25 " " à 5.00 " = 30.55 "
5.02 " 26—30 " " à 6.00 " = 30.12 "
1.94 " 31—35 " " à 7.00 " = 13.58 "

125.57 fl.

Brennholz

2.11 Fm gef. Scheith. à 4.07 fl. = 8.58 fl.
0.69 " anbr. " à (4.07 × 0.9) " = 2.52 "
2.89 " gef. Rml. I à 3.82 " = 11.04 "
0.24 " gef. Rml. II à 3.23 " = 0.77 "

22.91 fl.

daher Gesammtwerth = 148.48 fl.

im geschälten Bestande:

Nutzholz

3.87 Fm 16—20 cm Mitte à 4.20 fl. = 16.25 fl.
0.19 " 21—25 " " à 5.00 " = 0.95 "

17.20 fl.

Brennholz

0.79 Fm gef. Scheith. à 4.07 fl. = 3.21 fl.
2.68 " anbr. " à (4.07 × 0.8) " = 8.72 "
2.12 " gef. Rml. I à 3.82 " = 8.10 "
1.09 " anbr. " à (3.82 × 0.7) " = 2.91 "
0.53 " gef. Rml. II à 3.23 " = 1.71 "

24.65 fl.

daher Gesammtwerth = 41.85 fl.

Durchschnittsverwerthung pro Einheit

wie oben

Nutz- und Brennholz pro Fm = 4.76 fl. | Nutz- und Brennholz pro Fm = 3.72 fl.

Basirt man den Ertragsvergleich auf die Fläche, so erhält man für den reinen Fichtenbestand die Proportionalfläche von 1.68 Joch

und zwar

im nicht gesch. Best. 0.15 Joch mit 151.38 fl. Abtriebsertrag	im gesch. Best. 1.53 Joch mit 439.35 fl. Abtriebsertrag.

Das ist Brutto pro Joch

im nicht gesch. Bestande = 1009.20 fl.	im geschälten Bestande = 287.16 fl.

Stellen wir nun die wichtigsten Momente aus den drei Versuchsschlägen in übersichtlicher Form zusammen, so erhalten wir folgende interessante Daten der Untersuchung und Aufarbeitung:

Versuchsschlag	Beschädigungsgrad nach Procenten der Stammzahl		Rothfäule bei Procenten der Stammzahl		Nutzholzprocent		Stärke des arithm. Mittelstammes bei 1.8 m Meßhöhe		Erntekostenfreie Gelderträge					
									pro 100 Stämme		pro 1 Joch		pro 1 ha	
	nicht gesch. %	geschält %	nicht gesch. %	geschält %	nicht gesch. %	geschält %	nicht gesch. cm	geschält cm	nicht geschält fl.	geschält fl.	nicht gesch. fl	geschält fl.	nicht gesch. *M*	geschält *M*
													abgerundet	
I. 60j.	24.0	76.0	5.1	56.6	81.0	41.3	18.0	13.6	86.49	37.59	874.88	385.28	2500	1100
II. 80j.	82.0	18.0	20.3	54.3	63.8	44.2	27.0	23.8	341.45	186.60	850.90	458.30	2460	1330
III. 70j.	9.0	91.0	17.0	71.0	81.0	36.0	20.8	15.8	148.48	41.85	1009.20	287.16	2920	830

Setzen wir unter der Voraussetzung einer etwas später beginnenden, mit dem 50. Jahre aber stärker eingreifenden Bestandespflege folgende Zwischennutzungserträge an:

im 30. Jahre liefert der nicht gesch. Best. 40 *M*., der Schälbstd. 35 *M*.,
" 40. " " " " " " 60 " " " 55 "
" 50. " " " " " " 100 " " " 90 "
" 60. " " " " " " 150 " " " 130 "
" 70. " " " " " " 140 " " " 120 "

die Culturkosten etwa 15 *M* pro ha,

die Steuern und Verwaltungsregie 5 *M*,

so erhalten wir bei 2.5% Wirthschaftszinsfuß nach

$$r = \left(\frac{H + Z_1\, 1.0p^{u-a} + Z_2\, 1.0p^{u-b} + \ldots - K\, 1.0p^{u}}{\frac{1.0p^{u} - 1}{0.0p}} \right) - (V + S)$$

folgende Bodenrentenwerthe:

	Bodenrente des nicht gesch. Bestandes *M*	Bodenrente des durchaus gesch. Bestandes *M*
Versuchsschlag I. 60jähr.	r = 15.18	r = 4.65
" II. 80 "	r = 8.22	r = 3.23
" III. 70 "	r = 13.44	r = 1.85

Diese Resultate weiter zu commentiren scheint überflüssig. Sie reden wohl ein deutliches Wort und illustriren die nachtheiligen Einflüsse der Schälbeschädigung in wahrhaft erschreckenden Farben, ein mahnendes Wort richtend an den Waldbesitzer, wie an den Waldpfleger, und nicht an diese allein; — die in obiger Tabelle zusammengestellten Resultate rufen auch dem sorglosen Jägersmann ein warnendes „Obacht" zu und führen ihm die betrübende Thatsache vor Augen, daß es gar lange nicht mehr so fortgehen kann, daß der Wald geschützt werden muß, auch im Interesse des Hochwildes und der Jagd im Allgemeinen.

Wir wollen gerne zugeben, daß die zum Vergleich gestellten Objecte wegen ihres, durch den vorgefundenen Beschädigungsgrad bedingten, sehr ungleichmäßigen Umfanges für die comparative Veranschaulichung der Schälschädlichkeit nicht sehr geeignet waren, geben zu, daß den Parallel-Erhebungen ganz verschiedene Fehlerquellen unterstehen, die das gesuchte Bild in mehr oder minder verschobener Gestaltung darstellen; wir hoffen sogar zuverlässig und sehnlichst, daß Bestände mit annähernd 50 Procent Schälstämmen, die ohne Anwendung von Proportionalrechnungen den Grad der Schädlichkeit richtiger darstellen werden, ein weit günstigeres Verhältniß ergeben, aber wir glauben auch, daß die eminent nachtheilige Wirkung der Schälverwundung auf Zuwachs und Holzbeschaffenheit nach diesen vergleichenden Untersuchungen über jeder Discussion steht und befürchten schon in natürlicher und nothwendiger Consequenz des starken Auftretens der Rothfäule, der geringeren Stärkendimension und des geringen Nutzholzprocentes im Schälbestande, daß selbst die schlimmsten Vermuthungen und Besorgnisse hinter dem factischen Befund noch weit zurückstehen werden. Oberforstmeister Müller hatte gewiß recht, wenn er in seinem, dem Harzer Forstverein im Jahre 1883 erstatteten Berichte an die vom Forstmeister Roth im Jahre 1858 in einem Schälbestande durchforstungsweise angestellten Ertrags-Untersuchungen anknüpfend, der Befürchtung Ausdruck verlieh, daß der von Roth nachgewiesene Ertragsverlust von 10 Procent hinter der Wirklichkeit heutzutage sehr wesentlich zurückbleibt. — Besonders interessant ist in dieser Richtung die Notiz von Forstrath Reber in der F. und J. Zeitung v. J. 1825, daß der Ertrag der Schälbestände auf die Hälfte des Normal-Ertrages herabgedrückt werde. — Wir erinnern auch an Hartigs Ausspruch, daß in geharzten Beständen die Nutzholz-ausbeute von 70 % auf 20—30 % herabsinke.

Nicht ohne Absicht haben wir den Gang der Ermittelungen und Berechnungen so detaillirt durchgeführt; es mußte uns daran gelegen sein, die Mängel und Bedenken, welche der aus der practischen Wirthschaft herausgegriffenen Ertrags-Vergleichung zweifellos anhaften, möglichst klar darzulegen. Möge der Leser sie nach eigenem Ermessen würdigen; möge er alle Momente, denen er einen beirrenden Einfluß auf das Endresultat zuerkennen will, eliminiren, und die Berechnung umformen, wie er es für richtiger hält — er wird seine Calculationen immer mit einem bedeutenden Deficit des Schälbestandes abschließen.

Es ist wahr, die Stangenorte 5f und 6m, in denen der nicht geschälte Bestandestheil mehr als den zwei- und dreifachen Ertragswerth repräsentirt, sind enorm stark geschält; aber kommen derartige Beschädigungsgrade heutzutage in schälgewohnten Wildständen und stark besetzten Thiergärten gar so selten vor? Und wie wird sich die Entwerthungsziffer gestalten in reifen Altholzbeständen mit guten Nutzholzsortimenten, in denen die größere Differenz der Nutz- und Brennholzpreise mehr in die Wagschale fällt? Welche Steigerung erfährt die Entwerthung noch, wenn man auch die quantitativen und qualitativen Zuwachsverluste, welche mit der vorzeitigen

Nutzung von Beständen, die eben erst in ihr productivstes Entwickelungsstadium eintreten, nothwendig verbunden sind, gebührend mit in Rechnung stellt? — Alle diese Rücksichten bei weiteren Rentabilitätsbetrachtungen entsprechend zu würdigen, möge dem Forschungsdrange des Lesers überlassen bleiben. Die Anklage, welche aus den obigen Zahlendaten sich formulirt, ist in der That schwer genug, sie darf sich getrost aller weiteren Erörterungen enthalten, die ohnehin den sicheren Boden der schlichten Thatsache verlassen müßten und dementsprechend, je nach Gunst oder Ungunst der hypothetischen Suppositionen auch unbestimmte, nur in concreten Fällen giltige Resultate zeitigen könnten. Die wesentliche Beeinträchtigung der Material- und Gelderträge durch die Schälbeschädigung kann unmöglich bestritten werden, und damit haben diese Ausführungen ihren Zweck erreicht. — Möchten sie den Grad der Bestandesentwerthung zu schwarz gezeichnet haben! —

Ohne des Näheren darauf einzugehen, welche fatalen Störungen eine derartig verfrühte Schlagführung in geordneten Forsthaushaltsverhältnissen nach sich zieht, wie wenig solche Zwangslagen mit Zweck und Ziel der Forstbetriebseinrichtung im Einklange stehen, erübrigt uns noch eine kurze Betrachtung über die allgemeinen wirthschaftlichen Gefahren, denen der geschälte Bestand in Folge erhöhter Disposition für Insectenangriffe und in Folge geringerer Widerstandskraft gegen Wind-, Eis- und Schneebrüche ausgesetzt ist.

Ob die erstere überhaupt vorliegt? Vom theoretischen Standpunkte läßt sich die Ansicht, daß gewisse Insecten durch den mehr oder weniger kränkelnden Zustand, in welchen die Fichte durch jede stärkere Rindenbeschädigung versetzt wird, angezogen werden, wohl begründen, und wir wollen deßhalb die in dieser Richtung laut gewordenen Befürchtungen als ganz unberechtigt a priori nicht verwerfen, glauben aber auch mit der Bemerkung nicht zurückhalten zu sollen, daß wir in langjährigen Beobachtungen nie den Eindruck gewonnen haben, als ob bestandesverderbende Insecten — vom Angehen des todten Wundholzes durch sirex, anobium, cerambyx 2c.

sehen wir selbstverständlich hier ab, — die Schälbestände mit Vorliebe angegangen hätten oder durch die geschälten Bestandesglieder irgend wie angelockt wären. Wir finden darüber auch in der Litteratur nirgends mehr als allgemeine Bemerkungen und Vermuthungen[1]) und können deßhalb der Frage, ob und in wie weit die Gefahr des Insectenangriffes durch die Schälverwundung gesteigert werde, eine hervorragende practische Bedeutung nicht beimessen.

Ganz anders steht es mit dem Verhalten der Schälbestände den atmosphärischen Einflüssen gegenüber.

Daß die Widerstandsfähigkeit eines Baumes durch fortschreitende Zersetzung des Holzkörpers wesentlich beeinträchtigt wird, ist eine allgemein anerkannte, durch Thatsachen reichlich belegte Erfahrung, und insoweit die Schälschäden im unteren Schafttheile einen Zersetzungsproceß einleiten, muß ihnen auch in dieser Richtung jedenfalls eine nachtheilige Einflußnahme zuerkannt werden. Ob indessen diese Wirkung so allgemein und so prägnant zum Ausdruck gelangt, als man in der Praxis anzunehmen geneigt ist, scheint zum Mindesten sehr zweifelhaft, schon deßhalb, weil ja die übeln Folgen der Schälverwundung nach Zeit und Intensität individuell sehr verschieden auftreten und überdies immer nur auf bestimmte Stammpartieen sich erstrecken. Einem der Bruchgefahr ausgesetzten Stamme kann sonach in der Wundfäule immer nur dann ein Nachtheil erwachsen, wenn bei einer im Bereich der Baumkrone zum Ausdruck gelangenden Hebelkraft der Hebelstützpunkt in oder unterhalb der Wunde, beziehungsweise in den Bereich der von dieser ausgehenden Stammfäule zu liegen kommt. Dies ist aber in erster Reihe abhängig vom Bestandesalter und -Schluß, überhaupt von allen, die Kronenentwickelung beeinflussenden Factoren und beobachtet man dementsprechend auch ein absolut verschiedenes Verhalten der Schälbestände gegen elementare Gefahren. In den Fichtenbeständen bis hinauf zu mittlerem Stangenalter z. B. sind die Bruchschäden

[1]) Vgl. u. a. a. „Kärner". Tharander Jahrbuch B. 30.

in Wundhöhe eine gewöhnliche Erscheinung, wenn in Folge der Schälverwundung überhaupt schon ein entsprechender Zersetzungsgrad (Roth- oder Hartfäule) vorliegt. Es scheint daher für die Häufigkeit des Schälstellenbruches weit weniger das physische Baumalter als das Alter der Schälwunde maßgebend, und zwar darf nach den angestellten Beobachtungen constatirt werden, daß mit 5—7 Jahren nach der Schälverwundung die Zersetzung beziehungsweise Abdorrung des Schaftes so weit fortgeschritten ist, um den Bruch in Wundhöhe zu begünstigen. Stämme mit jüngeren Schälwunden widerstehen dem Bruch in Wundhöhe ebenso, wie die gar nicht geschälten Stangen, brechen auch im Wurzelstock oder werden niedergedrückt.

Auf den in Dickungen häufig vorkommenden Massendruck und -Bruch finden diese Erörterungen selbstverständlich keine Anwendung, da hier der Widerstand des einzelnen Bestandesgliedes wenig oder gar nicht in Betracht kommt.

Oberförster Reuß[1]) in Goslar, der nach den großen Schneebruchschäden in den Harzforsten Gelegenheit hatte, das Verhalten der vom Wilde geschälten Bestände zu studiren, fand in den 30- bis 40-jährigen Jungbeständen theilweise sehr wenig „Schälstellenbruch", in manchen Fällen stieg derselbe aber auf 60 bis 70% und in einer 36-jährigen Jugend, einer der ältesten Einzelpflanzungen am Oberharze (Oberförsterei Lautenthal), beschränkte sich der vorkommende Schneebruch sogar ausschließlich auf die Schälstelle. Dieses auffällig abweichende Verhalten von ziemlich gleichalterigen Beständen dürfte zum großen Theile auf den verschiedenen Grad der Zersetzung, beziehungsweise auf das Alter der Schälwunde zurückzuführen sein. Auch die sich widersprechenden Beobachtungen in Thüringen, im Unter- und Oberharz, derer Bernhardt in seinen „Waldbeschädigungen" Erwähnung thut, werden sich vielleicht in dieser Weise erklären lassen.

[1]) „Die Harzer Schneebrüche im December 1883". Danckelmanns Z. f. F. u. Jagdw. H. 7. u. 8. 1884. —

In den reiferen Stangen- und Baumorten verschwindet die Einflußnahme der Schälschäden bei Schneebruchgefahr fast vollständig. Hier beschränkt sich die Baumkrone zumeist auf den oberen Drittheil der Totalhöhe, und die auflagernden winterlichen Niederschläge bringen dicht unter dem Kronenansatze eine hochgradige Spannung hervor, die sich bei ruhigem Wetter den unteren Stammpartieen überhaupt nicht mittheilt; der Bruch erfolgt meist als hoher Schaft- oder Gipfelbruch. In den Gebirgsforsten Obersteiermarks und den Sudeten beobachteten wir in dieser Richtung Abweichungen; hier schält das Wild, auf hoher, tragkräftiger Schneedecke einherschreitend, oft drei oder vier Meter oberhalb des Bodens, und fällt sodann häufig auch im Stangenorte noch die höchste Spannung des Hebels in den Bereich der Schälstelle, und der Schälstellenbruch ist um so häufiger, je weiter die von dieser ausgehende Wundfäule vorgeschritten ist.

Ganz andere Erscheinungen als der einfache Belastungsdruck durch Schnee ꝛc. bringt die Kraft des Windes als begleitendes Moment, oder auch allein, in den geschälten Beständen der älteren Klassen zum Ausdruck. Die von der Krone ausgehenden Schwingungen pflanzen sich je nach Intensität der wirkenden Kraft mehr oder minder rapid nach unten fort und gehen, soweit sie von der Gegenkraft der Wurzel paralysirt werden, ohne jede nachtheiligen Folgen für den Baum vorüber, insofern die natürliche Biegsamkeit und Elasticität des Schaftes nicht etwa local beeinträchtigt oder gar aufgehoben ist. Dies ist aber an der Schälstelle immer der Fall — weit weniger vielleicht wegen der Rothfäule, als wegen der Abdorrung des Wundholzes — und es wird deßhalb auch in älteren Beständen leicht der Bruch an der Schälstelle erfolgen, wenn der Wind stark oder anhaltend genug ist, um die schwingende Bewegung bis in die unteren Stammpartieen fortzupflanzen. Eine ganz ähnliche Erscheinung ist der häufige Bruch bei Schaftvermaserungen, an Krebsstellen bei Tanne ꝛc. bei verhältnißmäßig schwachen Winden.

Ob nun der Bruch vorwiegend unter-, inner- oder oberhalb der Schälstelle, ob wundseitig oder wundgegenseitig erfolgt, scheint unter Anderm auch von dem Grade und der localen Ausdehnung der Wundfäule wesentlich mit abhängig. Unterhalb der Verletzung findet der Bruch im Allgemeinen ziemlich selten statt, weil an dieser Stelle schon die Widerstandskraft des Gegenhebels, der Wurzel, mehr zur Wirkung gelangt; innerhalb der Wunde bricht der Stamm gern, wenn die Rothfäule in vorgeschrittenen Stadien durch die Schälstelle hindurchgreift und endlich dicht oberhalb — die gewöhnlichste Bruchform — wenn die Rothfäule unter der Wunde absetzt, um oben wieder zu erscheinen, und überdies der mehr oder minder tief abgestorbene Kern die Biegsamkeit des Schaftes aufgehoben hat. Für die Praxis hat übrigens die Entscheidung dieser Eventualitäten wohl kaum größere Bedeutung.

Für die jüngeren Bestände, namentlich für die II. III. Altersclasse involviren die Schälschäden somit zweifellos eine wirthschaftliche Gefahr, insofern hier die Wundfäule den Bruch begünstigt und selbst durch Einzelbrüche die Bestandeszukunft bis zur Unhaltbarkeit gefährdet werden kann. In den älteren Orten tritt die Einflußnahme in Bezug auf Schneebrüche fast ganz zurück, nimmt dagegen in Bezug auf Windbruchgefahr wesentlich zu. Wenn nun weiter zur Geltung gebracht wird, daß der Einfluß in rein finanzieller Beziehung kaum sehr ins Gewicht fällt, insofern die rothfaulen Stammenden ohnehin aufgearbeitet werden müssen, so darf im Allgemeinen wohl zugestanden werden, daß die Folgeübel der Schälverwundung unter gewissen Bedingungen und in gewissen Entwickelungsstadien die Elementarschäden in Fichtenbeständen empfindlich fördern, daß aber eine unbedingte, allgemeine Einflußnahme nicht vorliegt und das Wild in dieser Richtung wohl oft mehr belastet wird, als es verdient. Diese Erfahrungen scheinen auch mit den Beobachtungen des Oberförsters Reuß vollständig im Einklange zu stehen, welcher die gewonnenen Eindrücke dahin resumirt:

1. „Ein erheblicher, allgemeiner Einfluß des Wildschälens auf die Begünstigung des Schneebruches war nicht nachzuweisen."

2. „Schälstellenbruch findet fast nur in 30 bis 50jährigen Beständen statt, was darin mit seine Begründung finden mag, daß der Bruch mit Vorliebe in der Gegend des Kronenansatzes erfolgt, und dieser Punkt in den jüngeren Orten mit der Stelle annähernd zusammenfällt, wo die Schälstelle zu sitzen pflegt."

3. „Eben gelegene Bestände mit gleichmäßiger Beastung brechen leichter in der Schälstelle als in den Hängen stockende und scheint in solchen Lagen das Schälen den Schneebruch zu fördern."

4. „An den Hängen findet sich der Schälstellenbruch vorzugsweise nur an Bäumen, die bergseitig geschält sind. —"

V.

Ueber die Mittel gegen das Schälen.

Die Bekämpfung der Schälbeschädigung und ihrer Folgeübel reicht ebenso weit zurück als die Schäden selbst; man hat ihnen stets die größte Aufmerksamkeit zugewendet und selbst aus jenen Zeiten, wo das Jägerthum noch den Wald und die Forstwirthschaft beherrschte, finden wir in der Litteratur unverkennbare Zeichen, daß und wie sehr man überall bemüht war, der auftauchenden Untugend des Rothwildes entgegenzuarbeiten. So sehr auch Wege und Ziele der Forstwirthschaft und Jagd von jeher auseinander gingen und heute noch auseinander gehen, — in dieser Frage stehen und standen sie allzeit einmüthig zusammen und einigten sich in dem Streben, die Schälschäden zu verhüten, beziehungsweise auf ein wirthschaftlich minder schädliches Maß zu beschränken. Die Gefahr wurde somit zu allen Zeiten in beiden Lagern erkannt und gewürdigt, und gerade diese Eintracht in der Bekämpfung des Uebels zwingt der Jägerei das schwere, so gern umschriebene Geständniß ab, wie auch sie von der Ueberzeugung durchdrungen ist, daß der Wald, an den die hohe Jagd doch unbedingt gebunden ist, wenn auch nicht direct in seiner Existenz gefährdet, so doch mindestens in seinem freudigen Gedeihen durch das Schälen schwer beeinträchtigt wird.

Unendlich zahlreich, in ihren kleinen Variationen und Versuchen gar nie beachtet, sind die Mittel, welche schon von frühester Zeit gegen die Schälbeschädigung in Anwendung gebracht wurden. Die Mehrzahl der oft recht sinnreichen Eingebungen, oft auch nur zufälligen und oberflächlichen Beobachtungen entsprungenen Versuche sind wohl nie in die Oeffentlichkeit gelangt; sie sind verschollen in der Stille des Waldes, in dem sie ausgedacht, practisch erprobt und als unzweckmäßig bei Seite geschoben wurden. Immerhin entstammt die Mehrzahl der bekannten und zur Anwendung empfohlenen Mittel nicht mehr der jüngsten Zeit, fast alle sind sie uns schon von unsern Vätern überkommen, ohne daß es bis heute definitiv entschieden wäre, ob und in wie weit oder unter welchen Nebenumständen sie sich bewähren. Der Reihe nach sind sie von der einen Seite auf Grund von vielleicht leichtfertigen Beobachtungen einzelner nach Raum und Zeit beschränkter Fälle vorschnell als wirksam empfohlen, um von der anderen Seite auf Grund von vielleicht noch ungenügenderen Erfahrungen wieder verworfen zu werden, und so haben wir denn in der Abwendung der Schälschäden noch heute eine ungelöstes Problem vor uns, eine Waldverderbniß, die, wenn auch nicht allgemein verbreitet, schon mindestens 150 Jahre dem forstlichen Publicum bekannt ist. — Keiner anderen stand die Forstwirthschaft so lange macht- und rathlos gegenüber!

Bei Sichtung der umfangreichen Materie, welche dieser Abschnitt zu bearbeiten hat, handelt es sich selbstverständlich nur um vorbeugende Mittel, da das drakonische Urtheil einer Ausrottung des Wildes, des edelsten Geschöpfes der Thierwelt, das im Walde naturgemäß unter den Schutz des Forstwirthes gestellt ist und trotz aller Unarten und Untugenden stets dessen liebstes Pflege- und Hätschelkind bleiben wird, als ein frevelhaftes Begehren einfach von der Hand gewiesen, und jede Erörterung über diese Frage aus dem Bereiche dieser Abhandlung ausgeschlossen wird. Wohl eröffnet es eine recht traurige Perspective für die Zukunft des Wald- und Wildstandes, wenn wir constatiren müssen, daß die Vernichtung des Rothwildes bis heute noch als das einzige, unbedingt wirksame Mittel zur Behebung der Schälschäden anerkannt wird, aber doch kennzeichnet sich auch wieder in erfreulichster Weise der Standpunkt der Forstwirthe, wenn wir bisher die Anwendung dieses Ultimatums noch nirgends ernstlich empfohlen finden.

In Rücksicht auf ihre Anwendung lassen sich die Vorbeugungsmittel in drei Hauptgruppen trennen:

Die erste Gruppe umfaßt die Maßregeln, welche, von der Anschauung ausgehend, daß die Schälschäden als ein unvermeidliches Uebel mit in den Kauf genommen werden müssen, nur die Beschränkung und räumliche Begrenzung in's Auge fassen.

Die zweite Gruppe hat es zu thun mit vorbeugenden Mitteln von mehr oder weniger wirthschaftlichem Character, die am Baume und Bestande zur Anwendung gelangen — die objective Vorbeugung.

In die dritte Gruppe endlich rangiren die ungezählten Versuche, die den Wildstand selbst zum Gegenstande der Behandlung sich auserkoren — die subjective Vorbeugung.

Erste Hauptgruppe: Beschränkende Mittel.

Dahin gehören:

1. Verringerung und Erhaltung des Wildstandes in einer den Waldbestand nicht gefährdenden Anzahl;
2. Absperrung des Wildes in Thiergärten;
3. Einhegung der jungen Bestände für die Dauer der Schälgefahr.

1. Die Verringerung des Wildstandes durch Abschuß ist die nächstliegende, wohl nicht die älteste, aber jedenfalls meist angewandte Maßregel, welche, hergeleitet aus der ganz richtigen Voraussetzung eines zu starken Wildstandes, nicht gerade die gänzliche Behebung, so doch eine entsprechende Beschränkung der Schäden involvirt und um so wirksamer sich erweisen wird, je weiter man mit dem Abschießen vorgehen kann. Seine einfache Anwendung bedarf ebenso wenig, wie seine zuverlässige Wirksamkeit einer besonderen Erörterung. Es verdient nur bemerkt zu werden, daß der Abschuß nach Möglichkeit aus den beiden Gesichtspunkten geleitet werde: Aufsuchen des Wildes in den durch Schälen stärker angegriffenen Orten, und Ausrottung der etwa beim Schälen betroffenen Stücke. Der Abschuß von schälendem oder schälverdächtigem

Wilde, zu welchem letzteren meist alle in den Schälbeständen wechselnden Stücke gerechnet werden dürfen, soll selbst in der Schonzeit nicht verboten werden, denn es steht außer Zweifel, daß das Schälen durch Nachahmung sehr leicht übertragen und durch Ausmerzung der Lehrmeister manches Unheil vermieden werden kann. Allerdings kommt es selten vor, daß das Wild gerade beim Schälen betreten wird, und am ehesten ist das Schutzpersonal noch in der Lage, etwas zu leisten, da es die Wechsel und sonstige Gewohnheiten des Wildes am leichtesten überschaut und Zeit genug findet, dieselben entsprechend auszunutzen. Höhere Schußprämien für die beim Schälen betroffen und erlegten Stücke, die durch frische Rindenäsung im Waidsack zu agnosciren wären, dürften in dieser Richtung sehr anregen.

Eine wichtige Frage, die wir bei dieser Erörterung nicht übergehen dürfen, ist die numerische Regelung des Wildstandes. Welche Stückzahl darf für die Flächeneinheit als normal oder in Würdigung der beobachteten Schäden als zulässig und mit den Rücksichten, welche Waldschutz und -Pflege beanspruchen, vereinbar angesehen werden? Diese Frage steht über einer einheitlichen Lösung. Streng genommen ist jeder Wildstand dem Culturzustande des Waldes nachtheilig, um so mehr, je zahlreicher derselbe, und je mehr er die Forstculturgewächse unter seine beliebteren Aesungsmittel einzureihen pflegt. Ist schon aus diesem Grunde eine für alle Verhältnisse giltige Beantwortung der Frage nicht denkbar, so fällt ja auch weiter sehr in's Gewicht die individuelle Anschauung des Waldpflegers und Waldbesitzers, welchen Beschädigungsgrad er als erträglich mit in den Kauf nehmen will; welchen Liebhaberwerth ihm die Ausübung der Jagd repräsentirt.

v. Berg berichtet aus den 60er Jahren, daß am Hannöver'schen Harze ein Normalstand von 1 Stück pro 65 ha. fixirt wurde, kann aber sehr richtig diesem Vorgehen überhaupt keine größere Bedeutung beilegen, da man die normale Vertheilung nicht in der Hand hat. Er bemerkte auch ungeachtet dieses geringen Standes vielfach sehr beträchtliche Schäden. v. Dombrovsky geht viel weiter. Er bezeichnet in seinem „Berufsjäger“ ein Stück auf 25 Hectaren als eine „der Gegenwart und ihren Culturverhältnissen“ entsprechende Norm. Beide Autoren einigen sich aber in der anerkannten Ansicht, daß ein allgemein giltiges Verhältniß in Zahlen überhaupt nicht ausgedrückt werden könne, vielmehr eine Unzahl von local wechselnden Umständen zu erwägen und zu berücksichtigen sei. Von unserem Standpunkte aus erblicken wir in der Ausdehnung der angerichteten Schälschäden den richtigsten Maßstab für die Regelung eines Wildstandes — einen Normalstand giebt es nicht[1]). Die Schälschäden dürfen nicht soweit ausarten, daß sie die Zukunft der Waldbestände gefährden, oder gar ihre Abtriebserträge beeinträchtigen; der Wildstand soll nur so stark sein, daß der einzelne Bestand ohne stärkere Beschädigung der dominirenden Stammclassen über die Jahre der Schälgefahr hinauskommt, und mit allmähliger durchforstungsweiser Ausmerzung der beschädigten Stämme eine haubare Bestandesstellung gesichert wird, die durch die Folgeübel von früher stattgehabten Schälbeschädigungen nicht empfindlich entwerthet ist. Eine dieses Ziel im Allgemeinen ins Auge fassende Reduction des Wildstandes wird die Schälschäden immer auf ein wirthschaftlich erträgliches Maß beschränken. Allerdings kann es dabei wohl vorkommen, daß nicht einmal das Verhältniß von einem Stück pro 100 Hectar erreicht, und damit ein Conflict mit dem modernen Jagdsport heraufbeschworen wird, der so gern eine Massenleistung verzeichnet, wohl gar den Jäger nach der Anzahl der Zwecken im Gewehrschaft beurtheilen zu dürfen vermeint. — Gott sei Dank, hat man mit diesem Factor doch nur mehr selten zu rechnen, und wo es nicht der Fall, wird man durch Verringerung und Erhaltung eines mäßigen Wildstandes dem Walde stets eine

[1]) Und will man schon einen solchen beziffern, so entlehnt man ihn wohl am richtigsten aus der freien Wildbahn des Ur- oder Gebirgswaldes, wo das Wild einzig und allein der Fürsorge der Mutter Natur anvertraut ist. —

sehr wohlthätige Erleichterung verschaffen. In diesem Sinne muß in der Regelung des Wildstandes auf ein seinem Verhalten gegen den Wald entsprechendes Verhältniß, eine jagd- und forstwirthschaftlich sehr wichtige, practisch aber schwierig zu lösende Aufgabe erkannt werden.

v. Dombrovsky geht gewiß schon an die äußerste Grenze der Zuträglichkeit heran, hat überdies seiner Verhältnißzahl nicht gerade einen schälenden Wildstand unterstellt, normirt vielmehr von rein jagdlichem Standpunkte als die Minimal-Aesungsfläche eine Durchschnittsquote von 25 ha. Waldgrund, ohne gerade den Schwerpunkt darauf zu legen, wie sich der Wald bei einem derartigen Stande befindet. Gleichwohl finden wir heute noch freie Wildgehege mit weit höherer Besatzung von 1 auf 15 oder 12 Hectar Fläche. Wenn da der Wald über Gebühr leidet und stellenweise seinem Ruin entgegen zu gehen droht, so muß man sich nicht wundern.

2. Absperrung des Wildes in Thiergärten. Die Wildgärten sind uns schon aus der ältesten Zeit überkommen. Bereits aus dem Zeitalter Karls des Großen finden wir darüber die bestimmtesten Nachrichten, und aus den Ueberlieferungen des jüngeren Plinius, Aristoteles u. A. zu schließen, war das Princip der Thiergärten schon im Alterthum bekannt. Sie sind der Ausfluß der Jagdfreiheit einerseits, des Jedem zustehenden Rechtes „praedium suum custodiendi et circumcingendi“ andererseits und wenn wir auch zu späteren Zeiten die Absperrung des Wildes, insbesondere von den Feldern, als eine nothwendige Folge der fortschreitenden Cultur ansehen müssen, so ist doch ihre Anlage wohl von jeher in erster Reihe veranlaßt worden durch die Hege und Pflege des Wildes zum Zwecke der „Wildschlächterei“, die ja leider vielfach noch heute kein überwundener Standpunkt ist. Weiter aber hat zur Ausbildung des Thiergartensystems auch wesentlich beigetragen der fast in allen Jahrhunderten wiederkehrende „Kampf um den Wald“, welcher immer und immer wieder das Ur-Rechts-

bewußtsein von der Freiheit des Wald- und Jagdeigenthums zum gewaltsamen Durchbruch brachte und, wie das Revolutionsjahr 1848 zur Genüge beweist, zu planloser Verwüstung der Wildstände führte. Mit Hülfe der Thiergärten wurde dann der ruinirte Stand am schnellsten auf jene Höhe zurückgebracht, welche ein erfolgreiches Exercitium der Jagd bedingte.

Wir sehen sonach, daß zu allen Zeiten vielmehr Wildhege und Pflege für die Anlage eines Thiergartens maßgebend waren, als forstpolizeiliche Rücksichten, denen sie ja factisch auch in sehr untergeordneter, oder besser gesagt, in sehr zweifelhafter Weise dienen.

In jeder geschlossenen Wildbahn werden mit dem Wilde auch alle Untugenden, Freuden und Leiden räumlich zusammengedrängt; die bisher auf einen ganzen Waldcomplex sich vertheilenden Schäden werden mit der Einsperrung des Wildes nicht hintangehalten, nicht vermindert, sondern auf einen aliquoten Theil des Forstes concentrirt. Aber was ist damit erreicht? Sind deßhalb etwa die Schäden nicht da, sind sie zu curiren oder minder empfindlich? Im Gegentheil! Sie erfolgen hinter der Umzäunung aus derselben Veranlassung, in derselben Intensität, haben dieselben üblen Folgen und lassen sich mit keinen andern Mitteln bekämpfen, als in der freien Wildbahn.

Allerdings wollen die Vertreter und Anhänger der Thiergärten die Forstwirthschaft in denselben aus ganz anderen, ihrem jagdlichen Zwecke durchaus sich anpassenden Gesichtspunkten geleitet wissen. Sie geben über Betriebsform und -Führung, über alle wirthschaftlichen Maßnahmen die genauesten Vorschriften, ohne zu zu bedenken, daß dieselben unter vielen Verhältnissen gar nicht, unter vielen wieder nur sehr bedingungsweise anwendbar sind, und daß eine starre Einseitigkeit auf dem practischen Wirthschaftsgebiete zu den folgenschwersten Mißgriffen führt. Da heißt es gleich zur Wahl der Holzart, man soll in einem Hochwildthiergarten diejenigen Holzarten anbauen, die vom Wilde nicht oder am wenigsten geschält werden, oder die vermöge ihrer natürlichen Eigenschaften der Schälgefahr minder ausgesetzt, gegen die erfolgte Beschädigung weniger empfindlich sind. Gewiß, ein sehr guter Rath; aber wie steht die Praxis seiner Nutzanwendung gegenüber? Die Fichte wird anerkannter Maßen überall am stärksten vom Wilde angegangen; mit ihrer Cultur kann sich sonach die Thiergartenwirthschaft gar nicht befassen, wiewohl sie die verbreitetste und wichtigste unserer einheimischen Holzarten ist, und wohl die überwiegend große Mehrzahl der Wildgärten auf specifischem Fichtenstandorte liegt. Hier sieht sich der Forstwirth gleich in unlösbarem Widerspruche mit den vornehmlichsten Grundprincipien der Waldbaulehre, welche die Wahl der Holzart in erster Reihe nach den Standortsverhältnissen getroffen und den Schutz des gezüchteten Bestandes der wirthschaftenden Hand überlassen wissen will. Und welche Auswahl hat denn die Bestandesgründung unter den sogenannten „minder gefährdeten Holzarten"? Das Wild schält erfahrungsgemäß alle unsere bestandbildenden Waldbäume und weiß seine Neigungen, ohne gerade die Vorliebe für bestimmte Holzarten zu verleugnen, der jeweilig sich ihm darbietenden Bestandeszusammensetzung seines Heimes bereitwillig anzupassen. Der Wirthschaft würde sonach nur erübrigen, bei der Bestandesgründung ihr Augenmerk auf die Wahl einer Holzart zu richten, die gegen die empfangene Schälverwundung und deren nachtheilige Folgen einigermaßen unempfindlich ist. Buche und Tanne, die in dieser Richtung mit in Frage kommen, sind wegen ihrer vorherrschenden Bestandesgründung im Wege der natürlichen Verjüngung ohne Einfriedigung der jeweiligen Betriebsflächen überhaupt nicht aufzubringen. Es bleibt sonach, da die Eiche nach unseren Wahrnehmungen nicht allein stark verbissen, sondern auch stark geschält und trotz schneller Ueberwallung gegen die Verwundung sehr empfindlich ist, nur die Kiefer, Lärche, allenfalls die Birke übrig. Von diesen ist die erstere genügsam zwar in ihren Ansprüchen an die Bodennährkraft; sie vegetirt schließlich überall, aber ihr kräftiges, gute Erträge in Aussicht stellendes Gedeihen bindet sich doch an bestimmte Bodeneigenschaften, die ihr mindestens nicht überall geboten werden. Die Lärche und Birke eignen sich zu reiner Bestandeszucht überhaupt nicht. Und dabei werden alle diese Holzarten, namentlich auf minder geeignetem Standorte, in ihrer Werthproduction die Leistungen selbst der geschälten Fichte nie erreichen, um so weniger, wenn man die Fichtenjugenden in dem schälgefährlichsten Alter durch Schutzzäune sichert, oder aber einige hundert dominirende Stämme durch wirksame Stammschutzmittel, auf die wir weiter unten noch zurückkommen, vor Schälangriffen schützt.

Man denke sich nur einen Thiergarten auf flachgründigem Thonschiefer. Die gut gedeihende und bisher vorherrschend cultivirte Fichte wird vom Wilde hochgradig geschält; eine kurzsichtige Wirthschaft beginnt umzuwandeln, sie arbeitet mit Kiefer untergeordnet mit Lärche, Birke. Was wird die Folge sein? Alle drei Holzarten werden wenig leisten. Die herrschende Kiefer wird sich zwar in den ersten Jahren durch eine glänzende Jugend-Entwickelung sehr hervorthun und bestechen, aber schon im Stangenalter sich licht zu stellen beginnen, und alle nachtheiligen Einflüsse einer ungenügenden Beschattung werden den Boden derart herunterbringen, daß seine Productionskraft für Jahrzehnte hinaus schwer gefährdet ist. Hier hat der Waldbau seine erste und vornehmlichste Aufgabe, die Conservirung und Hebung der Bodenkraft, gründlich verfehlt, und die Folgen einer ungeeigneten Wirthschaft schädigen die Zukunft des Waldes mehr und nachhaltiger, als ein stark schälender Wildstand. — Wer je Gelegenheit hatte, zu erfahren, zu welch' verderblicher Höhe die wirthschaftlichen Begehungs- und Unterlassungssünden in einem Thiergarten sich oft anhäufen, wie ganze Generationen sich abmühen müssen, um mit hohem Aufwande den heruntergekommenen Boden, das undankbarste Feld für den Forstculturbetrieb, der Waldproduction wieder zurückzugewinnen, der wird sich darüber im Klaren sein, daß grade in einem Wildpark, dessen Waldbestände in der hohen Jagd ohnehin eine große Last zu tragen haben, und in dem so mancherlei Rücksichten einer aus streng forstlichen Gesichtspunkten geleiteten Bewirthschaftung entgegentreten, daß gerade hier die Beziehungen der für den Anbau in Frage kommenden Holzarten zum Boden und zum Standort überhaupt mit ganz besonderer Sorgfalt erwogen und gewürdigt werden müssen.

Und ähnlich verhält es sich mit den anderen Forderungen, welche die Thiergartenwirthschaft erhebt. Wohin kämen wir, wenn wir in allen wirthschaftlichen Erwägungen den Untugenden und Neigungen des Hochwildes den entscheidenden Einfluß einräumen wollten. Der Forstwirth würde dann endlich die bevorzugten Schälhölzer nur für das Wild anziehen und die Wirthschaftsbestände aus den vom Wild verschmähten Holzarten begründen, in diesem Falle also die technisch werthvollen Waldbäume, deren Anbau die Ertragswirthschaft verlangt, fallen lassen müssen. Das wäre doch eine gar zu klägliche Niederlage und würde die Forstwirthschaft auf den Status „von Wildes Gnaden" stellen, mit dem wir selbst im Wildpark nie und nimmer uns begnügen können und dürfen. — Es soll damit durchaus nicht gesagt sein, daß der jagdliche Zweck des Wildgartens ganz unberücksichtigt bleiben solle; bis zu einem gewissen Grade sind wirthschaftliche Concessionen gewiß sehr angebracht; die Bestandesgründung, die Bestandespflege, die Schlagführung, ja selbst die Wahl des Umtriebs, der Holz- und Betriebsart soll im Thiergarten immer mit der Schälgefahr rechnen, aber nie dürfen forstliche Rücksichten in den Hintergrund gedrängt, es darf nichts gethan, nichts unterlassen werden, was mit den Naturgesetzen des Waldbaus in Widerspruch tritt.

Und befindet sich denn etwa der Wildstand selbst in einem Thiergarten so besonders wohl? Schafft man dem Wilde etwa ein Eden, indem man es seiner ungehinderten Freiheit beraubt, auf beschränkten Raum einpfercht? Gewiß nicht! denn es ist eine heute allgemein anerkannte Thatsache, daß der seit langen Jahren schon beobachtete Rückgang des Edelwildes an Gesundheit, Leib und Geweih in den geschlossenen Wildbahnen weit schneller und auffälliger fortschreitet, und alle Erscheinungen sprechen dafür, daß die Entartung gerade von den Thiergärten ausgeht, in denen neben einer unnatürlichen Lebensweise überhaupt, die fortwährende Mischung verwandten Blutes ihren degenerirenden Einfluß zur Geltung bringt[1]). Auch das leidige Schälübel hatte nachweisbar in der Mehrzahl der Fälle seinen Herd im Thiergarten, von dem es dann durch auswechselnde Stücke mit sammt ihrer krankhaften Körperconstitution in den freien Wildstand übertragen wurde.

Endlich bietet ja auch die Ausübung der Jagd in geschlossener Wildbahn nur wenig Reiz. Der sogenannte Jagdfreund, der selten Gelegenheit hat, die hohe Jagd zu betreiben, sucht und findet auch wohl noch sein Vergnügen im Thiergarten; für den erfahrenen Jäger dagegen ist ein Thiergartenjagen im günstigsten Falle eine angenehme Unterhaltung, der er mit denselben Gefühlen entgegentritt, wie etwa einer Partie Billard oder Tarock; — die besten und würdigsten Jünger Dianens befriedigt das Waidwerk im geschlossenen Walde nicht; sie ziehen hinaus in das freie Gebirge, um ihren Hirsch in tiefster Stille des Urwaldes zu pürschen, und wer den glücklichen Jäger von einem hier gefeierten „Hallali" erzählen hört, selbst nach langen Jahren noch sein Auge aufblitzen sieht bei der Erinnerung an das Waidwerk im Urwalde, den überkommt die Ahnung von dem Unterschiede zwischen einer Jagdunterhaltung und dem echten, wahren Waidmannsgenuß.

Wir sehen sonach, daß die Absperrung des Hochwildes in eingefriedigte Waldstrecken nach keiner Richtung hin ihren Zweck vollständig erfüllt, und daß speciell in forstpolizeilicher Beziehung

[1]) Sehr treffend und bezeichnend gedenkt R. v. Dombrovsky in seinem „Berufsjäger" der Thiergärten, indem er nach kurzer Beleuchtung der Hochwildentartung und ihrer Ursachen auf S. 55 sagt: „Im Thiergarten ist zu den vorangeführten, zumeist noch drastischer hervortretenden abträglichen Ursachen auch noch ein drittes sehr wesentliches Moment hinzugetreten, dessen degenerirende Macht nur ungenügend, wohl auch gar nicht paralysirt wurde; — die Inzucht (Verwandtschaftszucht)."

dem Thiergarten am allerwenigsten eine Bedeutung beigemessen werden kann. Er conservirt weder den Wald noch das Wild, birgt im Gegentheil für beide arge Gefahren, indem er die Schälschäden zu verderblicher Ausdehnung anhäuft und dem Wilde selbst die wichtigsten Vorbedingungen für sein Gedeihen nimmt; er führt sonach nicht gerade auf directestem, jedenfalls aber auf dem sichersten Wege zum Ruin des Wald- und Wildstandes.

Wo die Hege und Erhaltung des Hochwildes nur durch die Anlage eines Thiergartens gesichert werden kann, wie das in parcellirten, schlecht arrondirten Forsten, auch im Kleinbesitz 2c. häufig der Fall ist, da wollen wir — eine rationelle Wildpflege vorausgesetzt — die volks- und privatwirthschaftliche Bedeutung des Thiergartens im modernen Culturstaate durchaus nicht verkennen; aber als ein Mittel zur Beschränkung der Schälschäden darf derselbe nie empfohlen werden oder wenigstens nur dann, wenn man sich dazu versteht, von den stabilen Thiergärten abzugehen und ein anderes System, das wir „Wanderthiergärten" bezeichnen möchten, einzuführen.

Die Tendenz derselben ist in der Bezeichnung ziemlich klar ausgedrückt. — Man denke sich einen Waldbesitz von 6000 bis 8000 Joch, schlecht arrondirt, mit tiefeinschneidenden fremden Jagdenclaven, schlechte Nachbarschaft 2c.; die freie Wildbahn kann sich nicht behaupten. Behufs Anlage eines Hochwild-Thiergartens umfriedigt man einen Theil des Forstes, sagen wir 1500 bis 2000 Joch. Je nach dem Grade der Schäl- und sonstigen Beschädigungen cassirt man nach 8 bis 15 Jahren die erste Anlage, transferirt den Thiergarten wiederholt auf andere Waldstrecken, um schließlich in 40- oder mehrjährigem Turnus wieder auf die erste Anlage zurückzukehren. Auf diese Weise werden die Nachtheile und Schattenseiten der ständigen Thiergärten, wenn nicht ganz behoben, so doch wenigstens wesentlich gemildert, und da man die Verlegung sehr wohl auch mit der Dauer der Umzäunung in Einklang bringen, dieselbe also dann ausführen kann, wenn ohnehin starke Reparaturen, Auswechselung der Zaunpfosten oder dergl. vorgenommen werden müssen, so fallen auch die Kosten der öfter wiederkehrenden Zaunbewegung kaum ins Gewicht, wenigstens nicht so sehr, daß der Aufwand die greifbaren Vortheile in den Hintergrund drängen könnte, die dem Wanderthiergarten unbedingt zuerkannt werden müssen:

a. Alle dem Walde von Seiten des Hochwildes drohenden Gefahren, insbesondere also auch die Schälschäden, werden nach Raum und Zeit auf größere Waldflächen vertheilt und verlieren dadurch nicht unwesentlich von ihrem gefährlichen Character, um so mehr als man

b. darauf Bedacht nehmen wird, durch Handhabung eines freien, aussetzenden Betriebes, dem jeweiligen Thiergarten wohl die genügende Anzahl von schützenden Dickungen, dagegen aber ein möglichst geringes Contingent von Beständen 25- bis 45jährigen Alters, die der Schälgefahr am meisten ausgesetzt sind, einzureihen.

c. Sobald das Wild aus den durch 8—15 Jahren innegehabten Waldstrecken abzieht, wird man die bisher absichtlich zurückgehaltene Axt kräftig in die Jungbestände einlegen, um die rückständigen Reinigungen und Durchforstungen nachzuholen und durch eine rege Bestandespflege die etwa schon erlittenen Zuwachsverluste thunlichst zurückzubringen; man wird darauf Bedacht nehmen, bei den Durchforstungen der Stangenorte sogar über das gewöhnliche Maß hinauszugehen, damit sich unter dem Einfluß eines stärkeren Lichtgenusses recht bald eine rissige Rinde bildet, welche die Bestände vor allen weiteren Schälangriffen schützt, wenn der Turnus den Hochwildstand zurückbringt.

d. Das System der Wanderthiergärten bietet dem Hochwilde in gewissen Intervallen mit anderen Waldstrecken auch wieder neue, bessere Aesungsverhältnisse, ein Umstand, der namentlich dann nicht hoch genug veranschlagt werden kann, wenn man die Anzucht von Weichhölzern ins Auge faßt und so dem ausziehenden Wilde in seinem neuen Heim stets eine sehr zuträgliche Abwechselung in der Aesung sichert, die auf Wald und Wild in gleich vortheilhafter Weise einwirken wird.

e. Da die Waldtheile die Lasten des Thiergartens immer nur vorübergehend zu tragen haben, so können allerhand kleine wirthschaftliche Concessionen bezüglich der Abnutzung 2c. gemacht werden, welche die Reize des Thiergartens erhöhen, ohne die nachhaltige Bewirthschaftung seiner Waldbestände ernstlich zu gefährden. Etwaige nachtheilige Consequenzen lassen sich ausheilen, wenn der Betrieb nach Abzug des Wildes wieder 30 Jahre hindurch in ruhigem Geleise einherschreitet.

3. Die Einfriedigung der jungen Orte für die Dauer der Schälgefahr ist ein namentlich in stärker besetzten Thiergärten mit bestem Erfolge angewendetes Mittel zum Schutze nicht allein der Culturen gegen das Verbeißen, sondern auch der Dickungen und angehenden Stangenorte gegen das Schälen durch Hochwild. Von streng wirthschaftlichem Standpunkte lassen sich gegen seine Anwendung kaum gewichtige Bedenken zur Geltung bringen, und wenn auch der verhältnißmäßig hohe Kostenaufwand und die ungemeine Störung für den inneren Verkehr im Forste, namentlich für die Bringung der Producte, durchaus nicht zu Gunsten ausgedehnter Einfriedigungen sprechen, so dürfen doch beide Momente bei Erwägung ihrer Zweckmäßigkeit schwerlich den Ausschlag geben, weil ja mit Hülfe der Schutzzäune die Bestände vor einer der folgenschwersten Beschädigungen geschützt werden können. Mit den Interessen der Jagd aber, und speciell der Wildbahn selbst, ist die Maßregel wohl schwer in Einklang zu bringen und ihre streng systematische Einführung um so weniger möglich, je größer der Zeitraum, während dessen die Bestände den Schälangriffen des Hochwildes ausgesetzt sind.

Die Dauer der Schälgefahr ist aber je nach Standort und

den Gewohnheiten des Wildes sehr verschieden; für ihr Ende lassen sich weit eher zuverlässige Kriterien finden, als für den Anfang. In manchen Forsten beschädigt das Wild schon die 10- —12jährigen Schonungen sehr stark; in andern nimmt es die Jugenden erst an von dem Momente, wo der eingetretene Bestandesschluß ihm Schutz und Ruhe gewährt, und wieder in andern beginnt die Schälgefahr erst im angehenden Stangenalter. Die practischen Consequenzen dieser Thatsache liegen auf der Hand, denn je länger die Gefahr des Angriffs andauert, um so bedenklicher wird die Maßregel, um so mehr tritt sie in Conflict mit den Rücksichten der Wildhege und -Pflege. Eine wenige Jahre nach der Culturausführung beginnende, bis ins 50-, 60jährige Alter heranreichende Verhegung würde im großen Forstbetriebe denn doch einen geradezu unerschwinglichen Zäunungsaufwand erheischen und dem Wilde mit der Hälfte seines Waldheims nicht allein die saftige, kräuterreiche Aesung der Jungmaiße, sondern auch den Schutz und die Ruhe der geschlossenen Dickung, also zwei seiner vornehmlichsten Existenzbedingungen rauben, die es auf die Dauer nicht entbehren kann, und die ihm durch anderweitige Pflegemaßregeln nicht vollgiltig ersetzt werden können. In Rücksicht dessen wird man sich in der Regel genöthigt sehen, dem Wilde mit gewissen Concessionen entgegenzukommen, ihm die Jungbestände zu Beginn und Ende der Schäljahre zugänglich zu machen, und deren Einhegung nur auf die schälgefährlichste Zeit, d. i. etwa zwischen dem 20. bis 40. Jahre zu beschränken. Ideal gedacht, würden also die Bestandesanlagen der II. Altersclasse laufend in Hege zu stellen und die in größeren Jahresschlägen sich bewegende Abnutzungsfolge so zu reguliren sein, daß die Axt nur alle 20 Jahre wiederkehrt, und die Einfriedigung des Jungbestandes immer mit der Schlageinlegung im benachbarten Altholzbestande zusammenfiele. Der laufende Zäunungsaufwand würde dadurch wesentlich verringert, weil immer die innere, in der Richtung der Hiebsfolge befindliche Seite für den zweiten Jungbestand mit zu benutzen wäre. Nebstbei käme in

Frage, ob man nicht einige isolirt gelegene und wirthschaftlich unabhängige Dickungen dem Wilde ganz preisgeben, die Schälschäden gewissermaßen in diesen zu concentriren trachten und in etwa 60- bis 70jährigem Umtriebe zur Nutzung stellen soll.

Scheint es einerseits überflüssig, über die Aufstellung der Schutzzäune eingehende Erörterung zu pflegen, so müssen wir andererseits wenigstens der Kostenfrage mit einigen knappen Notizen näher treten.

Der Herstellungsaufwand schwankt nach Maßgabe der gewählten Construction ziemlich bedeutend und variirt selbst bei gleichen Zaunarten je nach dem etwa nothwendigen Materialtransport ungemein. Eine sehr beliebte, wegen ihrer leichten Transportfähigkeit und langen Dauer auch sehr bewährte Einfriedigung ist der, aus ihrer Länge nach zerschnittenen Nadelholzstangen zusammengenagelte sogenannte Hürdenzaun: An dem aus zwei stärkeren Vertical-Latten von 2,3 bis 2,5 m. Höhe bestehenden Hürdenrahmen werden etwa 7 Horizontallatten angenagelt und durch eine diagonal oder auch in der Mitte vertical angebrachte Stange gebunden. Der Herstellungsaufwand für 100 Längenmeter fertigen Zaunes bei einer Länge der Hürden von 2 bis 4 Meter (je nach Lattenlänge) stellt sich exclusive Materialtransport:

50 Stück Latten von 9—11 Meter Länge,

600 Stück Drahtnägel von 4 cm. Länge,

30 Stück schwache Zaunpfähle,

2,3 k. schwachen Bindedrahtes zum Anbinden der Hürden an die Pfähle oder Baumstämme.

6,5 Tagelöhne Arbeitsaufwand: Schälen und Schneiden der Latten, Zusammennageln, Einschlagen der Pfähle, Aufstellen der Hürden.

Wird auf größere Dauer des Zaunes reflectirt und die öftere Ueberstellung nicht beabsichtigt, so sind auch die Formen des gewöhnlichen Plankenzaunes und des Drahtzaunes anwendbar.

Herstellungsaufwand des genagelten Plankenzaunes mit fünf

Meter langen Feldern à acht Stück Horizontal-Planken (gespalten) und einfacher Verticalbindung pro 100 Längenmeter exclusive Materialzufuhr:

21 Stück Säulen à 2,50—2,80 m. Höhe und 20 cm. Stärke,
160 bezw. 80 Stück Schranken à 5 m. Länge und 7 cm. Stärke,
400—420 Stück starker Drahtnägel,
7 Tagelöhne als Arbeitsaufwand.

Will man von der Verwendung der Nägel absehen und die Planken in den Falz der Säulen einlegen, so wird der Herstellungsaufwand eher erhöht als vermindert, weil stärkere Säulen zur Verwendung kommen müssen, außerdem aber die Falzung der Säule, das Herrichten der Einlagsklötzchen auf mindestens 0,10 Tagelohn pro Stück zu stehen kommt. Hat man dem lästigen Uebersteigen der Zäune durch Unberufene vorzubeugen, oder ist das Holz schwerer und theurer zu beschaffen, so werden auch an Stelle der oberen drei Planken mit Vortheil drei stärkere Drähte gezogen. Der Aufwand erhöht sich dadurch nicht erheblich.

Herstellungsaufwand des reinen Drahtzaunes für 100 Längenmeter. Acht Meter lange Felder zu 8 Drähten:

13 Stück Säulen von 2,50—2,80 m. Höhe und 20 cm. Stärke,
95—105 k. Draht,
3,5 k. Drahtklammern, durch die Arbeiter selbst erzeugt,
10 k. schwachen Bindedrahtes oder statt dessen 150 Stück Zaunstäbe zum senkrechten Durchflechten der Felder.
7 Tagelöhne an Arbeitsaufwand.

Antheeren und Bestreichen nicht mit inbegriffen.

Unter Zugrundelegung hiesiger Preis- und Lohnverhältnisse stellt sich der Gesammtherstellungsaufwand der vorstehenden Einfriedigungsarten excl. Materialzufuhr für 100 Längenmeter auf folgende erfahrungsmäßige (und abgerundete) Durchschnittsziffern:

der transportable Hürdenzaun	19 fl. Ö. W.	= ca. 31 RM.
der genagelte Plankenzaun	32 „ „ „	= „ 53 „
der Drahtzaun	37 „ „ „	= „ 60 „

Die Materialzufuhrkosten können selbstverständlich dieses Aufwandsverhältniß sehr beträchtlich verschieben. Die Wahl des Zaunes soll deßhalb stets auch mit dem Umstande rechnen, welches Material die nächste Bestandesumgebung zur Verfügung stellt; sie soll sich aus eben diesem Grunde auch nicht an eine streng einheitliche Construction der Einfriedigung binden, vielmehr alle in den Bestandesverhältnissen sich darbietenden Vortheile und Erleichterungen thunlichst ausnutzen. Liefern z. B. aus Saat hervorgegangene Jungbestände bedeutende Massen von geringen Stangensortimenten, so ist der sogenannte Spriegelzaun (4 Horizontaldrähte mit Zaunspriegeln eng durchflochten) sehr zweckmäßig. Seine Kosten kommen unter gleichen Voraussetzungen denen des Plankenzaunes ziemlich nahe. Aber selbst wenn es gelingt, durch Prüfung und umsichtige Wahrnehmung aller einflußreichen Momente den Herstellungsaufwand der Hege-Zäune wesentlich herabzudrücken, so erhellt doch ganz im Allgemeinen aus dem Vorstehenden, daß die Absperrung der Jungbestände für die Dauer der Schälgefahr in einem größeren Wirthschaftsbetriebe eine enorm theuere und mit Rücksicht auf die temporären Concessionen, die man dem Wilde machen muß, eine überdies nur unvollständige Maßregel ist, deren Aufwand nur dann gerechtfertigt erscheinen kann, wenn den Schälbeschädigungen nicht mit billigeren, den Anforderungen der Wildhege mehr Rechnung tragenden Mitteln wirksam entgegengetreten werden kann. — Daß dies aber der Fall, werden die weiteren Betrachtungen darzuthun haben.

Zweite Hauptgruppe: Vorbeugende Mittel mit objectiver Anwendung an Baum und Bestand:

1. Wirthschaftliche Maßregeln.
2. Bestandes- und Stammschutzmittel.

1. Wirthschaftliche Maßregeln.

Wenn schon bei Behandlung der Schälursachen den waldbaulichen Wirthschaftsprincipien der Neuzeit eine wesentlich fördernde

Einflußnahme auf die Intensität und locale Verbreitung der Schälschäden zuerkannt werden mußte, so steht wohl auch außer Frage, daß durch entsprechende Adaptirungen des practischen Wirthschaftsbetriebes in eben dieser Richtung wieder günstig eingewirkt werden kann.

Die Betriebsart. Das Edelwild gedeiht entschieden um so besser und fühlt sich um so wohler, je mehr der in seinem heimathlichen Waldgebiete gehandhabte Betrieb den natürlichen Formen sich nähert, je weniger die Natur in ihrem weisen Schaffen und Walten durch die Theorien der intensiveren Ertragswirthschaft corrigirt und verdorben wurde, denn eine naturgemäße Waldbehandlung — in letzter Consequenz der Urwald — sichert auch seinen Bewohnern am meisten die Erhaltung ihrer natürlichen Existenzbedingungen und beugt indirect der Annahme naturwidriger Lebensgewohnheiten vor, als welche wir auch die Schälneigung betrachten. Wo deßhalb sonst die allgemeinen Verhältnisse die Wahl einer plänterartigen Betriebsform gestatten, wird diese unter allen Umständen ein wirksames Präventiv gegen die Schälbeschädigungen des Edelwildes bilden, nicht allein wegen der ihr eigenthümlichen räumlichen Bestandesgruppirung, sondern weit mehr noch wegen ihrer natürlichen Bestandeszusammensetzung, welche auch allen accessorischen Mischhölzern ihr bescheidenes Plätzchen zuweist und dem Wilde zu allen Jahreszeiten eine reiche und unendlich mannigfaltige Aesung bietet. In reinen Fichtenforsten, um die es sich hier in erster Reihe handelt, ist aber die Frage, welche Betriebsart sich in Rücksicht der Schälgefahr am meisten eignet, ziemlich irrelevant, denn für diese wird die Wahl einer plänterartigen Wirthschaft wohl nur sehr selten in Erwägung kommen, der schlagweise Betrieb stets die Regel bilden. Ueberhaupt kann man ja dem Wilde allein zu Liebe nie und nimmer eine Betriebsart einführen, die unter manchen Verhältnissen absolut nicht zweckmäßig, mit den strengen Principien eines geregelten Forsthaushaltes überhaupt oft nicht recht vereinbar ist und speciell für Fichtenforste unter Umständen größere Gefahren nach sich zieht, als die Schälschäden; namentlich dann, wenn man an die plänterartige Bewirthschaftung mit den gleichmäßigen Ertragsanforderungen des systematisch geordneten, schlagweisen Hochwaldbetriebes herantritt. Kann der letztere z. B. bei bestandes- oder auch bei stammweiser Mischung von Laub- und Nadelholz mit natürlicher oder künstlicher Vorverjüngung an femelartige Formen hier und da sich anlehnen, so wird darin stets eine willkommene Gewähr für ein waldfreundliches Verhalten des Wildes gefunden sein. Wo aber die Ungunst der Standortsverhältnisse einen ersprießlichen Vorverjüngungsbetrieb nicht gestattet, muß sich eben der Wildstand auch mit dem rücksichtslosen Vorgehen des Kahlschlagbetriebes vertragen lernen, und das wird er um so leichter, je mehr man von der starren Schablone und der usuell gewordenen Monotonie aller Wirthschaftsoperationen, die ja an und für sich keineswegs als Characteristica des Kahlschlages zu betrachten sind, sich emancipirend, die Bedürfnisse des Wildes durch einigen Wechsel der Holzart, durch Erhaltung und Nachzucht von Weichhölzern 2c. im Auge behält.

Wir verkennen sonach die prophylactische Bedeutung aller plänterartigen Betriebsformen durchaus nicht, erachten aber für die Wahl der Betriebsart im Allgemeinen zu allen Zeiten weit wichtigere Momente für ausschlaggebend und glauben, daß die Rücksichten auf die Wildschälgefahren zunächst ganz in den Hintergrund treten müssen. Die Details des practischen Wirthschaftsbetriebes mögen dann den Lebensgewohnheiten des Wildes Rechnung tragen und seinen culturfeindlichen Neigungen entgegenarbeiten, beziehungsweise in ihrer Wirkung abschwächen.

Schlagführung und Schlagfolge. Durch Anlage kleiner und zahlreicher Schläge in nicht zu schneller Aufeinanderfolge kann man stets für eine zweckmäßige Vertheilung der Dickungen sorgen, auch starker Rudelbildung einigermaßen vorbeugen, welche letztere die Intensität der Schälschäden wesentlich steigert und deßhalb als eine der lästigsten Eigenheiten des schälgewohnten Wildes zu betrachten ist. Ein elastischer Wirthschaftsbetrieb, größere Wirthschaftskörper, mit zahlreichen kleinen Blöcken und Hiebszügen sind in dieser Richtung sehr beachtenswerth; sie geben die Mittel an die Hand, die Schäden mit dem Wilde selbst thunlich zu vertheilen.

Bestandesgründung. Auch durch die Methode und Ausführung der Bestandesanlage glaubt man vielfach gegen das Ueberhandnehmen der Schälschäden wirken zu können und hat mancherlei Maßnahmen empfohlen, ohne sich ganz darüber klar zu werden, ob und unter welchen Umständen dieselben mit den Anforderungen eines zielbewußten Culturbetriebes im Einklang stehen. Bei Sichtung dieser Präventivmaßregeln frappirt wieder der unausgleichbare Gegensatz der Anschauungen, — hier hält man die Saat wegen ihrer dichten Bestandesstellung für das richtige, dort plaidirt man für die Pflanzung in recht weitständigen Verbänden u. drgl. m. — so daß man bei vorurtheilsfreier Prüfung die Ueberzeugung gewinnt, alle Culturmaßregeln sind relativ gut, d. h. es läßt sich mit allen Bestandesgründungsformen arbeiten, wenn sonst die Voraussetzungen für ihre erfolgreiche Anwendung in den localen Verhältnissen gegeben sind.

Die Anhänger der Bestandessaat erkennen — ganz abgesehen hier von den Gefahren, welche der Saat durch Vertreten und Verbeißen drohen — in der dichten Anordnung der Bestandesglieder eine wesentliche Beeinträchtigung des Wildverkehres; sie glauben, daß derartige „bürstendichte" Dickungen vom Wilde gemieden oder doch nur ungern und mehr auf bestimmten Wechseln besucht werden. Bis zu gewisser Grenze ist das auch unbedingt richtig, aber wie lange kann sich der Saatbestand durch diese seine Beschaffenheit vor den Angriffen des schälenden Wildes schützen? Will man die Bestandeszukunft nicht von vornherein preisgeben, die Saat in sich selbst verbutten und verderben lassen, so müssen unbedingt sehr zeitige Reinigungshiebe eingelegt werden, und unter dem fördernden Einfluß dieser wird man bis zu jenem Alter, wo das Wild dem Bestande besonders gefährlich ist, eben auch denselben Bestockungsgrad vorfinden, wie ihn die Pflanzcultur mit sich bringt, so daß in Rücksicht der hier anstehenden Frage der Saatbestand dem Pflanzbestande gegenüber nur noch den immerhin beachtenswerthen Vortheil einer natürlichen Unregelmäßigkeit der Stammstellung für sich hat. — Wo man allerdings der pflegenden Hand den Zutritt wehrt und, nur die anstürmende Gefahr der Wildschäle fürchtend, den Saatbestand sich selbst überläßt, da wird man gewiß dem Umsichgreifen der Schälschäden bis zu gewissem Grade entgegenarbeiten, aber ebenso gewiß auch Bestandeszustände schaffen, die weit höhere wirthschaftliche Folgeübel nach sich ziehen, als das Wild mit all' seinen Untugenden. Man kann in der That nicht genug staunen, wenn man hört oder liest, der Hauptvortheil einer dichten Saatstellung bestehe darin, daß in ihr die Fichtenrinde sehr bald eine Beschaffenheit annehme, welche dem Wilde nicht behage; die Rinde sei mager, hart, rissig. — Bedenkt man denn aber nicht, daß man es in diesem Falle mit ausgesprochen krankhaften Jungbeständen zu thun hat, für deren kränkelnden Zustand eben diese Beschaffenheit der Rinde das untrügliche äußere Kennzeichen ist? Kann man es verantworten, durch derartige schwere Vernachlässigung der Bestandespflege die Schälgefahr vorübergehend zu bannen, beziehungsweise zu mildern und hinauszuschieben und dafür Zuwachsverluste von unberechenbarer Höhe und unabsehbaren Folgen einzutauschen, vielleicht die Zukunft hoffnungsvoller Bestände zu opfern? Und tritt denn bei alledem der Bestand mit späterer Inangriffnahme der Durchforstungen nicht auch wieder in ein Stadium, in welchem die Rinde markiger, weich und saftig, vom Wilde doch wieder begehrt und genommen wird? Wohl ist es traurig um die wirthschaftlichen Zustände eines Fichtenforstes bestellt, in dem das Wild nur deßhalb nicht schält, weil ihm die Rinde seiner Jungbestände zu schlecht!

Bei der **Bestandespflanzung**, die sich in Hochwildrevieren schon wegen Verkürzung der Beschädigungsdauer durch Verbeißen und Vertreten behaupten wird, vermeint man namentlich durch die Wahl des Verbandes der Schälgefahr entgegenarbeiten zu können und es unterliegt wohl keinem Zweifel, daß unregelmäßige Pflanzverbände, wie in jeder andern so auch in dieser Beziehung den unbedingten Vorzug verdienen. Auch die in der Praxis mehrfach empfohlenen[1]) senkrechten Unterbrechungen der Pflanzreihen-Richtung haben jedenfalls etwas für sich, insofern sie dem Wilde das Herumwechseln in den Jungbeständen erschweren und verleiden. Nur mag die Frage offen bleiben, ob die Verkehrserschwerung in den Dickungen und Stangenorten nicht gerade einen nachtheiligen Einfluß auf die Intensität der Schälschäden äußere; denn folgerichtig würden in jedem Bestande, in welchem das Wild wegen zu dichter Bestockung oder wegen raffinirter Verbände nicht ungehindert herumwechseln kann, die Schälschäden sich räumlich sehr zusammendrängen und deßhalb ortsweise geradezu verderblich werden können.

Für grundfalsch und in ihrer practischen Verwirklichung geradezu gefährlich erachten wir dagegen die noch vor wenigen Jahren von autoritativer Seite vertretene Ansicht, den Schälschäden durch abnorm **weitständige Verbände** vorzubeugen. Man bringt da zur Geltung, daß die durch den weiten Verband bedingte dichte und kräftige Seitenbeastung einen mechanischen Schutz gegen den Andrang des Wildes gewähre, überdies auch die Rinde der Fichte in Folge langandauernder starker Lichteinwirkung schon frühzeitig borkig-rissig werde und jene Beschaffenheit annehme, welche dem Wilde nicht zusage; — beides thatsächliche Erfahrungen, die vom engeren Standpunkte der Wildschälfrage die vollste Beachtung verdienen. Aber man bedenke, daß jede abnorm weitständige Pflanzenstellung mit den ersten und wichtigsten Zielen der Be-

[1]) Goedde, „der Wildpark". Bei Wolf in Leipzig.

standesgründung, mit Conservirung und Hebung der Bodenkraft in offenen Conflict tritt, um so mehr, je ärmer der Boden, je exponirter die Lage, je mehr der Boden zur Verwilderung geneigt ist. Wenn man dem Kahlschlagbetriebe mit vollem Rechte den Vorwurf macht, daß er den Boden vorübergehend jeglichen Schutzes beraubt, so muß die Bestandesgründung eben um so mehr darauf bedacht sein, den Bodenschutz, d. i. den Bestandesschluß, ehethunlichst wiederherzustellen. Mit weiten Pflanzverbänden arbeitet man aber dieser Forderung direct entgegen, und wer die Schwierigkeiten und Gefahren kennt, welche ein verwilderter, verwahrloster Boden der Bestandesentwickelung entgegenstellt, der muß die Wahl abnorm weiter Pflanzverbände rückhaltslos perhorresciren, auch dann, wenn sie eine sichere Garantie gegen jeden Schälangriff würden bieten können. Derartige Bestandesanlagen werden allerdings häufig gar nie den Schälbeschädigungen ausgesetzt sein, weil ihre durch Decennien hindurch kümmernde Entwickelung sie vor jedem Angriff schützt; weil sie in Beergesträuch und hochwuchernder Heide hinsiechen und das Stadium des eigentlichen Bestandesschlusses nie erreichen. — Armer Wildstand, der in solchen Beständen sein trauriges Heim suchen muß; armer Wald, dessen Zukunft auf derartige Jungbestände sich stützen muß!

Von specifischen Culturmethoden hat sich namentlich die Fichtenbüschelpflanzung bewährt. Sie vereinigt sozusagen die Vortheile der Saat und Pflanzung in sich. Die dichte Pflanzenstellung im Büschel selbst, die reichliche und langausgereckte Astbildung nach Außen, schwächen jedenfalls die Angriffsgefahr nicht unwesentlich, namentlich, wenn ein inneres Glied des Büschels die Führung übernimmt, welches durch die Umgebung dem Wildgeäse geradezu unzugänglich ist. Wo deßhalb sonstige, gewichtigere Momente nicht gegen ihre Anwendung sprechen, ist die Büschelpflanzung in schälgewohnten Wildständen unbedingt zu empfehlen, auch schon deßhalb, weil sie die Schäden nächst der Saat auf die größte Stammzahl vertheilt und außerdem die Möglichkeit bietet, das durch Randstämme vor Schälangriffen factisch wirksam gesicherte Stammindividuum durch einmalige Köpfung der äußeren Büschelglieder schon frühzeitig zum dominirenden Zukunftsstamm zu prädestiniren. Im Uebrigen treten wir entschieden dafür ein, daß die Methode und Ausführung der Bestandesgründung immer und überall die Erziehung gesunder, leistungsfähiger Bestände als erstes Ziel ins Auge zu fassen, und sich zunächst nicht durch die Rücksichten beirren zu lassen habe, wie die erzogenen Jungbestände gegen die lästigen Angriffe des schälenden Wildes zu schützen sind.

Einseitige und kurzsichtige, die Standortsfactoren unberücksichtigt lassende Culturmaßregeln sind von unberechenbaren Folgen. Will man deßhalb bei der Bestandesgründung auf die Abschwächung der Schälgefahr Bedacht nehmen, so beschränke man die diesbezüglichen Maßnahmen in erster Reihe auf eine den standörtlichen Verhältnissen angemessene Mischung der Holzarten, auf Einzucht von Weichhölzern und Sträuchern. — Wir kommen darauf weiter unten zurück.

Bestandespflege. Mit den Rücksichten einer rationellen Bestandespflege scheint eine erfolgreiche Vorbeugung der Schälbeschädigung weit eher vereinbar, als mit dem Culturbetriebe. Wenn wir auch der in der Litteratur häufiger begegneten, in der Praxis oft heute noch laut werdenden Ansicht, daß man zur Linderung der Schälschäden die Durchforstung bis über das schälgefährliche Entwickelungsstadium hinaus verschieben oder gar ganz unterlassen müsse, mit voller Entschiedenheit entgegentreten, so glauben wir doch andererseits, daß die Praxis in allen ihren Maßnahmen mit den leidigen Schälangriffen rechnen darf, und die Führung der Axt nach Beginn, Folge und Intensität den polizeilichen Rücksichten gegen den schälenden Wildstand sich bis zu gewissen Grenzen adaptiren kann, ohne einen groben Verstoß gegen die Anforderungen eines fortschrittlichen Durchforstungsbetriebes zu begehen. Jede starke Vernachlässigung der Bestandespflege involvirt zweifellos höhere Zuwachsverluste und wirthschaftliche Folgeübel von weit größerer Tragweite, als die Schälbeschädigung. Eine Verzögerung von wenigen Jahren kann dagegen die Entwickelung einer sonst gesunden Bestandesanlage dauernd nicht beeinträchtigen; sie beugt aber notorisch einer stärkeren Beschädigung durch das Wild vor, insofern die dichtere Stammstellung das Schälgeschäft selbst wesentlich erschwert, überdies auch die Angriffe auf eine größere Individuenzahl vertheilt, ihrer Intensität nach somit bedeutend abschwächt. Im Kahlschlagbetriebe hat eine zu zeitig beginnende Durchforstung ohnehin ihre beachtenswerthen Bedenken, denn der Boden der schutzlosen Abtriebsschläge geht unter allen Umständen mehr oder weniger zurück; er sammelt sich unter einem dichten Bestandesschluß schnell und sicher, darf aber durch unvorsichtige Einlegung der Axt nicht vorzeitig wieder den verderblichen Einflüssen der Atmosphäre zugänglich gemacht werden. Selbstverständlich soll man mit der zuwartenden Haltung nicht zu weit gehen und die Axt rücksichtslos ihres Amtes walten lassen, sobald die Merkmale des nahenden Existenzkampfes, Spannung im Kronenraum, spirlicher, geringer Höhenwuchs, kurze, blasse Benadelung 2c. anfangen sich bemerkbar zu machen.

Wir haben sonach in der Wildschäle einen gewichtigen Grund mehr zu erblicken, die vorzeitige Inangriffnahme der Durchforstung zu meiden, wenn aber die pflegende Hand einmal in das Innere eingedrungen, so werden die jungen Bestände im Ganzen wie im Einzelnen dem Wilde zugänglicher. Die Angriffsgefahr erreicht in der Regel schon nach der ersten Reinigung ihren Höhepunkt und es kommt nun darauf an, durch oft wiederkehrende, kräftige Bestandespflege die Stangenorte so schnell als möglich über die Gefahr hinauszubringen. Die Durchforstung soll deßhalb in dieser Zeit so stark ausgeführt werden, als die Rücksichten auf die Erhaltung der Bodenkraft, der gesunden, äußeren Bodenbeschaffenheit und die Bestandessicherheit gegen elementare Kräfte nur irgend wie gestatten.

Beide Forderungen, nämlich die zuwartende Haltung im Beginn und die kräftige Ausführung nach Beginn der Bestandespflege, stehen mit den Rücksichten eines rationellen Durchforstungsbetriebes so ziemlich im Einklange.

Bezüglich der accessorischen Bestandesbeimischung soll die Durchforstung unbedingt weitgehende Rücksichten walten lassen; sie soll namentlich von der principiellen Ausmerzung der Weichhölzer und Sträucher abstehen. Dieselben leisten der jugendlichen Cultur eben so wie dem Boden als Schutz- und Schirmholz die besten Dienste, werden fast ausnahmslos vom Wilde gern genommen und lenken in jedem Alter mancherlei Gefahren von der bestandbildenden Holzart ab. Angesichts dieser Thatsachen muß man wohl staunen, wenn z. B. die auf den Kahlschlägen reichlich sich ansiedelnde Birke nur deßhalb ausgerottet wird, weil man sie nicht angebaut hat und sie nicht für berechtigt hält, einen Platz sich anzumaßen, der nach dem starren Wortlaut des Culturplanes nur der Fichte zugesagt war. Die Birke bietet dem Wilde eine sehr ausgiebige obere Aesung, verträgt sich bei einiger Aufmerksamkeit auf peitschende Aeste und Gipfel weit besser mit der Fichte, als man in der Regel annimmt, und liefert bei alledem schon im jugendlichen Alter als gesuchtes Werkholz sehr respectabele Zwischennutzungserträge. Im verträglichen Auftreten mit dem Hauptbestande einwachsend, sichert sie dem Wilde bei winterlicher Proßfällung eine zusagende natürliche Aesung, die ebenso, wie jede andere eingemischte Weichholzart, auf das Verhalten des Wildes der Fichte gegenüber den allergünstigsten Einfluß ausübt. — Wir verdammen deßhalb den schonungslosen Aushieb aller zufälligen, untergeordneten Bestandeselemente als eine der kurzsichtigsten und sträflichsten Maßnahmen der modernen Wirthschaftsmonotonie, die vom wirthschaftlichen Standpunkte nicht gerechtfertigt werden kann, und vom Standpunkte der Schälfrage betrachtet, einen entschieden gefährlichen, die Schälschäden fördernden Character hat.

2. Bestandes- beziehungsweise Stammschutzmittel.

Den lästigen Schälangriffen des Wildes durch directe, an dem, der Beschädigung ausgesetzten Objecte angewandte Schutzmittel zu begegnen, ist gewiß ein sehr richtiger und naheliegender Gedanke, dessen practische Verwirklichung bei geringem Kostenaufwande zweifellos ein zuverlässiges Mittel zur Hintanhaltung der Schälschäden bieten dürfte. Es ist deßhalb einigermaßen zu verwundern, daß diesbezügliche Maßregeln zwar schon ziemlich früh und auch sehr umfangreich angewendet, allen aber der sehr beschränkte Gedanke zu Grunde gelegt wurde, den ausgeprägten Geruchssinn des Wildes auszunutzen und es durch übelriechende Substanzen abzuschrecken. Die ersten Versuche dieser Art lassen sich bis in die dreißiger Jahre zurückverfolgen. Sie haben von allem Anfang an wenig von sich reden gemacht, da sie den an sie gestellten Erwartungen bei Weitem nicht entsprachen und eigentlich bis heute nicht aus dem Stadium der Versuche herausgetreten sind. Die Bedeutung der Stammschutzmittel ist deßhalb keineswegs verkannt oder unterschätzt worden, und war es namentlich ein verdienstvoller böhmischer Forstwirth, Oberforstmeister Schmiedl, welcher dieselbe in einem Aufsatze „Das Schälen des Wildes" [1]) zum Ausdruck brachte, indem er sagt:

„... Das Besprengen oder Bestreichen mit übelriechenden Sachen ist unsichere Mühe, weil diese Stoffe zumeist nur kurze Zeit übelriechen, daher diese Arbeit in sehr kurzen Zwischenräumen immer wiederholt werden müßte. — Ich glaube übrigens, daß es gut wäre, pro Joch ca. 400—500 der schönwüchsigsten Stämme, welche möglichst gleichmäßig zu vertheilen wären, so zu verwahren, daß sie gar nicht geschält werden können; das Schwierigste ist allerdings das wie? aber dennoch nicht unmöglich."

Schmiedl weist hier ausdrücklich auf die Erfolglosigkeit des Anschmierens der Bäume mit häßlichen Flüssigkeiten hin, erkennt aber gleichzeitig die Möglichkeit, wirksamere Schutzmittel in anderer

[1]) Böhm. Forstvereinschrift, Heft I, 1866.

Form ausfindig zu machen und will offenbar zu vielseitigeren Versuchen in dieser Richtung anregen. Leider hat seine Mahnung nicht gefruchtet, denn bis heute lassen die bekannt gewordenen Stammschutzmittel nach Form und Anwendung an Einseitigkeit nichts zu wünschen übrig. Sie alle beschränken sich auf die bekannte

Verwitterung der Bestände. Wer nennt die Namen, kennt die Zusammensetzung der höllischen Mixturen, welche Aerger und Bosheit über die Schälschäden zusammengebraut haben, um dem Wilde diese lästige Gewohnheit zu verleiden; es giebt keine stinkenden Chemicalien und „Naturalien" die nicht in scheußlichsten Compositionen zur Abschreckung des Wildes verwendet worden wären. Sie werden mit Wasser, Lehm oder Kalk zu einer dickflüssigen Masse angesetzt und dieser dann alle erdenklichen Wohlgerüche zugesetzt, die sich um so wirksamer erweisen, je abscheulicher sie riechen und je nachhaltiger sie die flüchtigen odeurs von sich geben. Steinkohlentheer, Petroleum, Asa foetida, Carbol, Bitterkalk, Fischthran, Seifensiederlauge, Ochsenblut, Jauche, alle denkbaren Excremente und viele andere Stoffe sind auf Grund localer Beobachtungen und Versuche zur Anwendung empfohlen, aber kein einziges hat sich bewährt und behauptet. Wenn man den graulichen Character der ausgewählten Stinkstoffe erwägt, so wird man darüber keinen Augenblick im Zweifel sein, daß sich mit ihrer Hülfe Salben herstellen lassen, mit denen man Bestände und ganze Waldstrecken derart verpesten kann, daß sie von allen lebenden Wesen, welcher Gattung immer, geflohen werden, und in der That sind Fälle bekannt, wo das Wild auf meilenweite Distancen aus den Waldstrecken ausgewechselt ist, die der vom Winde aus frisch verwitterten Beständen aufgenommene Pesthauch durchdrungen hatte. Aber diese frappante Wirkung ist nur von sehr kurzer Dauer und zwar, möchten wir nicht sagen „leider", sondern „glücklicher Weise", denn man müßte es wohl tief beklagen, wenn es gelänge, an Stelle der erfrischenden und gewürzigen Waldluft diese infernalischen Düfte im Walde dauernd herzustellen und damit den Aufenthalt im Walde für den Forstmann, Jäger und für das Wild aller Gattungen zu einer Qual zu machen. Wo die hohen ästhetischen und sanitären Genüsse, die der frische, herrliche Wald bietet, mit den Freuden, welche sich an den Wildstand binden, in die Schranken zu treten hätte, da würde unseres Erachtens der letztere unterliegen. — Indeß steht zu hoffen, daß die Praxis nie vor diese Alternative gestellt werde.

Ihrer speciellen Anwendung nach unterscheidet man die sogenannte Randverwitterung oder eigentliche Bestandesverwitterung und die stammweise Verwitterung.

Die erstere beschränkt sich darauf, die gefährdeten Bestandesfiguren durch einfach oder doppelt gezogene, mit eingeschleiften Lappen und Fetzen versehene Schnüre, die mit der Schreckflüssigkeit getränkt werden, zu umziehen. Die Maßregel wirkt in einem, an ähnliche Scheuchmittel noch nicht gewöhnten Wildstande, bei öfter wiederholter Sättigung der Schnüre und Lappen für kurze Zeit, doch gewöhnt sich das Wild verhältnißmäßig schnell daran, wechselt namentlich bald von der Windseite her in derartige Bestände ein, und einmal orientirt, daß es im Bestandes-Innern durch die Verwitterung weniger genirt ist, respectirt es die stinkende Lappenschmiere wenig. Es läßt sich eben nicht so leicht seinen Lieblingsaufenthalt verkürzen oder gar verleiden.

Weit beachtenswerther ist jedenfalls die stammweise Verwitterung. Sie besteht in der Bestreichung aller oder — entschieden zweckmäßiger — nur der besseren, wüchsigen Stämme, die den Hauptbestand bilden sollen, mit der Schreckflüssigkeit. Dieselbe wird am besten mit kurzborstigen, starken Pinseln oder Bürsten auf die dem Wildgeäse zugängigen Schaftpartien aufgetragen. Das Verfahren ist weit umständlicher als vorher, würde aber bei seiner vorübergehend absolut zuverlässigen Wirksamkeit trotz seines waldverpestenden Characters hier und da in ausgedehnterer Anwendung sich eingebürgert haben, wenn die unangenehme Arbeit nicht gar so oft wiederholt werden müßte. Am besten bewährten sich zwei, auf der Domaine Bodenbach in größerem Maßstabe versuchte Mischungen: eine Abkochung von ordinärem Hornleim mit Asa foetida in Wasser und dem nöthigen Kalk- oder Lehmzusatz, oder auch gewöhnliche Seifensiederlauge mit Lehm.

Der erstere Anstrich soll seine Wirkung einige Monate lang, die Seifensiederlauge sogar Jahre (?) hindurch bewahrt haben. Alle anderen angewandten Mittel wirken je nach den herrschenden Witterungsverhältnissen nur durch Tage, höchstens Wochen, und wird ihre Anwendbarkeit noch wesentlich dadurch beeinträchtigt, daß stärkere Beimischungen mancher Stoffe, z. B. Carbol, Steinkohlentheer, Petroleum, die lebenden Rindentheile angreifen oder gar tödten.

Die Kosten der Bestandesverwitterung durch stammweises Anstreichen schwanken selbstverständlich nach der Wahl der Mischung und deren quantitativer Zusammensetzung ziemlich bedeutend. Ein Arbeiter tüncht täglich je nach Bestandes- und Terrainverhältnissen bequem 600—800 Stämme, so daß also ein Hectar Fläche mit einem Arbeitsaufwande von 1¼—1½ Tagelöhnen verwittert werden kann, wenn man nur die dominirende Stammclasse in etwa dem 60-—70jährigen Baumorte entsprechenden Bestockungsgrade berücksichtigt. Bei Verwendung von Kalk mit Carbolsäure oder Petroleum, Lehm mit Ochsenblut oder Excrementen und unter Zugrundelegung einer Tagelohnhöhe von 70 Kreuzer kosteten 1000 Stämme (Material und Arbeit) mit geringen Schwankungen 2 Gulden Ö. W. = ca. 3.3 RM., — an und für sich gewiß ein Minimalaufwand, der jedoch bei jährlich öfter nothwendiger Wiederholung für die Dauer der Schälgefahr zu einem ganz bedeutenden Kapitale anwachsen würde, ohne Garantie für wirksamen Schutz der Bestände zu gewähren.

Eine richtige Wahl der geeigneten Mixtur vorausgesetzt, wird man deßhalb mit der Bestandesverwitterung in erster Reihe da auf einen günstigen Erfolg rechnen können, wo die Schälgewohnheit des Wildes noch nicht ausgeartet, auf eine bestimmte Jahreszeit (Winter und Frühjahr) beschränkt ist, denn in der Regel wird der Anstrich bis zu gewissem Grade doch abschreckend wirken, bis die reichlich aufsprossende Grünäsung das Wild von dem Rindenschälen mehr ablenkt. Von größter Bedeutung ist dabei, die Tünchung lediglich auf den Hauptbestand zu beschränken und den Zwischenbestand preiszugeben. Die Angriffsgefahr wird dadurch auf die minder werthvollen, ohnehin bald ausscheidenden Bestandesglieder gelenkt und die Wirksamkeit der Schutzmaßregel nach Grad und Dauer relativ wesentlich gesteigert.

Wo dagegen das Wild das ganze Jahr hindurch schält, ist die Bestandesverwitterung, ganz abgesehen von ihren Unannehmlichkeiten, im Großen überhaupt nicht anwendbar.

Die Stammverwahrung durch Reisig. Wir behandeln hiermit ein Stammschutzmittel, das der Schönheit des Waldes und seinem Gedeihen keinen Abbruch thut, auch mit den Rücksichten allgemeiner und forstlicher Aesthetik nicht in Widerspruch tritt und dabei in langjähriger Erprobung sich sehr gut bewährt hat. Die ebenfalls am Einzelstamm angewendete, etwas umständliche Maßregel, besteht im Umbinden des unteren Schafttheiles mit Astreisig, und wird am zweckmäßigsten mit der ersten Durchforstung verbunden, durch welche einerseits der Bestand dem Wilde zugänglich gemacht, die Schälgefahr plötzlich sehr gesteigert wird, und andererseits auch im ganzen Bestande das zum Umbinden nöthige Reisig in passendster Vertheilung zur Erzeugung gelangt. Die Arbeiter sind in Rotten zu zwei oder drei Mann thätig. Der eine nimmt ein Bündel stärkerer und nicht zu kurzer Aeste, und legt sie mit der Spitze nach unten von zwei Seiten gegen das Schaftende des zu schützenden Stammes an, so daß die dicken Enden bis 1.75 Meter hinaufreichen. Der zweite Arbeiter ist zunächst bei Ordnung der Zweige um die Stammperipherie behülflich; er biegt auch etwa am Stamm befindliche Astquirle abwärts mit in den Reisigmantel ein, und zieht um denselben ein, nach Umständen, auch zwei Bänder von schwachem, wohl geglühtem Draht so fest an, daß das Reisig gedichtet wird, und der Mantel Halt und Zusammenhang erhält.

Der dritte Arbeiter wird nur dann nöthig, wenn das Reisig ungleichmäßig im Bestande vertheilt liegt, und Zutragen durch einen Handlanger nöthig erscheint; in diesem Falle legt er die schon geordneten Bündel am Fuße der Stämme handgerecht bereit.

Die Länge der Drahtbänder, die der Arbeiter zusammengeschleift an sich hängt, richtet sich natürlich nach der Stärke des Stammes und dem Umfange des Reisigmantels, ist aber in der Regel durch den Drahtring, wie man ihn aus der Handlung bezieht, gegeben. Derselbe wird in einem offenen Feuer im Walde geglüht und dann mit einem scharfen Instrumente einmal getheilt. Die Bänder werden dadurch wohl etwas länger als nothwendig, doch ist der Preis des Drahtes nicht so hoch, daß ein umständliches und zeitraubendes Umspulen auf ein bestimmtes, den jeweiligen Dimensionsverhältnissen entsprechendes Umfangsmaß sich bezahlt machen könnte.

Kurzes, nicht einmal meterlanges Astwerk ist zur Verwendung für das Umbinden weniger geeignet, doch kann man durch Astverschiebungen nach unten und oben den Mantel doch so lang ziehen, daß das Stammende von 0.50 bis 1.75 Meter über dem Boden, dem Wildgeäse unzugänglich gemacht wird. Unter und über dieser Höhe wird, steiles Terrain ausgenommen[1]), der Stamm sehr selten noch angegriffen. Selbstverständlich ist auch hier nicht nothwendig, nicht einmal rathsam, alle Stämme durch diesen Mantel zu verwahren, vielmehr vorzuziehen, den durchforstungsweise ausscheidenden Zwischenbestand dem Wilde zu opfern, und die Schutzmaßregel unter Annahme einer angehend haubaren Bestandesstellung auf etwa $^1/_4$ oder $^1/_3$ der Stammgesammtzahl zu beschränken. Die Beschädigung concentrirt sich nunmehr auf die geringwerthigeren Bestandesglieder, die in Folge dessen meist sehr bald zurückbleiben, und von den geschützten Stämmen überwachsen werden. Die

---

[1]) Hier muß der Reisigmantel nach Maßgabe des Terrains so verschoben werden, daß er bergseits höher hinauf, thalseits tiefer am Stamme herabgreift.

natürliche Folge ist, Ausbildung sehr leistungsfähiger Kronen und bedeutende Zuwachssteigerung des Haubarkeitsstandes.

In den hiesigen Forsten wurde diese Stammschutzmaßregel im Jahre 1872 zuerst versuchsweise angewendet. Sie hat sich seither in großer Ausdehnung bewährt, so daß sie als das einzige, uns bekannte zuverlässige Mittel zur Hintanhaltung der Schälschäden unbedingt empfohlen werden kann, wenn man sich die Mühe nimmt, die in vorstehenden Zeilen niedergelegten Winke sorgfältig zu beachten, beziehungsweise die Ausführung den localen Verhältnissen anzupassen.

Die Dauer und den Kostenaufwand anlangend, so befriedigen beide vollkommen. Die erstere ist einigermaßen abhängig von dem langsameren oder flotteren Wachsthum des Baumes, insofern bei schneller Stärkenzunahme das Drahtband bald zu eng und gesprengt wird. Um diesem vorzeitigen Sprengen vorzubeugen, ist es von großer Wichtigkeit, einen dickwandigen, aber lockeren (sperrigen) Reisigmantel anzulegen, der in seiner voluminösen, schütter-elastischen Beschaffenheit dem wachsenden Stamme genug Raum gewährt, sich durch dessen Wachsthum verdichtet und zusammendrängt, ohne das Drahtband zu sprengen. Nach gesammelten Erfahrungen dauert der Mantel immer 8 bis 10 Jahre, so daß mit einer einmaligen Wiederholung der Maßregel der umbundene Stamm über das schälgefährliche Entwickelungsstadium hinausgebracht werden kann.

Der Kostenaufwand für 1000 Stämme stellt sich bei Befestigung des Reisigmantels mit nur einem Drahtband

a) bei Ausführung gleichzeitig mit der Durchforstung. Das Reisig liegt in Menge überall zum Griff bereit:
   5 Tagelöhne für Arbeit incl. Drahtglühen und Schneiden,
   8 k schwachen Bindedrahtes.

b) bei Ausführung ohne gleichzeitige Durchforstung. Das Reisig muß extra erzeugt und zugetragen werden:
   7 Tagelöhne für Arbeit incl. wie vorher,
   8 k schwachen Bindedrahtes.

Bei einer Tagelohnhöhe von 70 Kreuzer und dem Drahtdetailpreise von 26 Kreuzer pro k beziffert sich der Kostensatz

ad a. auf 5.60 fl. Ö.W. = 9.0 RM. pro 1000 Stämme

ad b. auf 7.00 fl. Ö.W. = 11.5 RM. pro 1000 Stämme

und auf die Fläche übertragen nach angehend haubarer Bestandesstellung

ad a. auf rund 7.00 fl. Ö.W. = 11.5 RM. pro ha.

ad b. auf rund 8.50 fl. Ö.W. = 14.0 RM. pro ha.

Eines Uebelstandes, der sich erst in späteren Jahren bemerkbar machte, muß Erwähnung gethan werden; es ist die Gefahr des Einwachsens des Drahtes in den Stamm. Diese ist unbedingt vorhanden, um so mehr, je frohwüchsiger der Stamm, je weniger Spielraum der Mantel bietet. Man kann dieser Gefahr aber ziemlich wirksam dadurch begegnen, daß man stets 2 oder 3 starke Aeste mit in den Mantel einführt. Dieselben werden bei gesteigertem Druck nicht vom Drahte durchschnitten; sie sprengen ihn stets und schützen den Stamm vor dem Einwachsen des Drahtbandes. In einigen Fällen, wo dasselbe wirklich eingewachsen war, wurde das Reisig durch Klaubholzsammler entwendet und mußte hier der Draht gewaltsam entfernt, abgedreht werden. — Uebrigens ist dieser Uebelstand wohl nicht darnach angethan, die Anwendbarkeit einer Schutzmaßregel zu beeinträchtigen, mittelst der man bei verhältnißmäßig geringem Aufwande die Fichtenbestände vor einer so weitgehenden Entwerthung wirklich schützen kann. — Bei stark gefrorenem Krustenschnee, der das Wild auf ganz beschränktem Raume festbannte ist es hier und da, wo wenig Reisig mit nur einem Drahte locker eingebunden war, vorgekommen, daß besonders raffinirte Stücke den Reisigmantel abgezogen oder beiseite geschoben haben. Mit einem zweiten Drahtbande läßt sich dem vorbeugen.

Eine zweite in den hiesigen Forsten versuchsweise angewandte Schutzmaßregel gegen das schälende Wild ist der Stammschutz durch künstlich verursachten Harzausfluß. Die Rinde wird durch drei oder vier spiralig verlaufende, mit einem ganz schmalen, aber tiefeingreifenden Rindenreißer oder auch nur mit einem starken Messer verletzt. Das austretende flüssige Harz incrustirt die untere Stammpartie und schützt dieselbe mehr oder weniger vor dem Schälangriff. Ueber die etwaigen nachtheiligen Folgen dieser absichtlichen Rindenverletzung und des Harzflusses liegen derzeit zuverlässige Erfahrungen nicht vor, doch glauben wir, daß die schmalen Risse unter dem Schutze der Harzincrustation ohne jede Benachtheiligung des Zuwachses und der späteren technischen Gebrauchsfähigkeit des Stammes verwallen. Auch fehlen noch Beobachtungen über die Wirkung dieser Maßregel nach Dauer und Intensität, und reihen wir sie deßhalb mit einiger Reserve und zunächst in der Absicht hier ein, zu anderweitigen Versuchen anzuregen.

Noch eines andern, bisher total fehlgeschlagenen Versuches, die dominirende Stammclasse zu schützen, möge hier kurz gedacht werden. Von der Anschauung geleitet, daß das Wild eine Erleichterung des Schälens dankbar hinnehmen werde, und angeregt durch die mehrfache Wahrnehmung, daß das Wild z. B. die Kiefer und Weichhölzer in liegendem Zustande gern angeht, ließen wir die durchforstungsweise ausgeschiedenen Fichtenstangen mit dem Gipfel gegen einen stehenden Stamm anlehnen, so daß die Stange etwa in halber Länge dem Wilde ihre Rinde bieten konnte. Merkwürdiger Weise hat das Wild die liegenden Stangen nie angegriffen. Anfangs scheint es einen derartig verlegten Stangenort ganz zu meiden, weil es sich zwischen den barrierenartigen Vorrichtungen unsicher fühlt; später damit betraut geworden, schält es aber dann lieber die stehenden Stangen, weil die liegenden schnell abdorren. Es liegt übrigens die Vermuthung nahe, daß ein Wildstand mit der Zeit sich daran gewöhnen lasse, namentlich wenn man die Stangen nicht ganz vom Stocke abtrennt, so daß die Saftcirculation noch einige Zeit hindurch erhalten bleibt. Wir möchten deshalb auch diesbezügliche Versuche, das Wild durch geäsegerechtes Bereitlegen glattrindiger Stangen vom stehenden Hauptbestande abzuhalten, wärmstens empfehlen.

Dritte Hauptgruppe: Vorbeugende Maßregeln mit subjectiver Anwendung am Wilde selbst.

In der erfolgreichen Anwendung der hier rangirenden Vorbeugungsmaßregeln und zwar:

1. Hebung der Aesung und Sorge für gesundes Trinkwasser,
2. Umgestaltung und Verbesserung der Fütterung,
3. Verabreichung von Surrogaten,
4. Blutaufmischung,

liegt offenbar der Schwerpunkt des Kampfes gegen die Schälcalamität, denn die zukünftige Haltung des Rothwildes in Fichtenforsten wird einzig und allein von den Erfolgen abhängen, welche durch einsichtsvolle Anwendung richtiger, naturgemäßer, womöglich durch die Natur selbst gebotener Wildpflege-Maßregeln erzielt werden. Die Mittel dieser Gruppe haben sonach einen ganz anderen Character, verfolgen auch eine ganz andere Tendenz, als die in der ersten und zweiten Haupt-Gruppe besprochenen. Diese letzteren stehen auf dem Standpunkte der wirthschaftlichen Defensive und werden von der Voraussetzung geleitet, daß das Schälübel eine naturgemäße oder wenigstens incurabele Lebensgewohnheit des Wildes sei, mit der die Waldwirthschaft unter allen Verhältnissen rechnen, und der die forstliche Praxis in geeigneter Weise entgegentreten müsse, um ihre wirthschaftliche Bedeutung abzuschwächen und namentlich die nachtheiligen Folgen auf das Maß der Erträglichkeit zurückzuführen. Die subjective Vorbeugung dagegen faßt in dem Wilde freundlicher Offensive das Uebel bei der Wurzel und stellt sich keine geringere Aufgabe, als das Schälübel — sei es ein natürliches oder ein angelerntes Bedürfniß, Gewohnheit, Langeweile oder auch alles zusammen — aus der Welt zu schaffen, das heißt, das Hochwild zu einer natürlichen Lebensweise zurückzuführen, und die Neigung zum Schälen durch Behebung ihrer Vorbedingungen zu unterdrücken, — mit einem Worte, das Hochwild zu entwöhnen. Die einschlägigen Maßregeln befassen sich also mit der Lebensweise des Wildes im Allgemeinen, mit seiner Ernährung,

Pflege und weiter auch mit der Heilung seiner krankhaften Constitution.

Wenn man die Geschichte der Schälschäden mit einiger Aufmerksamkeit verfolgt, so drängt sich neben den zahllosen Widersprüchen und Schwankungen der Ansichten über die meisten Details der Schälfrage, in einer Richtung wenigstens, die positive Ueberzeugung auf, daß die Schälschäden nach Intensität und Ausdehnung mit der Verschlechterung der Aesungsverhältnisse, welche die Entwickelung und Wandlung des Jagdrechtes, sowie die großartigen culturellen und allgemein wirthschaftlichen Fortschritte der Neuzeit nach sich zogen, ebenso zugenommen, wie Gesundheit und Körperconstitution des Wildes überhaupt abgenommen haben. Ist es nun falsch oder unlogisch, wenn man sich im Kampfe gegen das Schälen, in der Wahl der Vorbeugungsmaßregeln von der Anschauung leiten läßt, daß die Schälschäden wieder abnehmen werden in dem Grade, wie die Aesungsverhältnisse und mit ihnen der Gesundheitszustand des Wildes sich heben, und daß der auscurirte Wildstand endlich ganz von der Gewohnheit abstehen wird, da wir ja im Schälen keiner naturgemäßen Aesungsform gegenüberstehen?

Die bisher in dieser Richtung vielerorts gemachten Bestrebungen, durch reichliche und gesunde Aesung günstig auf den Wildstand einzuwirken, scheinen zur Genüge zu beweisen, daß die Bedeutung einer guten Ernährung des Wildes im Allgemeinen vollständig gewürdigt wird; sie verdienen zweifellos auch alle Anerkennung, und wenn sie bisher nirgends zum Ziele führten, ja nicht einmal die Erreichung des Zieles in Aussicht zu stellen scheinen, so liegt das nur an dem leidigen Umstande, daß man ihrer Kostspieligkeit halber eine gute, nach Menge und Qualität vollkommen entsprechende Futtervorlage nirgends lange genug fortgesetzt hat, weil nicht gleich sichtbare Erfolge constatirt werden konnten. Es ist aber offenbar ein sehr ungerechtfertigtes Begehren und gewiß der größte Fehler aller bekannt gewordenen Nährungsversuche, daß man ein Uebel, welches moderne Wirthschaftsprincipien und verkehrte Wildpflege in langjährigem Zusammenwirken geschaffen haben, mit einem Schlage wieder glaubt bannen zu können und den Effect dieser Versuche deßhalb in Abrede stellt, weil er nicht gleich in den nächsten Monaten hervortritt. — Man soll sich eben dabei immer vergegenwärtigen, daß das Schälen nicht die unmittelbare Folge einer ungenügenden oder schlechten Ernährung ist, daß vielmehr erst der schwächende Einfluß, den letztere auf den Gesundheitszustand des Wildes äußert, die directe Veranlassung zum Schälen bietet, und daß endlich zu dessen Behebung die Wiederherstellung eines normalen Gesundheitszustandes durch zuträgliche Ernährung und durch eine naturgemäße Lebensweise überhaupt als unerläßliche Vorbedingung in's Auge gefaßt werden muß. Die erste und wichtigste Aufgabe der Wild- und Waldpflege gipfelt demnach in der Frage, auf welche Weise und durch welche Mittel die geschwächte und krankhafte Constitution des Wildes wieder gehoben werden kann. Gute Erfolge in dieser Richtung sind unseres Erachtens die beste Gewähr für die waldfreundliche Haltung des Wildes im Allgemeinen und für das Aufhören der Schälangriffe im Speciellen.

1. Die Hebung der Aesung.

Wir subsummiren unter dem Collectiv „Aesung" alle jene Nahrungsmittel, die sich das Wild in ihrem natürlichen Vorkommen zugänglich und zu eigen macht.

Es unterliegt keinem Zweifel, daß Nadelholzforste und speciell reine Fichtenforste stets eine in quali und quanto sehr geringe Aesung bieten. Ein frühzeitig eintretender bis in's Abtriebsalter andauernder, intensiver Bestandesschluß wintergrüner Bäume verhindert den Gras- und Kräuterwuchs, und die in den ersten Jahren nach der Bestandesgründung sich bildende Grasnarbe der Kahlschläge ist dürftig, von geringem Nährwerth, auf den schlechteren Standortsnüancen (trockene, rauhe Lage 2c.) durch überhandnehmende Bodenverwilderung verdrängt, zu alledem durch eine rücksichtslos ausgeübte Grasnutzung dem Wilde entzogen. Hier ist es Pflicht, dem Walde ebenso wie dem Wilde gegenüber, die Aesungsverhältnisse mit allen zu Gebote stehenden Mitteln zu heben, und wäre man dieser Pflicht zu allen Zeiten und namentlich damals, als die stiefmütterliche Zurückdrängung des Wildes in den äsungsarmen Wald begann, ihm die Felder sperrte und die Monotonie der modernen Ertragswirthschaft obenein die Aesungsproduction des Waldes wesentlich schmälerte, sich bewußt gewesen — wahrlich, es würde heute um Wild und Wald weit besser bestellt sein.

Man wird in keinem Culturstaate daran denken können, dem Wilde den Zutritt zu den Feldern wieder zurückzugeben, und es wäre auch entschieden ungerechtfertigt, wenn man das Wild auf Kosten der Landwirthschaft und namentlich des kleinen Wirthschaftsbetriebes begünstigen wollte. Aber daraus folgt ja ganz von selbst, nicht etwa, daß man dann ein Recht hat, das Wild zu vernachlässigen, daß man vielmehr im Walde selbst, in dem es lebt und wohnt, dessen Besitzer es nutzt und die Freuden des Waidwerks genießt, einen vollgiltigen Ersatz für das schaffen muß, was die Feldsperre ihm genommen hat. Leider ist man überall in entgegengesetzter Richtung thätig gewesen.

Die nächstliegende Maßregel zur Hebung der Aesungsverhältnisse ist jedenfalls die Einmischung von Laub- und Weichhölzern, nach Maßgabe der localen Verhältnisse in reinen Beständen, in größeren Gruppen zu selbstständiger Behandlung, oder endlich auch in Einzelmischung. Die meisten unserer einheimischen Laubhölzer bieten dem Wilde eine ebenso beliebte, als zuträgliche obere Aesung, und überdies ist auch die Bodenäsung eine ganz andere, angenehm-saftige und abwechselungsreiche. Wir betrachten es deßhalb als eine der traurigsten Errungenschaften des modernen Wirthschaftsbetriebes, eine der verderblichsten Consequenzen der fatalen Schablonenwirthschaft, daß man der accessorischen Bestandesbeimischung gegenüber ein gar so feindliches Verhalten beobachtete, sie als schädliches Unkraut noch heute vielfach ausrottet und vernichtet, nur weil sie sich unterfangen, freiwillig, auf Geheiß und weise Fürsorge der Mutter Natur sich anzusiedeln, wo man sie nicht hingesäet und gepflanzt hat. So wurden fast alle Straucharten, die Birke, Aspe, Hainbuche ꝛc. geopfert; die eine überwucherte die kunstgerecht ausgeführte und oft gerade deßhalb kümmernde Cultur; die andere peitschte mit ihrem raschwüchsigen, schwanken Gezweige die aufschiebenden Nadelhölzer; die dritte verhinderte die natürliche Ansamung, und so fand die wirthschaftende Hand in kurzsichtiger Verblendung überall die plausibelen Gründe für die Ausrottung, und anstatt von 1000 Stück Birkenruthen oder Aspenwurzelbrut 50, das Gedeihen der Hauptcultur wirklich behindernde Pflänzchen zu entfernen, vernichtete man principiell und durch alle Altersclassen die gütige Zugabe der Natur. Je näher man aber an das Ziel dieses Vernichtungskrieges kommt, um so mehr leuchtet die Verirrung ein, und heute, wo man vielfach und namentlich in den uniformen Nadelholzforsten so ziemlich am Ziele ist, macht man „Kehrt", und wohl der Verwaltung, die zu dieser Einsicht gekommen ist, denn die ihr entspringenden Maßnahmen werden dem Wilde und Walde nicht allein in ihren innigen Wechselbeziehungen zu einander, sondern auch jedem für sich und in jeder Richtung zum vollsten Segen gereichen.

Wie wir an anderer Stelle schon eine gewisse wirthschaftliche Toleranz gegen alle eingemischten Weichholzarten, namentlich bei Ausübung der Bestandespflege empfohlen und befürwortet haben, so müssen wir nunmehr zur Hebung der natürlichen Wildäsung auch den Anbau und Einbau der Laub-, Weich- und Buschhölzer votiren.

Der Anbau der Eiche und Buche, die wegen ihrer reichlichen Mast-, Knospen-, Blatt-, Trieb- und saftigen Bodenäsung für die Wildhege sehr wichtig, scheint schon durch ihre allgemeine forstliche Bedeutung als Waldbäume ersten Ranges genügend gesichert, um so mehr, da die unverkennbaren Vortheile des gemischten Bestandes und besonders die Durchbrechung zusammenhängender Nadelholzreviere durch sturmsichere Laubholzstreifen immer mehr Anhänger und Freunde gewinnt, welche die Wichtigkeit der beiden Holzarten gerade auch in dieser Beziehung zu würdigen wissen. — Insoweit es sich nicht etwa um eine decidirte Ueberschreitung ihres verticalen Verbreitungsgebietes handelt, ist ihr Anbau überall durchführbar und empfehlenswerth, und wenn auch dabei immerhin ihren individuellen Eigenthümlichkeiten mit Rechnung getragen werden soll, so ist es doch namentlich bei der Eiche durchaus unstatthaft, seine Maßregeln mit der Bücherweisheit über die Standortslehre allzu ängstlich in Uebereinstimmung zu halten. — Wo immer aber diese beiden wichtigen Laubhölzer in den Nadelholzforsten gezüchtet werden, ist die erste und wichtigste Existenzbedingung der reine Bestand oder wenigstens die reine Gruppe, die ihrer Flächenausdehnung nach für eine selbstständige Behandlung und Bewirthschaftung in einem Multiplum des Nadelholzumtriebes geeignet sind. Man darf eben nicht außer Acht lassen, daß sowohl der Ertragseffect, wie auch ihre Bedeutung für die Wildhege mehr als bei allen anderen Laubhölzern von der Heranbildung guter Kronen abhängig sind und letztere im Einzelstande zwischen den schnellwüchsigen Nadelhölzern nie herangezogen werden können.

Die Esche, Ahorn, Rüster, Linde, Erle verlangen in der Wahl des Standortes schon mehr Rücksicht und werden namentlich in rauheren Bergforsten nie eine bestandbildende Bedeutung gewinnen. Für ihre Anzucht kommen auch mehr wirthschaftliche als jagdliche Interessen zur Geltung, und wird sich selbe stets auf eine gruppen- auch stammweise Einmischung in geschützten Mulden und Gesenken mit mildem humosen Boden beschränken. Speciell die Erle für nasse Stellen bietet wenig, hat aber eine gute frische Bodenäsung unter sich.

Bergahorn, Birke, Aspe, für die Wildhege ungleich wichtiger als die vorhergehenden, fühlen sich in den Nadelholzforsten heimischer und begleiten dieselben auch bis in die rauheren Lagen der Gebirgsforste. Sie eignen sich für den gruppenweisen Einbau ebenso wie für die stammweise Mischung, und bieten namentlich Birke und Aspe in jedem Entwickelungsstadium und zu jeder Jahreszeit eine sehr zuträgliche und beliebte Aesung.

Wo die Birke in, wenn auch nur untergeordneter Beimischung vorkommt, sorgt sie namentlich im Kahlschlagbetriebe selbst für die reichliche Nachzucht, indem ihr leichtflüchtiger Samen auf den Schlägen, Räumden und Blößen reichlich sich ansiedelt und ohne geringstes Zuthun der wirthschaftenden Hand eine sehr oft mehr als angenehme Durchmischung der Jungbestände sichert; wo sie nicht heimisch, ist sie durch Herbstsaat auf leicht verwundeten Stellen oder auch durch Lohdenpflanzung überall gut und ohne größeren Aufwand zu ziehen. Sie meidet allenfalls die exponirten Lagen, erfüllt aber auch in diesen den Zweck der Wildhege immer noch vollkommen.

Etwas schwieriger gestaltet sich die Anzucht der Aspe. Sie treibt bei genügendem Lichtgenuß meist reichliche Wurzelbrut, die sich besonders in den ersten Jahren leicht versetzen läßt. Auch durch rechtzeitig geschnittene Stecklinge pflanzt sie sich bei genügender Feuchtigkeit ziemlich sicher fort. Am besten und billigsten aber läßt sie sich im Großen mittelst Saat ziehen. Künstliche Saatausführung hat selten Erfolg, weil der dickwollige Samen auf diesem Wege schwer mit dem Boden in innige Berührung gebracht werden kann. Am meisten bewährt sich die Anlage von kampartig hergerichteten Flächen in der Nähe oder wenigstens in der herrschenden Windrichtung von samentragenden Mutterstämmen, oder wo solche nicht vorhanden sind, die Besteckung derartiger, gelockerter und klar gemachter Plätze mit samentragenden Aesten. Es scheint dabei sehr darauf anzukommen, daß der Samen nicht in größeren Batzen und Klumpen zu Boden gelangt, sondern von den geöffneten Kätzchen möglichst vereinzelt abfliegt und mit dem Erdreich in innigen Contact tritt. Wo eine derartige Naturbesamung sich vollzogen hat, ist sodann der baldige Eintritt eines Regens für das Gelingen von größter Bedeutung, da bei anhaltender Dürre die beweglichen Samenkörner vom Winde wieder leicht entführt werden. Soweit es deßhalb thunlich, ist das einmalige Angießen der Saatflecken bald nach der Besamung zu empfehlen. Uebrigens sind gänzliche Mißerfolge verhältnißmäßig häufig, da die zweihäusige Aspe nicht selten taub fructificirt. Aus derartigen Saatstellen läßt sich die einjährige Lohde dann leicht und sicher verpflanzen, ist dabei gegen Mißhandlung und Beschädigung wenig empfindlich.

Die Kastanie und das wilde Obst sind in den meisten Lagen nur in Kämpen zu erziehen, und werden von da in Form von Randgruppen, Alleen, Wieseneinfassungen, auf Aesungsplätzen auch einzeln ausgepflanzt, wohl auch als Mischlinge in die Laubholzgruppen eingeführt, eignen sich dagegen für geschlossene Nadelholzbestände selbst in Gruppenform wenig oder gar nicht. Höhere rauhe Lagen sagen beiden nicht zu, und ist besonders das Obst an die Niederung und die geschützten Vorberge gebunden, wo es durch öfteres Fruchttragen für die Wildhege seine Bedeutung erlangt. Sonst dürfte nach unseren Erfahrungen die Kastanie im Allgemeinen weit mehr zu empfehlen sein, denn so gesund und zuträglich die Frucht des wilden Obstes dem Hochwildstande ist, so indifferent ist seine Anzucht in Lagen, wo widrige Witterungseinflüsse, unzeitige Fröste, alljährlich die Blüthe vernichten.

Eine Holzart, die in Hochwildrevieren ganz besondere Beachtung verdient ist auch die Eberesche. Wenig wählerisch in ihrem Standorte steigt sie bis in die rauhen Gebirgslagen mit den Nadelhölzern an und bietet in Strauchform, selbst in exponirten Hochlagen, dem Wilde eine sehr zuträgliche Blatt-Trieb- und Fruchtäsung. Sie wird von den umgebenden Nadelhölzern bald überwachsen, spielt zu allen Zeiten eine sehr untergeordnete, für die Bestandesbildung irrelevante Rolle, hält sich aber selbst im Druck noch lange und vegetirt in niedriger Baum- und Strauchform, in welcher sie dem Wilde stets zugänglich bleibt. In besseren Lagen eignet sie sich zu Anpflanzungen auf Wildangern, Wiesen, an

Wegen ꝛc. sehr gut und wird hier besonders durch ihre ausgiebige und gesunde Beerfrucht von Nutzen. Sie wird ebenfalls am Besten im Kampe erzogen und von da ausgepflanzt, treibt reichlich Wurzelbrut und wird auch als Wurzelschößling mit großer Sicherheit versetzt.

Von den Sträuchern und Buschhölzern ist dem Wilde alles willkommen. Sie gedeihen in den Laubholzpartien besser als in Nadelholzbeständen, und lohnt sich ihre Anzucht in den letzteren selten. Die Hasel, Hartriegel, Weidenarten, Jasmin ꝛc. thun als Unterholz und Busch auf Lichtungen, Räumden ihre Dienste; Hagedorn, Hundsrose, Schlee für Anger, Wald- und Wiesenrand, die Himbeere, Brombeere auf den Schlägen, Heide und Beergesträuch in den Hochlagen. Die Forstwirthschaft kann sich mit dem Anbau dieser Sträucher wohl selten befassen, doch genügt es auch, gegen diese Parias alle ausrottenden Maßregeln zu unterlassen, ihnen die Existenz zu erleichtern.

Uebrigens erwachsen dem Einbau von Laub- und Weichhölzern im Allgemeinen im Wildstande selbst die größten Schwierigkeiten, namentlich da, wo es sich um ihre erste Anzucht handelt; denn es ist ja eine bekannte, im Reiz der Neuheit sich begründende Erscheinung, daß sämmtliche Wildgattungen etwa neu eingeführte Forstculturgewächse mit ganz besonderer Vorliebe angehen und durch intensives Verbeißen total vernichten. Die forstlich wichtigeren Holzarten Eiche, Buche, local auch Birke, Aspe, Hainbuche thut man deßhalb stets gut, gleich im Großen einzuführen, die mehr sporadisch einzumischenden dagegen im Schutz von Einfriedigungen über die ersten Gefahren hinauszubringen und in Form von erstarkten Heistern auszupflanzen; und selbst als solche benöthigen sie noch mancherlei Schutz gegen vorzeitigen Andrang des Wildes. Halbe und unvollständige Maßregeln führen auch hier nicht zum Ziele und sind mit dem geringsten Aufwande die theuersten. Der Forstwirth mag sich immer gegenwärtig halten, daß die Hebung der Aesungsverhältnisse durch Einbau von Laub-

und Weichhölzern die naturgemäßeste und zuträglichste ist; er mag deßhalb auch nicht mit den Mitteln kargen, die er diesem guten Zwecke zuwendet, und je nach Umständen nicht allein zur gemischten Bestandes-, sondern auch zur gemischten Betriebsform übergehen. Der echte Laubholz-Mittelwaldbetrieb mit wildbeliebtem und ausschlagsfähigem Unter- und Buschholz, selbst einige reine Niederwaldschläge werden in passender Vertheilung von bestem Einfluß sein, eine ausgiebige, billige Nachzucht der Laubhölzer im Nadelholzforste sichern und ihrem Zwecke als Wildäsung auch am meisten entsprechen.

Pflege der Waldwiesen. Sehr treffend sagt Dombrovsky (der Wildpark) zu diesem Kapitel: „Die Wiese soll immer nur liefern und leisten, während in den meisten Fällen auf eine entsprechende Gegenleistung kaum und dann zumeist nur in durchaus ungenügender Weise Bedacht genommen wird.“

Es ist eine auffällige, vom Standpunkte der Wildhege sogar recht betrübende Thatsache, daß die Cultur der Waldwiesen selbst im pfleglichst behandelten Wirthschaftswalde gar so sehr im Argen liegt, und kann diese Indolenz gegen ein sonst allgemein geschätztes Ertragsobject wohl nur dadurch erklärt werden, daß man vielfach verständnißlos zu Werke ging und mit großem Aufwande auf ungeeigneten Objecten oder auch mit ungeeigneten Mitteln auf ertragsfähigen Wiesen arbeitend, totale Mißerfolge erzielte und so die Pflege der Waldwiesen allgemein als undankbar in Mißcredit brachte. Für diese Auffassung scheint auch die bis in die neueste Zeit andauernde und vielerorts zur förmlichen Manie ausgeartete Zupflanzung von Waldwiesen zu sprechen.

Wo die Waldwiesen auf jene ungünstigen Lagen beschränkt sind, die für den Anbau und das Gedeihen ertragsfähiger Holzarten nicht geeignet befunden werden, da allerdings ist jeder Aufwand, jede Mühe umsonst, denn derartige Grasflecke eignen sich zu nichts weniger als zur Futterproduction. Man soll eben Objecte aufsuchen, deren Qualification und natürliche Ertragsfähigkeit durch die Gunst der maßgebenden Standortsfactoren gewährleistet erscheint, und wo solche Wiesenflächen nicht vorhanden sind, da muß sie der Wald zu seinem und seiner Bewohner Wohle hergeben. Steile Hänge, locale Vernässungen, torfig-moorige Gesenke, schmale Streifen und Thalschluchten mit hoher Bestandesumgebung, ausgedehnte Lettenlager lassen sich durch keinen Aufwand in ertragskräftige, gesunde Aesung producirende Wiesen umwandeln, sie sind eben nicht meliorationswürdig.

Die Neuanlage der Wiese stoßt — glückliche Wahl der Oertlichkeit vorausgesetzt — wohl selten auf größere Schwierigkeiten und gelingt namentlich auf frisch abgestockten Bestandesflächen stets. Man nehme dabei nur auf eine genügende Ausdehnung der Anlage Bedacht, denn nur die offene, freie Wiesenparcelle lohnt die Mühe und erfordert den geringsten Aufwand an laufender Pflege. — Die zur Wiesenanlage ausgesuchte Fläche wird zweckmäßig 2 oder 3 Jahre dem Waldfeldbaubetriebe übergeben; im 3. beziehungsweise 4. Jahre erfolgt nach entsprechender Kompostdüngung die Ansamung mit Gräsern, deren Auswahl sich dem Standort, namentlich dem Klima anpassen soll.

Einigermaßen schwierig ist die Entscheidung der Frage, ob vernäßten Wiesen oder Wiesentheilen durch Entwässerung zu lohnender Ertragsfähigkeit aufgeholfen werden kann. Hier sind in der Regel sehr eingehende Studien über Neigung und Gefällverhältnisse, über die Beschaffenheit des Untergrundes und die Ausgangspunkte der Vernässung erforderlich. Die Entscheidung über die Ausführung und Ausdehnung des Grabennetzes bleibt von den Resultaten dieser oft über Jahre sich erstreckenden Erhebungen abhängig. In ausgesprochenen Terrainneigungen lassen sich die Quellen in der Regel ziemlich leicht bestimmen, durch geringen Grabenaufwand localisiren, oft sogar zu Bewässerungszwecken noch in tieferen Lagen mit Vortheil verwenden. Locale Vernässungen, eigentliche Naßgallen von nicht großer Ausdehnung, sind auch durch Sickerlöcher, welche die undurchlässige, in der Regel flach streichende

Untergrundsschichte durchbrechen, mit Erfolg in die Tiefe abzuleiten. Große Vorsicht und genaue Ueberprüfung der Situation erheischen nasse Tieflagen und Gesenke, und wenn hier die Ungunst der Verhältnisse gegen den Erfolg spricht, ist die in der Regel kostspielige Entwässerung eben so wenig lohnend, wie die Melioration durch größere Planirungsarbeiten. In allen wichtigeren Fällen wird man übrigens die Entscheidung der Meliorationsfähigkeit eines Wiesenobjectes nicht in die Hand des Forstwirthes allein legen, sondern technisch bewanderte Specialisten zu Rathe ziehen.

Sehr dankbar sind die Waldwiesen, denen die allgemeinen Ertragsbedingungen nicht fehlen, gegen die kleineren, periodisch wiederkehrenden Meliorationsarbeiten. Neben der alljährlichen Frühjahrsreinigung durch Abrechen mit kräftigen Eisenrechen, ist in erster Reihe die in mehrjährigen Intervallen wiederkehrende Entfernung der Mooswucherung mit nachfolgender Düngung und Ergänzung beziehungsweise Verjüngung der Grasnarbe, von hoher Bedeutung und gutem Erfolge.

Eine auffallend starke Mooswucherung ist in der Regel ein Zeichen ungeeigneten Standorts. Man thut gut, in solchen Fällen deren Ursachen zu ergründen und nach Möglichkeit zu beheben oder, falls dieses sich nicht als lohnend erweist, derartige Wiesentheile von der Pflege ganz auszuschließen. Hierzu rechnen wir unter anderem auch die gegen die Sonnenseite mit hohen Nadelholzbeständen umsäumten Ränder größerer Wiesencomplexe, denn der volle Genuß der wärmenden und lichtspendenden Sonnenstrahlen ist eine Hauptbedingung für das ersprießliche Gedeihen der Grasnarbe; wo sie fehlt, gewinnt die Mooswucherung bald die Oberhand und thut man deßhalb wohl, längs solcher Bestände, je nach Mitwirkung des Terrains, 10—20 Meter breite Streifen sich selbst zu überlassen und die Pflegemaßregeln mehr auf das Wiesencentrum zu vereinigen. Eine geringe Mooswucherung führen übrigens alle eigentlichen Waldwiesen, und es ist Aufgabe der laufenden Wiesenpflege, dieselbe nicht bis zu einem Grade anwachsen zu lassen, daß sie den Graswuchs beeinträchtigt. Hier ist die rechtzeitige Anwendung der Moosegge zu empfehlen. Dieselbe reinigt in mehrfachen Kreuz- und Querübereggungen nicht nur den Wiesenboden, sie kratzt auch die Narbe auf und bildet so die schönste Vorbereitung für eine womöglich ausgiebige Kompostdüngung in Verbindung mit Einsaat von geeigneten Grassämereien, für deren Wahl nach Standort Dombrovsky auf Seite 39 seines „Wildparkes" sehr willkommene Anhaltspunkte liefert.

Jede Wiese, die ihren Namen verdient und in Ehren trägt, lohnt derartige pflegende Maßregeln reichlichst, nicht allein durch die gesunde Aesung für das Wild, sondern auch direct durch hohe Ertragsleistung, und wer die fabelhafte Anziehungskraft[1]) saftiger Waldwiesenäsung zu beobachten Gelegenheit hatte, der wird die Bedeutung der Wiesenpflege für die Wildhege zu würdigen wissen.

Anlage von Wildäckern. Die landwirthschaftliche Benutzung eines aliquoten Theiles des Waldareales zu Gunsten des Wildstandes ist jedenfalls diejenige Maßregel, mittelst welcher Aesungsmangel, überhaupt ungünstige Aesungsverhältnisse und deren directe Folgen in übervölkerten Wildständen in zuträglicher Weise am schnellsten behoben werden können. Der Wildacker bietet eben dem Wilde im Walde selbst einen directen und gleichwerthigen Ersatz für die ihm unzugänglich gewordenen Felder.

Vom Standpunkte der Wildhege ist deßhalb die Anlage von Wildäckern in allen Hochwildrevieren ohne Ausnahme auch da zu empfehlen, wo die Gunst der Aesungsverhältnisse und das waldfreundliche Verhalten des Wildes ein directes Bedürfniß des Wildackers nicht fühlbar machen. In diesem Falle ist derselbe mit seinem an Abwechselung so reichen Aesungsangebot das wirksamste Präventiv gegen einen Rückgang des Gesundheitszustandes, wie

---

[1]) In trockenen Sommern zieht sich das Wild in der Umgebung frischer Wiesen stets sehr zahlreich zusammen, wechselt auch wohl allnächtlich meilenweit aus seinen Sommerständen herzu.

gegen die Annahme schlechter Gewohnheiten, und wenn auch Anlage, Unterhaltung und Bewirthschaftung des Wildackers stets einen directen und hohen Kostenaufwand erfordern, so scheint doch jedes in dieser Richtung gebrachte Opfer a priori gerechtfertigt, weil es auch dem Walde hundertfach zu Gute kommt.

Nach ihrer Stellung, ihren inneren Beziehungen zum Forsthaushalte und Wirthschaftsbetriebe unterscheiden wir ständige oder eigentliche Wildfelder, und sogenannte Wanderäcker oder Waldfeldbau. Dieselben sollen in gegenseitiger Ergänzung neben einander bestehen, je nach Maßgabe localer Verhältnisse in dieser oder jener Form vorwaltend.

Der Waldfeldbau, jedenfalls die billigere, in vielen Fällen mit einem geregelten und intensiven Forstbetriebe durchaus verträgliche Form, ist in größerem Maßstabe an die Kahlschlagwirthschaft gebunden, und besteht in einer ein- oder mehrjährigen Benutzung der Jahresschläge zu landwirthschaftlichem Fruchtbau. In Nadelholzforsten ist er sehr häufig schon aus polizeilichen Rücksichten gegen Insecten direct geboten und wird hier in geregeltem Zwischen-Betriebe der Cultur vorausgeschickt, deren Ausführungsaufwand er unter allen Umständen sehr ermäßigt, dabei ihren Erfolg sichert, ohne bei entsprechender Berücksichtigung und Würdigung des Standortes die spätere gedeihliche Entwickelung zu benachtheiligen. Ueber die, vom waldbaulichen Standpunkte aus betrachtet, zuläßige, beziehungsweise zweckmäßige Dauer und Wiederholung des Waldfeldbaus, stehen sich in der Praxis sehr getheilte Anschauungen gegenüber, ein Umstand, der an und für sich schon zu beweisen scheint, daß die forstliche und speciell die bodenmeliorirende und culturerleichternde Bedeutung dieses landwirthschaftlichen Zwischenactes auf jedem Standorte verschieden ist. Streng genommen sollte der Waldbau im engeren Sinne gegen jede landwirthschaftliche Zwischennutzung Stellung nehmen, insofern ja die schnelle Entwickelung von Feldfrüchten die Nährkraft des Bodens nicht allein angreift, sondern auch seine quantitative Zusammensetzung vielleicht in ein Verhältniß bringt, welches dem folgenden Bestande weniger zusagt. Anderseits ist aber zu berücksichtigen, daß durch die dem Waldfeldbau vorangehende oder ihn begleitende Bodenbearbeitung mancherlei wohlthätig wirkenden Factoren der Zutritt gewährt wird, und mechanische, physicalische und chemische Veränderungen der Nährschicht eingeleitet werden, welche den Angriff auf das Nährstoffcapital nicht allein rechtfertigen, sondern in ihrer günstigen Einflußnahme auf das Bestandesgedeihen auch reichlich ersetzen. Gleichwohl muß in Allgemeinen bezüglich der Anwendungsdauer eine große Vorsicht walten. Hohe, exponirte Lagen, lettige, kalte, bindige Böden mit schwacher Nährschicht eignen sich für den landwirthschaftlichen Einbau wenig oder gar nicht, da er in der Regel ohne lohnenden Erfolg die geringe Nährschicht nur in die Tiefe bringt, und der an und für sich arme Waldboden dann ungemein schnell verheidet und verwildert. In allen anderen Lagen soll sich die Wiederholung des Anbau's der Waldschläge ganz und gar der petrographischen Zusammensetzung des Muttergesteins anpassen. Bei Gesteinsarten mit schwer sich zersetzenden Bestandtheilen lasse man es stets bei einjährigem Waldfeldbau bewenden; leicht verwitternde Beimengungen sichern eine genügende Ergänzung an mineralischen Nährsubstanzen durch die aufschließende Wirkung der Bodenbearbeitung selbst, und disponiren sonach für eine zweijährige, ausnahmsweise auch dreijährige Dauer des Waldfeldbaus. Darüber hinaus ist diese Zwischennutzung unzulässig, artet auch mehr oder weniger in Raubbau aus, denn alle Vortheile (die wirthschaftlichen, wie die polizeilichen), welche sich an ihre Anwendung binden, sind mit zweijähriger Dauer vollkommen erreicht. Vom dritten Jahre erlangen die nachtheiligen Wirkungen die Oberhand, und nur zu oft hat der Waldboden mit den bedenklichen Folgeübeln einer, durch momentane Ertragsaussicht veranlaßten, unzuträglichen Wiederholung der Waldfeldnutzung durch Jahrzehnte hindurch zu laboriren. Vom Standpunkte der Wildpflege ist der ein- oder zweijährige Waldfeldbau ebenfalls vollständig genügend, denn der laufende Abnutzungsbetrieb stellt ja alljährlich neue Abtriebsschläge in zweckmäßiger Vertheilung zur Verfügung.

Die Manipulation selbst ist bekannt: Die Schläge werden nach vollendeter Räumung mit Ausschluß aller etwa vorkommenden Vernässungen bis auf die reife Nährschicht gereinigt; Rasenschwiel, Beergesträuch &c. in Plaggen abgeschält und zum Trocknen aufgestellt; lockere vegetabilische Abfälle zusammengerechelt, der ganze Abraum endlich in abgetrocknetem Zustande auf Haufen gebracht und langsam geschmodet. Die Asche wird auf dem Schlagboden bei nicht zu windiger Witterung gleichmäßig ausgeworfen, und die ganze Fläche, je nach Boden- und Terrainbeschaffenheit, gepflügt oder kurz gehackt, wobei die Asche gebunden und mit dem Erdboden vermischt wird. Damit ist nun die Fläche vorbereitet, und der Anbau erfolgt nach rein landwirthschaftlichen Rücksichten. Im ersten Jahre bildet Winterkorn die Regel, welchem im zweiten Jahre gern die Kartoffel nachgebaut wird. Ihre Cultur bietet in der wiederholten, durchgreifenden Bodenlockerung eine sehr beachtenswerthe Erleichterung für das Pflanzgeschäft und fördert die Entwickelung der Pflanzen selbst in den ersten Jahren auf das gedeihlichste. Eine andere Fruchtfolge ist der gleichzeitige Anbau von Hafer und Staudenkorn im Frühjahr, ein Modus, der seinem Zwecke, in Rücksicht der Wildhege, vollständig entspricht, vom forstwirthschaftlichen Standpunkte dagegen da nicht gut geheißen werden kann, wo man der nachfolgenden Cultur die Vortheile der Bodenlockerung in ausgiebigerem Maße zu Gute bringen will. Die zweijährige Vegetationsdauer des Staudenkorns gestattet eben mit einer einzigen Bodenbearbeitung den Anbau für zwei Jahre. Von Bedeutung ist auch der Einbau der Topinambur-Knolle im 2. oder 3. Jahre, zwischen welche dann ungenirt die Waldcultur ausgeführt wird. Ihr Kraut und, je nach Bodenzustand und -Nährkraft, auch die Knolle, gewähren dem Wilde einige Jahre hindurch eine sehr gesunde Aesung, und schützen nebenbei die Cultur selbst vor dem lästigen Wildverbiß.

Wo man sich für den Anbau von Winterkorn entscheidet, ist eine zeitige Herbstbestellung angebracht, damit das Hochwild in der flott aufschießenden Saat im Spätherbst und Vorwinter gute Aesung findet. Rapssaaten, Klee, Hirse ꝛc. werden sich in den seltensten Fällen lohnen, können aber an besonders günstigen Stellen immerhin in Form von sogenannten „Gutschmecksflecken“ als Näscherei dem Wilde geboten werden. Ihr Anbau im Großen eignet sich mehr für den ständigen Wildacker, der ja mit seinem zu allen Jahreszeiten abwechselungsreichen Aesungsangebot auch neben dem Waldfeldbaubetriebe nicht fehlen soll.

Je weniger die standörtlichen und wirthschaftlichen Verhältnisse für den Waldfeldbaubetrieb sich eignen, eine um so größere Ausdehnung erheischen die ständigen Wildäcker. Ihre Anlage und Bewirthschaftung faßt die Pflege des Wildstandes einzig und allein ins Auge und gehört in das Ressort der Jagdverwaltung, welcher auch der gesammte Kostenaufwand zur Last zu setzen ist. Letzterer ist zwar unter allen Umständen beträchtlich, doch soll bei seiner Würdigung stets mit in Betracht gezogen werden, daß die rationelle Bewirthschaftung der Wildäcker stets auch ansehnliche Erträge an Winterfutter liefert, das sonst durch directen Ankauf würde beschafft werden müssen.

In seinen Anforderungen an den Standort ist der ständige Wildacker weit anspruchsvoller als der Waldfeldbau. Seine klimatisch-tellurische Eigenthümlichkeiten erheischen bezüglich ihrer rückwirkenden Einflußnahme auf die landwirthschaftliche Ertragsfähigkeit des gewählten Grundstückes die eingehendste Beachtung und Würdigung. Je ausgeprägter sonach eine für die Anlage des Wildfeldes bestimmte Fläche die standörtlichen Merkmale der großen Ackerflur im Allgemeinen trägt, um so ausgiebiger dient sie dem concreten Zwecke der Wildhege. Der Boden, beziehungsweise dessen natürliche Nähr- und Productionskraft, die ja ohnehin durch Düngung ergänzt und auf die nothwendige Intensität gesteigert werden kann und werden muß, kommt an und für sich zunächst weit weniger in Betracht, als die sachkundige Prüfung etwa vorhandener ungünstiger, localklimatischer Factoren und der physicalischen und mechanischen Eigenschaften der Nährschicht. In dieser Richtung soll der Standort alle jene Vorbedingungen in sich vereinigen, an deren Vorhandensein eine ersprießliche Futter-Production gebunden ist; mit einem Worte, der Boden soll so gewählt sein, daß bei entsprechender Düngung dem Gedeihen von, der verticalen Erhebung entsprechenden Culturgewächsen keine außergewöhnlichen Schwierigkeiten entgegentreten. Freie Südhänge von mäßiger Steigung, offene Thalzüge und flache Ausmuldungen, auch geschützte Plateaulagen, die weder zur Vernässung noch zu unzeitigen Fröstén und Wasserschäden neigen, sind für die Anlage der Wildfelder am meisten geeignet. Dagegen sind exponirte Freilagen ebenso zu meiden wie enge Thäler und eigentliche Gesenke; lettige, bindige, nasse Böden ebenso wie zu trockene, erdarme; starke Neigungen ebenso wie zu unebene furchige Terrainbeschaffenheit.

Unter allen Verhältnissen soll die Nothwendigkeit einer einigermaßen bequemen Düngerzufuhr stets im Auge behalten werden.

Die zweckdienliche Flächenausdehnung der Wildfelder ist in erster Reihe abhängig von dem natürlichen Aesungsangebot des Waldes, von dem numerischen Stande des Wildes und seinem mehr oder minder waldfeindlichen Verhalten, dann aber auch von der Ertragsfähigkeit des Feldes selbst. Ist es sonach gewiß schwer, ein bestimmtes, auf der Basis der Wildzahl normirtes Ausmaß zu fixiren, so soll anderseits stets beachtet werden, daß es ein „Zuviel" nicht giebt, — denn jedes Uebermaß liefert seinen Ertrag — und ein „Zuwenig" den Zweck der Wildfelder überhaupt in Frage stellt und die aufgelaufenen Kosten am allerwenigsten lohnt.

Von besonderer Wichtigkeit ist jedenfalls eine entsprechende Vertheilung der Wildfelder über das ganze Jagdrevier, um starken Zusammenrudelungen vorzubeugen und dem gesammten Wildstande die wohlthätigen Wirkungen der Anlage zu sichern. Für die Größenbestimmung des einzelnen Wildackers selbst verdient der

Umstand Beachtung, daß das Gedeihen aller Feldfrüchte durch seitliche Beschattung ungemein beeinträchtigt wird; daß kleinere Complexe von den nachtheiligen Einwirkungen umschließender Bestandeswände sehr empfindlich getroffen werden und deßhalb in der Umgebung des Wildfeldes stets ein entsprechend breiter Streifen als natürlicher Aesungsplatz, der mit Kastanien, Obst, Vogelbeere und anderen niedrigen Baumarten bepflanzt werden kann, liegen bleiben möge. Ueberdies soll aber die Größe des Wildfeldes auch so bemessen sein, daß eine durch die entsprechende Fruchtfolge bedingte räumliche Eintheilung desselben möglich ist.

Eingeforstete oder in unmittelbarer Angrenzung am Walde liegende Feldcomplexe sind natürliche Wildäcker. Man öffne sie dem Hochwilde und gebe ihm, wenn die Eigenthumsverhältnisse darnach angethan sind, zurück, was man ihm genommen hat; auch genire man sich nicht, in räumlicher Beziehung die weitgehendsten Concessionen zu machen. Der Ertrag der geöffneten Felder wird wohl beeinträchtigt, aber er wird keineswegs aufgehoben und bleibt für die Flächeneinheit um so höher, je größer die Fläche, über die das äsende Wild sich verbreiten kann. Handelt es sich um Neuanlage, so bieten die mit Wiesen durchschnittenen Waldungen in diesen selbst die besten Wildackerböden. Sie werden im Herbste rauh umgepflügt und bleiben im grobsch† den wohlthätig aufschließenden Wirkungen der Atmosphärilien über Winter ausgesetzt. Im Frühjahr wird die derartig vorbereitete Fläche mit Hafer bestellt, im folgenden Jahre ganz mit Kartoffeln bebaut, denen sich dann nach stattgehabter erstmaliger Düngung die den localen Verhältnissen angepaßte geregelte Fruchtfolge in parcellenweiser Flächeneintheilung anreiht. Wird dagegen der Wildacker auf frischem, gerodetem Schlagboden angelegt, so wird derselbe in zweijährigem Waldfeldbaubetriebe vorbereitet, und im dritten Jahre ebenfalls die geregelte Ackerwirthschaft eingeführt.

Die weitere Bewirthschaftung der Wildfelder erfolgt nach

rein landwirthschaftlichen Principien und wird aus den Gesichtspunkten geleitet, wie sie einerseits eine für die Dauer gewisser physiologisch-biologischer Processe (Geweihbildung, Brunft, Tragzeit) besonders zusagende Aesung schaffen, und anderseits für die harte Winterzeit eine gesunde, reichliche und mannigfaltige Futterproduction sichern kann. Einige landwirthschaftliche Gewandtheit vorausgesetzt, ist die Realisirung dieses Bestrebens nicht schwer, nur hat man bei allen diesbezüglichen Maßnahmen den herrschenden Standortsverhältnissen unbedingt Rechnung zu tragen, und darf nicht hartnäckig den Anbau von solchen Aesungs- und Futtermitteln forciren, welche im Felde selbst die Vorbedingungen für ihr Gedeihen nicht finden können. Selbstverständlich soll die Wahl der Futtergewächse und die Fruchtfolge auch dem Wohle des Wildes und seinen Neigungen nach Möglichkeit Rechnung tragen, und sind in dieser Richtung etwa zu empfehlen:

Zur Frühjahrs- und Sommeräsung: Korn, Hafer, Klee, Lupinen, Erbsen, Wicken, Buchweizen; zur Herbst- und Vorwinter-Aesung: zeitig angebautes Winterkorn, Topinambur, Kartoffeln, Raps, auch Himbeeren und Brombeeren. Mais, Rüben, Mohrhirse 2c. werden zur eigentlichen Winterfütterung besser in ganz separirten Abtheilungen, oder in den meisten Fällen besser noch in gutem Feldboden gezogen.

Die Wildfelder erfordern einen ständigen, hohen Aufwand an leicht transportabelem Einfriedigungsmateriale, mit dessen Hülfe, je nach Jahreszeit und Entwickelung der Culturgewächse, das Wild beliebig abgesperrt werden kann. Am meisten bewährt sich für diesen Zweck der leichte Hürdenzaun aus geschnittenen Latten mit Diagonalband, dessen Felder an eingerammte Pfähle mittelst Draht oder Wehden angebunden werden. Ein besonders reiches und nährkräftiges Aesungs-Angebot soll der Wildacker für das Ende der Brunft reservirt halten, damit das Hochwild wieder gekräftigt, stark und widerstandsfähig in den Winter übertritt, dessen Unbilden gewachsen ist.

Gewissermaßen schon als Uebergang zur Fütterung stellt sich

die Proßäsung dar. Sie ist mehr Aesung, weil sie dem Wilde ein naturgemäßes Nahrungsmittel zuführt, nähert sich aber auch wieder der Fütterung, weil es menschlicher Beihülfe bedarf, um sie dem Wilde zugänglich zu machen. Ihre hohe Bedeutung für die winterliche Ernährung des Wildes ist bekannt und vom Wilde selbst thatsächlich bekundet, indem es sich zur Winterzeit mit Vorliebe zu den Hauungen zieht. Alle Laubhölzer eignen sich zur Proß; von Nadelholz besonders die Tanne und Kiefer. Das Wild äst nicht allein deren Knospen und Triebe, sondern auch mit Vorliebe manche Schmarotzer-Gewächse, wie Mistel, Moose und Flechtenwucherung. Um die Proßäsung dem Wilde recht ausgiebig darzubieten, sollen Fällungen den ganzen Winter hindurch stattfinden, und auch der Betrieb der Abtriebsschläge stets darauf bedacht sein, dem Wilde seine oft recht harte Lage im Winter zu erleichtern. — Beachtenswerth in dieser Beziehung ist auch, alles Reisig und die Abfälle in den Schlägen bis in das spätere Frühjahr hinein liegen zu lassen.

Eine der wichtigsten Maßnahmen einer rationellen Wildhege erblicken wir nun auch in der Sorge für gutes Trinkwasser.

Die mannigfachen Gefahren, welche für jeden thierischen Organismus an den Genuß schlechten, stehenden Wassers sich binden, sind allgemein anerkannt und speciell für den Gesundheitszustand des Hochwildes schon dadurch nachgewiesen, daß in stagnirenden, mit fauligen Substanzen inficirten Pfützen und Tümpeln die Brut verschiedener Schmarotzer und Binnenwürmer gefunden wird. Sieht sich das Wild genöthigt, derartiges Wasser anzunehmen, so gelangt die Brut in diesem oder jenem Generationsstadium in den Darm und wandert von da in die Athmungsorgane, Leber 2c., woselbst die Thiere schwere Erkrankungen hervorrufen, die zwar in vorgeschrittenen Stadien oft den Tod herbeiführen, vorher aber langjähriges Siechthum und innere Krankheitserscheinungen bewirken, unter deren nachtheiligen Einflußnahme das Wild mit jeder Generation zurückgeht.

Zur Beschaffung gesunden, fließenden Trinkwassers kommen folgende Maßregeln in Erwägung:

a) Unterlassung weitgehender Entwässerungen der Quellengebiete, Hochmoore 2c. Dieselben sind die natürlichen Reservoirs der Bäche; sie speisen diese nachhaltig und haushälterisch, beugen ihrer vorzeitigen Austrocknung im Hochsommer vor. Intensive Entwässerung hat sich überdies auch in wirthschaftlicher Beziehung gar nirgends bewährt.

b) Zuleitung und Vertheilung reichlich fließenden Wassers, namentlich in die beliebten Sommerstände. Sie ist in vielen Fällen mit geringem Aufwande zu bewerkstelligen und gerade für die heißen Sommermonate von allergrößter Bedeutung.

c) Kassirung aller sogenannten Himmelteiche. Dieselben führen den ganzen Sommer hindurch ein stagnirendes, warmes Wasser, das mit den Zersetzungsproducten faulender Vegetabilien geschwängert, den eigentlichen Herd der Schmarotzerbruten bildet und bei Regenmangel in den späteren Sommermonaten in übelriechende Jauche sich verwandelt. Die Möglichkeit des Genusses eines solchen Wassers soll dem Wilde benommen sein; lieber mag es meilenweit auswechseln, um sich an fließendem Wasser, oder an der frischen Quelle zu laben.

d) Desinficirung stehender Wassertümpel. Man hat zu diesem Zwecke den Zusatz rohen Dungsalzes versucht und empfohlen, welches die Brut aller Schmarotzer vernichten soll. Letzteres steht bei Anwendung entsprechender Quantitäten wohl außer Zweifel, doch scheint die Maßregel im Großen höchstens für geschlossene Wildbahnen in Frage zu kommen.

2. Die Verbesserung und Umgestaltung der Wildfütterung.

In Consequenz und Uebereinstimmung mit den einschlägigen Erörterungen des III. Abschnitts möchten wir im Allgemeinen vor Neueinführung der Wildfütterung zu allen Zeiten und an allen Orten warnen. Wo das Hochwild ohne Fütterung sich nicht behaupten kann, da gehört es nicht hin. — Alle Thiergattungen der weiten Gotteswelt sind gewiß so placirt, daß sie die Vorbedingungen ihres Daseins in natürlichem Vorkommen finden; der Forstwirth und Jäger soll mit diesem Naturgesetz ohne zwingende Gründe nicht in Widerspruch treten, nie corrigirend in das weise Schalten der Natur eingreifen. Wo die tellurischen und klimatischen Verhältnisse der gedeihlichen Existenz des Wildes nicht Gewähr leisten, da führe man dasselbe überhaupt nicht ein, denn es liegt nicht im Bereiche menschlichen Könnens, diese Verhältnisse zu Gunsten des Wildes zu adaptiren, und wo anderseits Culturfortschritte in dieser oder jener Gestalt durch gewaltsame Eingriffe die Existenzbedingungen, wenn auch nur vorübergehend, raubten, da schaffe man dieselben in der früheren Form, oder in einem vollgiltigen Ersatz zurück, ehe man den Wald bevölkert, und dann vermeide man alles, was das Futterbedürfniß wachrufen, und thue alles, was zur Befriedigung der natürlichen Bedürfnisse des Wildes beitragen kann.

Wo nun einmal das Wild an die Fütterung gewöhnt ist, oder auch durch sein waldfeindliches Verhalten unzweideutig bekundet, daß es in seinem Heim die nothwendigen Existenzbedingungen derzeit nicht findet, in seiner Constitution zurückgeht, da ist die Fütterung — vielleicht als ein nothwendiges Uebel — am Platze. Aber sie soll sich dann nicht damit begnügen, das Wild mit möglichst geringen Mitteln elend und kärglich zu überwintern, eben nur vor dem Hungertode zu bewahren, sondern darauf Bedacht nehmen, ihm durch die Futtervorlage alles das zu ersetzen, was ihm durch wirthschaftliche Fortschritte oder Mißgriffe genommen worden ist. Einer solchen Aufgabe ist die moderne Wildpflege ohne tiefgreifende Umgestaltung nicht gewachsen, und wenn ihr immerhin beträchtlicher Aufwand dem Wohle des Wildes und Waldes dienstbar gemacht werden soll, so muß sie in Bahnen gelenkt werden, die nicht allein nach Qualität und Quantität, sondern auch nach Form, Art und Weise der Darreichung der natürlichen Aesung des Wildes möglichst sich anzupassen, bemüht ist.

Die Futterplätze sollen stets in trockenen, einigermaßen offenen, der Luft und Sonne zugänglichen Lagen gewählt werden, damit das Wild nicht gezwungen wird, in ungesunde, dumpfig feuchte Orte und deren Umgebung zu treten, die es sonst wohl meidet, und in denen eine sanitätsgerechte Conservirung der Futtervorräthe schlechterdings unmöglich ist. Die nächste Umgebung, der Schutt, soll rein gehalten werden, und nicht zur elenden Dungstätte herabsinken, in deren verwesenden, vegetabilischen und thierischen Substanzen sich eben auch alle Vorbedingungen für die Entwickelung der lästigen Schmarotzerbrut finden. Wassertümpel, Teiche mit ungenügendem Wasserwechsel sind in der Nähe der Fütterung besonders gefährlich, munter fließendes Wasser von größter Wichtigkeit.

Alle Futterreste, die das Wild von der eintägigen Mahlzeit zurückgelassen, sollen vor neuer Aufschüttung sorgfältig gesammelt und vernichtet werden; sie sind meist verdorben, schimmlich, in der Regel gerade deßhalb vom Wilde verschmäht, und vermehren nur den Fäulnißherd in der Umgebung des Futterplatzes.

Großes Gewicht ist auf **entsprechende Zahl und Vertheilung der Fütterungen** im Reviere zu legen, um die ohnehin vorhandene starke Neigung des Rothwildes zu geselligem Zusammenleben nach Möglichkeit abzuschwächen. Die Schuttplätze üben unter allen Umständen eine gewisse Anziehungskraft aus; je weniger ihrer sind, um so stärkere Rudel ziehen sich um dieselben zusammen.

Die nachtheiligen Folgen stärkerer Zusammenrudelungen und somit auch die Bedeutung einer zweckmäßigen Vertheilung der Schutten wird in allen Fachkreisen vollauf gewürdigt, aber dessen ungeachtet steht die practische Wildpflege mit diesem allgemein anerkannten Grundsatze in mehr oder minder grellem Widerspruche. In einem gut besetzten Hochwildreviere genügen zwei oder drei Schutten durchaus nicht, vielmehr soll deren Zahl etwa so normirt sein, daß auf ca. 5—8 Stück Wild ein Futterplatz kommt. Der höhere Aufwand für die Bedienung derselben kann dabei gar nicht in Betracht kommen. — Man wird durch ein derartiges System nicht gerade eine Vertheilung des Wildes in kleine fünfköpfige Trupps erzielen, deren jeder in täglichem Abonnement seine bestimmte Schutt frequentirt, aber selbst wenn sich eine größere Anzahl zu einem Rudel vereinigt, werden die zahlreichen kleinen Schuttplätze immer zu lebhafterem Auswechseln veranlassen, und damit ist schon viel erreicht. Nebstbei sollen sämmtliche Schutten nach Anlage, Ausstattung, qualitativem und quantitativem Aesungsangebot thunlichst übereinstimmen, damit das Wild überall die gleiche Bedienung findet und nicht an bevorzugten Plätzen sich zusammendrängt. — Kleine versteckt liegende Einzelschutten für besonders vorsichtige „alte Herren", die ihre Mahlzeiten gern allein, oder in ebenbürtiger Gesellschaft halten, mögen nirgends fehlen, und mit besonderer Vorsorge gepflegt und bedient werden.

Je nach den Aesungsverhältnissen soll die Fütterung im Herbste oder auch erst im Vorwinter beginnen, in der Regel durch den ganzen Winter nicht unterbrochen, gegen Frühjahr nicht vorzeitig eingestellt werden und gerade in dieser Zeit an Mannigfaltigkeit und Güte Außergewöhnliches bieten. Die geeignetste Tageszeit für die Vorlage ist jedenfalls die späte Nachmittagsstunde, denn das Wild zieht naturgemäß mit Einbruch der Dämmerung zur Aesung, nimmt sonach das Futter meist noch ehe nachtheilige Witterungseinflüsse zur Wirkung gelangen konnten, ein Umstand, der namentlich bei Verabreichung von fleischigsaftigen Futtermitteln (Rübe, Knollen), die dem schnellen Durchfrieren ausgesetzt sind, wohl zu beachten ist.

Ein weiterer, mehr an die übliche Einrichtung der Schutt gebundener Uebelstand ist die massige Anhäufung der Aesungsmittel auf kleinstem Raume. Naturgemäß sucht sich das Wild seine Nahrung in kleinen Dosen mühsam zusammen; es kommt gar selten und höchstens bei saftiger Grünäsung in die Lage, mit vollem Geäse anzugreifen, während es bei der Schutt das Futter stets „aus dem Vollen" aufnimmt, und mit einer Gier, die durch die Concurrenz des geselligen Andranges zu wahrem Wetteifer, zum haftigen Schlingen ausartet, und dem Wilde um so weniger zuträglich sein kann, als der Verdauungsprozeß bei allem schuttgewohnten Wilde in Folge ungenügender Bewegung einen ohnehin trägen Verlauf nimmt. Sauber gehaltene Schutt vorausgesetzt, ist daher das sorgfältige Auseinanderstreuen aller Aesungsmittel — Körnung auf flache, seitlich mit schwachen Leisten versehene Bretter — auf dem der Stückzahl entsprechenden Bodenraume zu empfehlen, damit das einzelne Wildstück in Ruhe und ungestört seine Aesung nehmen kann.

Für die Wahl der Futtermittel selbst gilt als erste Regel stets: lieber wenig und gesund, als viel und unzuträglich. Auch in dieser Richtung soll sich die Wildhege thunlichst in natürlichen Grenzen halten, auf Beschaffung unverdorbener und unverfälschter Nahrung bedacht sein. Die gute Conservirung der Futtervorräthe fällt dabei in erster Reihe ins Gewicht. Das Trockenfutter verlangt luftige, allen atmosphärischen Niederschlägen unzugängliche Räumlichkeiten, wohl am zweckmäßigsten den entsprechend hergerichteten Bodenraum; Kastanien, Kartoffeln, Mast, Rüben, Topinambur halten sich in kleineren Quantitäten im unteren Schuttraume; größere Vorräthe in Miethen mit Schutzzaun oder in Kellerräumen; Körnung wird in Wochen oder Monatsrationen zugefahren. Alle Räumlichkeiten und Geräthe, welche zur Futteraufbewahrung und Futtervorlage dienen, müssen von Schimmel und fauligen Substanzen stets frei gehalten werden, da sich den Futterstoffen sehr leicht die Schimmelpilzbildung mittheilt.

Die Vorlage von Heu bilde stets Ausnahme, nie Regel; Kleeheu sei dagegen ganz verbannt; man hat damit vielfach schlimme Erfahrungen gemacht. Das zuträglichste Rauhfutter ist unbedingt Trockenlaub[1]), welches in Gestalt von schwachen Wellen auf senk-

[1]) Conf. auch den sehr beachtenswerthen „Beitrag zur Wildfrage“. Von Oberforstmeister Ludw. Schmidl. Centr.-Blatt f. d. ges. Forstwesen. Februar 1875. Schmidl warnt nachdrücklich vor der Heufütterung, empfiehlt das getrocknete Laub der Eiche, Erle, Pappel ꝛc.

recht eingeschlagenen Pfählen aufgesteckt wird; weiter ergänze man das Rauhfutter durch Erbsenstroh, Hafergarben, Wicke, durch Mistel und Proß. An festem Futter sind zu empfehlen: Hafer, Mais, Kartoffel, Rübe, Topinambur, Kastanie, Vogelbeere und Waldmast. Die Vorlage soll die ganze Saison hindurch so geregelt sein, daß stets mehrere Futtermittel gleichzeitig verabreicht werden und eine ausreichende Abwechselung allzeit gesichert ist. Dabei trage man auch den Gewohnheiten, Eigenthümlichkeiten und den mit Witterung, Jahreszeit und innern Entwickelungsvorgängen wechselnden Bedürfnissen des Wildes Rechnung, sorge je nachdem für reichliche Proteinzufuhr, dann wieder für gerbstoffreiches Futter oder auch, z. B. zur Kolbenzeit für kräftige Nahrung mit phosphorsaurem Kalkgehalt in möglichst leicht assimilirbarer Form.

Die Salzlecken sollen zahlreich in der Umgebung der Schutt wie im ganzen Reviere vertheilt sein, werden überdies bei ersteren sehr zweckmäßig durch Steinsalzblöcke, in kleine Tröge gelegt, ergänzt. Das Wild nimmt diese sehr dankbar an und zieht sie, einmal daran gewöhnt, häufig den ausgeschlagenen Lecken vor. Für die Besorgung der letzteren verdient die häufige Auswechselung des Leckmateriales die größte Beachtung, weil dasselbe durch Vögel, Hasen rc. stets arg verunreinigt, vom Wilde nicht mehr genommen wird. Aus diesem Grunde ist auch das System der Hochlecke, d. h. Anbringung der Lecktröge auf äsegerechten Böcken sehr zu empfehlen, weil diese dem kleinen Vierfüßler nicht leicht zugänglich sind.

Und nun — ehe wir die Fütterung verlassen, noch ein Wort an den Jägersmann. Die Schutt sei ihm geheiligt durch den Bann des Friedens; nie hebe sich drohend sein Rohr an dieser Stelle. Es sei das einzige Fleckchen im weiten Walde, wo das Wild sich vollständig vertraut und sicher fühlen soll und muß, damit es in Ruhe und ohne Hast seine Mahlzeit halte. Der Knall der Büchse soll es nicht erschrecken; es soll gegen die Kugel gefeit sein. Ein waidgerechtes Thun, eine eigentliche Waidmannsfreude ist ja ohnehin an der Schutt nicht zu holen und wer hier seiner Leidenschaft fröhnt, der zieht gewiß nicht ohne beschämendes Gefühl von dannen; — er hat ein Wild geschossen, aber — ein Waidwerk hat er nicht gethan.

3. Die Verabreichung von Rindensurrogaten.

Mehr der Vollständigkeit als ihrer Würdigung halber müssen wir in dieser Gruppe auch jene Schälvorbeugungsmittel zu kurzer Behandlung einstellen, deren Anwendung die Anschauung zu Grunde liegt, daß das Hochwild mit der Rinde irgend ein die Verdauung anregendes, purgirend wirkendes, überhaupt heilkräftiges Arcanum sich zu eigen mache, und daß die Schälneigung oder das Schälbedürfniß behoben sein werde, wenn es gelinge, den vom Wilde in der Rinde gesuchten Stoff in künstlichen Präparaten vollgiltig zu ersetzen. Die Zusammensetzung der dargebotenen Surrogate variirte, je nachdem man diesen oder jenen Bestandtheil für das vom Wilde gesuchte Medicament ansah.

Die häufigeren und älteren Versuche stellten sich die Aufgabe, den Gerbstoffgehalt der Rinde, den das Wild liebt, zu surrogiren. Man schlug die Salzlecken mit einem Gemisch von 4 Theilen pulverisirten istrianer Galläpfeln und 5 Theilen Salz aus. Das Wild hat derartige Lecken überall — hier früher, dort später — angenommen; vielfach glaubte man auch eine günstige Wirkung zu vermerken, aber nirgends erwies sich eine derartige Beobachtung stichhaltig, überall hat man sich zu voreiligen Schlußfolgerungen verführen lassen, überall hatten zufällige Anlässe eine Schwankung in der Intensität der Schälschäden zur Folge gehabt, die man in der ersten Freude, das gesuchte Surrogat gefunden zu haben, übersehen. — Das nächstliegende Experiment, die Verabreichung von Eichen-, Fichten- und Tannen-Rinde in zermahlenem Zustande ist ebenfalls in verschiedensten Formen ausprobirt, hier als Zusatz zu den Lecken, dort als Zugabe zum Trockenfutter, namentlich zur Körnung verabreicht. In den meisten Fällen hat das Wild sich abweisend verhalten und in allen Fällen war das Experiment absolut ohne Rückwirkung auf die Schälneigung des Wildes. Ganz dieselben Mißerfolge wurden mit der Verabreichung von Fenchel-, Anis-, Steinkohlentheer-, Wermuth-, Kalmus-, Knochenmehl-, Veilchenwurzel- ꝛc. ꝛc. Zusätzen erzielt.

Einige an sich sehr interessante Versuche jüngeren Datums theilte Oberforstmeister Müller dem Harzer Forstverein im Jahre 1883 (s. d. Vereinsheft d. J.) aus den gräfl. Stollberg'schen Forsten mit. Man constatirte in vergleichenden analytischen Untersuchungen der Fichtenrinde und einer Anzahl der gewöhnlichen Futterstoffe, daß die erstere in ihrem Kalkgehalte sehr prävalire und folgerte daraus, daß eben dieser das Wild anziehe, dessen Genuß ihm für den Ausbau seines immerhin bedeutenden Knochengerüstes sehr zuträglich, unter den im heutigen Culturwalde herrschenden Aesungsverhältnissen aber nicht genügend geboten sei. Man ging nun daran, dem Wilde phosphorsauren Kalk in Form von Knochenmehl zuzuführen und schlug die Salzlecken mit einer 5procentigen Knochenmehlzugabe ein. — Das Hochwild versagte die Annahme der Lecken wegen des üblen Geruches des Knochenmehles, nahm dieselben aber später willig an, nachdem man gemalene Knochenkohle an Stelle des rohen Mehles verwendet hatte. Eine günstige Wirkung auf die Schälbeschädigung wurde übrigens nicht constatirt, wiewohl man die pulverisirte Knochenkohle auch dem Trockenfutter später mit gutem Erfolge beigemengt hatte.

Zu einem Versuche in anderer Richtung gab der, wenn auch geringe Gehalt der Fichtenrinde (des Cambiums) an Zuckerstoff Veranlassung. Man versprach sich von dem Zuckergehalt der Melasse in Verbindung mit reichlicher Beimengung an Kalisalzen einen günstigen Erfolg. Die Melasse wurde mit Haferschrot zu einem Teig gerührt, gebacken und in Kuchenform dem Wilde dargeboten. Diese Melasse-„Kollatschen" wurden mit Wonne angenommen, aber bezüglich des Schälens hielt das Hochwild überall „die Bestimmungen des §. 11" aufrecht — es wurde fortgeschält.

Eigenartig, wie seine Anschauung über das Schälmotiv, ist das vom Forstmeister Holfeld hergestellte „privilegirte Wildfutterpulver". Der Erfinder hat dasselbe zunächst auf der Domaine Teplitz angewendet und auf Grund der dort gesammelten Beobachtungsresultate für würdig befunden, seine Anwendung mittelst Berichtes an den böhmischen Forstverein (V. H. 3. 1879) öffentlich zu empfehlen, ohne vielleicht die schwankende Einflußnahme, welche mancherlei begleitende Momente (Witterung, Aesungsverhältnisse, Aufbesserung der Fütterung, Reduction des Wildstandes 2c.) auf das Verhalten schälgewohnten Wildes notorisch ausüben, bei Beurtheilung und Würdigung der erzielten Erfolge gebührend mit in Rechnung zu stellen.

Mit Auflassung seines Privilegiums gab Holfeld im Jahre 1883 die quantitative Zusammensetzung seines Pulvers an: (V. H. des böhm. Forstv. 1883. 2.):

25	Procent	türkische Galläpfel,
25	=	Eichenrinde,
20	=	Anis und Fenchel,
10	=	Liebstöckel,
10	=	Florentiner Veilchenwurzel,
10	=	Foenum graecum.

Diesem wurde beigemengt 40 Procent Kochsalz und etwa 10 Procent reinen Knochenmehles.

Oberforstmeister Kühn in Schleiz, der in den Jahren 1880 und 1881 über 800 Kilo Pulver verfütterte, hatte wenige Monate früher, auf Grund der microscopisch-chemischen Analysen der Professoren Hofrath Dr. Schenk, Leipzig, und Dr. Kühn an der königl. Versuchsstation Möckern, die Zusammensetzung des von ihm bezogenen Pulvers im „Waidmann" (XIV. 18. de 1883) dahin bekannt gegeben:

Hauptbestandtheile: Kleie mit 4.16 Procent Kochsalz.

Nebenbestandtheile: Pulv. Foen. graeci (Bockshornsamen),
= herb. Meliloti (Steinkleekraut),
= sem. Lini (Leinsamen).

Eine kritische Beleuchtung dieser controversen Analysen an der Hand des Holfeld-Kühn'schen Notenwechsels, gehört nicht hierher, doch erblicken wir in beiden Fällen im Wildfutterpulver kaum mehr als eine Composition der in den Salzlecken angewendeten Einzelmittel.

Für die Verabfolgung des Pulvers ertheilt der Erfinder selbst im ersten Heft 1881 der böhm. Forstvereins-Schrift genaue Instruction. Er empfiehlt die erste Einführung zur Winterzeit, in Mischung von eins auf dreißig Theile Körnerfutter (Hafer, Kukuruz, Lupinen, Eicheln, Kastanien ꝛc.), welches zu diesem Zwecke mit Wasser angefeuchtet wird. Im Sommer wird das Pulver mit gleichen Theilen Salz in die Lecken eingeschlagen. Dieselben sollen mit einem Schutzdach versehen oder nach starken Regengüssen immer wieder neu ausgeschlagen werden. Ferner soll auch eine entsprechende räumliche Vertheilung des mit dem Pulver präparirten Futters Bedacht genommen werden, damit jedem einzelnen Wildstück das Futterpulver auch zugänglich werde. Holfeld warnt auch vor Proßholzfällungen, die seiner Ansicht nach zum Schälen verleiten, befürwortet dagegen die Vorlage von Trockenlaub, überhaupt eine gute und reichliche Fütterung.

Der Preis des Wildfutterpulvers betrug im Anfang 72 fl. Ö. W. pro 50 k, wurde aber später auf 58 und 50 fl. loco Bahnstation Teplitz ermäßigt. Bei Abnahme von 5 bis 9 Centner wurde überdies 3 %, bei Abnahme von 10—15 Centner 6 % Preisnachlaß gewährt.

Das privilegirte Wildfutterpulver machte zu Anfang der 80-er Jahre vorübergehend von sich reden. Wahre Wunderwirkungen wurden demselben zugesprochen. Das Schälen sollte bei entsprechend langer Anwendung (5—6 Monate) „wie mit einem Schlage" vollständig aufhören, das Wild an Leib und Geweih ungemein kräftig sich entwickeln, überhaupt zu seinem „früheren normalen Zustande" zurückkehren. Bei so günstigem Prognosticon konnte es nicht Wunder nehmen, daß, ungeachtet seines enorm hohen Preises, vielfach größere Versuche mit dem Holfeld'schen Pulver angestellt wurden. Die Domainen Tetschen, Worlik, auf denen man schon durch Jahrzehnte der Schälfrage die größte Aufmerksamkeit zugewendet hatte, gingen voran; es folgte Opočno, Janowitz (Mähren), Althammer (Schlesien); das Pulver wanderte nach Sachsen, Thüringen, in den Harz, nach Süddeutschland ꝛc., aber von allen Versuchsstellen verbreitete sich die enttäuschende Kunde, daß man einen günstigen Erfolg durchaus nicht damit erzielt hatte. Das Hochwild hatte überall das in verschiedener Mischungsform dargebotene Wildfutterpulver ohne viele Umstände willig angenommen, sein Verhalten gegen den Wald, und speciell seine Schälneigung aber nicht geändert; vielfach wollte man sogar eine schälsteigernde Wirkung verspürt haben, eine Beobachtung, die ebenso wie das Gegentheil, auf die unbeachtet gebliebene Einflußnahme anderer zufälliger Momente zurückzuführen sein dürfte.

Behufs näherer Orientirung über Anwendung und Würdigung des Futterpulvers verweisen wir auf die Verhandlungen des böhmischen Forstvereines zu Tetschen im Jahre 1880, des Harzer Forstvereines zu Lauterberg 1883, des schlesischen Forstvereines zu Oppeln 1884, dann auch auf die bereits erwähnte Controverse Holfeld-Kühn im „Waidmann“ (XIV. B. 18. 23. 28. 1883). Hier, wie in diesbezüglichen Privatmittheilungen, wird dem vegetabilischen Wildfutterpulver jede günstige Mitwirkung im Kampfe gegen das Schälübel abgesprochen, dagegen von mehreren Seiten constatirt, daß dasselbe auf die Geweihbildung des Hirsches, auf die körperliche Entwickelung des Hochwildes überhaupt einen guten Einfluß auszuüben scheine. Nun, auch das wäre ja zweifellos eine recht dankenswerthe Eigenschaft des Pulvers, nur bleibt wohl die Frage offen, ob wir darin wirklich einzig und allein die specifische Wirkung des verabreichten Medicamentes, oder aber eine directe Folge der an die Verabfolgung desselben gebundenen, guten Ernährung des Wildes zu erblicken haben. Wir glauben entschieden das letztere, denn die 30 Centner

Körnerfutter, die mit jedem Centner Wildfutterpulver dem Wilde zu Gute kommen, überdies die Vorlage von Futterlaub an Stelle des Heues können auf Gesundheitszustand, Leib, Geweih und endlich auch auf die Schälneigung des Wildes schlechterdings nicht ohne bemerkbar günstigen Einfluß bleiben, aber — allerdings auch ohne Wildfutterpulver. Holfeld selbst gestattet nach 5—6 monatlichem Gebrauch die Mischung von einem Theil Pulver auf 100 Theile Körnerfutter als hinreichend. Er scheint nach den im „Waidmann" (Jahrg. XIII. Heft 30) gemachten Mittheilungen überhaupt bald von der hohen Meinung einer absoluten Wirksamkeit des Futterpulvers zurückgekommen zu sein, glaubte aber, die hervorgetretenen Mißerfolge in erster Reihe ungünstigen Witterungseinflüssen zuschreiben zu sollen.

An sonstigen Versuchen mit schälvorbeugenden Arcanen ist Erwähnenswerthes nicht mehr zu verzeichnen. Das Wild hat sich gegen viele, in aller Stille angewendete Mittel hartnäckig-abweisend verhalten, und so hat sich die Theorie der Surrogate, so glücklich sie auf den ersten Blick erscheint, bisher in der Praxis durchaus nicht bewährt; alle Daten, die wir über ihre vorübergehend günstige Einflußnahme niedergelegt finden, sind ebenso voreilig und ebenso falsch, als diejenigen, welche auf Grund localer, und oberflächlicher Beobachtungen eine ungünstige, d. h. schälsteigernde Tendenz constatirten.

Die Quintessenz aller bisher angestellten Versuche ist überall übereinstimmend dieselbe geblieben: Der Genuß von Rindensurrogaten war, bezüglich der Schälneigung des Wildes, vollständig indifferent.

4. Die Blutaufmischung.

Einsichtsvolle Jagd- und Waldbesitzer lassen sich die Einführung fremden Blutes in die heimischen Wildstände angelegen sein. Sie machen sich die Erfahrungen der Viehzucht zu Nutze und bringen von Zeit zu Zeit Wildstücke aus anderen Gegenden in die Thiergärten oder auch in die freie Wildbahn. Man zieht zu diesem Zwecke ein unverdorbenes, unverwöhntes Wild jedem anderen Schlage vor, begnügt sich aber, mit Rücksicht auf die schwierige Beschaffung des Urwildes, namentlich da, wo es darum zu thun, die degenerirenden Folgen andauernder Verwandtschaftszucht[1]) zu beheben, auch mit dem Zuzug aus gepflegten Wildständen des Wirthschaftswaldes, ohne gerade darnach zu fragen, ob und in wie weit die Constitution und die Eigenschaften der Fremdlinge besser und vollkommener als diejenigen des einheimischen Wildes.

Bei dem Umstande, daß eine ausgeartete Schälneigung mit einem vorgeschrittenen Artenverfall Hand in Hand zu gehen pflegt, daß sogar das Schälübel als ein Ausfluß innerer krankhafter Vorgänge anzusehen ist, liegt die Vermuthung sehr nahe, daß eine Aufmischung des heimischen Standes auch für die Bekämpfung der Schälschäden von größter Tragweite sei, insofern ein gesunder, dem Normalzustande möglichst nahegebrachter Wildstand am leichtesten und erfolgreichsten aller aufgezwungenen, unnatürlichen Lebensgewohnheiten sich wird entwöhnen lassen.

Wenn nun der Leser die Frage stellt, durch welche Maßnahmen ein schälender Wildstand von dem lästigen Uebel curirt werden kann, so geben wir an der Hand der vorstehenden Betrachtungen folgende kurze Anleitung:

Einer Summe von Mißgriffen, begangen auf dem Gebiete der Waldwirthschaft und Wildpflege, haben wir die Schälschäden zu danken; nur die Gesammtwirkung jener Maßregeln, welche darauf hinausgehen, diese Miß-

[1]) Sehr interessant in dieser Richtung sind die Mittheilungen über die Degeneration des Schwarzwildes und die durch Blutauffrischung erzielten Erfolge in dem soeben erschienenen Buche „Das Schwarzwild und dessen Zucht im Gatter" von Fr. Krichler. Trier 1887.

griffe und ihre Folgen zu beheben, das Wild möglichst naturgemäß zu pflegen, zu nähren, es zu seinem Urzustande zurückzuführen und die künstliche Pflege mit der Zeit ganz überflüssig zu machen, wird das Schälübel wieder bannen. — Ein eigentliches Radicalmittel giebt es nicht.

Hat man es mit einem scrophulösen, unter den nachtheiligen Einflüssen einer verständnißlosen Pflege herabgekommenen Schälwilde zu thun, so ist die Einführung gesunden Blutes wohl zunächst in Erwägung zu ziehen. Man wähle dazu Wild aus dem freien Gehege der großen Gebirgswaldungen, in welche die der hohen Jagd mehr oder weniger feindlichen Culturfortschritte der Neuzeit noch gar nicht oder nicht zu lange Eingang fanden; man nehme auch womöglich männliche und weibliche Stücke aus verschiedenen Gegenden, selbstverständlich aber von schälunkundigen Wildständen. Man isolire die bezogenen Thiere zunächst in reichlich mit Feld, Wiese und frischem, fließendem Wasser versehenen, nicht zu kleinem Waldcomplexe, der auch in seinem natürlichen Aesungsangebote das Möglichste bietet; man füttere und pflege im Winter mit Ausschluß der Heuvorlage gut und naturgemäß. Gleichzeitig nehme man eine entsprechende Reduction des heimischen Standes vor: man schieße alle etwa in flagranti betretenen Schälstücke, im übrigen die schlechtesten kranken Stücke ab und gehe mit dem Abschuß um so weiter, je herabgekommener und krankhafter der Stand, je zahlreicher der frisch eingeführte Stamm. Nach diesen, die Regenerationscur gewissermaßen vorbereitenden Maßnahmen mische man den vorhandenen Rest der Auserwählten mit den eingewanderten Fremdlingen und behandele den auf diese Weise aufgefrischten Stamm nach den in der III. Hauptgruppe 1. und 2. dargelegten Gesichtspunkten, zunächst durch eine reichliche, gesunde und vielseitige Futtervorlage, die man durch weitgehende Hebung des natürlichen Aesungsangebotes mit der Zeit ganz oder wenigstens temporär entbehrlich zu machen bestrebt sein soll. Man gebrauche auch die Vorsicht, gegen Frühjahr hin nie eine in quali oder quanto geringer werdende Futtervorlage eintreten zu lassen, denn die Schälneigung des Wildes ist im Spätwinter und Frühjahr am ausgeprägtesten und es bedarf erfahrungsmäßig nur eines geringen Anlasses, etwa des unzeitigen Ausfalles eines bestimmten Futtermittels, um das Schälübel plötzlich zur höchsten Blüthe zu bringen. So hat man z. B. auch mit der Kastanienfütterung mehrfach recht schlimme Erfahrungen gemacht, durch welche die Bedeutung dieser Frucht für die Wildfütterung in recht zweifelhaftes Licht gestellt wurde. Wir erblicken trotzdem in der Kastanie eines der zuträglichsten und beliebtesten Aesungsmittel des Hochwildes und müssen allen gegentheiligen Anschauungen und Behauptungen, auf Grund eigener Erfahrungen und der Beobachtungen vieler Fachgenossen, entschieden entgegentreten. So lange gut ausgereifte, schimmelfreie Kastanien in genügender Menge verabreicht werden, sind selbst bei sonst ungeeigneter Fütterung (ausschließlicher Heuvorlage) wesentliche Erleichterungen bezüglich der Schälschäden zu constatiren. Hört dagegen die Kastanienvorlage vorzeitig im Frühjahr auf, so schält das Wild urplötzlich sehr stark. Es soll deßhalb die Verabreichung der Kastanien je nach den Vorräthen lieber erst im Winter oder gegen Frühjahr beginnen, dann aber über Mai hinaus andauern.

Ein glücklicher Zufall führt uns noch während der Drucklegung in Correspondenz mit dem um eine naturgemäße Hege und Pflege des Edelwildes so hochverdienten Fürstlich Auersperg'schen Forstrath Domin, aus der eine hochinteressante Mittheilung hier einzuschalten wir für Pflicht halten.

Der genannte College schreibt, daß er in einem seiner Verwaltung mitunterstehenden Thiergarten in den älteren Schälbeständen ganz unverkennbare Schwankungen im Beschädigungsgrade beobachte und fährt dann fort: „Im Jahre 1867, bis wohin das Hochwild sehr stark schälte, wurde der Stand bedeutend verringert, gleichzeitig sämmtliche Aesungsplätze mit beträchtlichem Aufwande durch Ent- und Bewässerung rc. meliorirt und die Laubfütterung eingeführt. Bei diesem stark herabgesetzten Wildstande und bei dem Umstande, daß das Wild einen Ueberfluß an einer sehr guten und mannigfaltigen Sommeräsung durch die Verbesserung der Aesungsflächen und folgerichtig auch ein kräftiges Winterfutter hatte, hörte das Schälen vollständig auf .... Nach dem Jahre 1881, wo der Wildstand eine namhafte Ziffer bereits erreicht hatte, fing das Schälen wieder an," — offenbar entsprach das Aesungsangebot nach Qualität, Menge und Mannigfaltigkeit dem gesteigerten Stande nicht mehr, — „aber immer noch nicht in dem Maße, wie man es heute bei den meisten Wildgehegen antrifft. Seit dem Jahre 1886 wurde der Wildstand neuerdings verringert und die Folge davon ist, daß die Schälschäden schon im Jahre 1886, namentlich aber im laufenden Jahre sich wesentlich vermindert haben. Ich wage die Hoffnung auszusprechen, daß die Schäden bei dem geregelten Wildabschuß möglicherweise, wie es früher schon mehrmals der Fall war, sich in sehr mäßigen Grenzen halten werden."

Diese kurze Notiz aus dem reichen Erfahrungsschatze eines im Forst- und Jagdfache rühmlichst bekannten practischen Forstwirthes, der die unter seiner persönlichen Leitung gepflanzten Fichtenbestände später schälen und unter der nutzenden Art schon wieder fallen sah, belegt schlagend die hohe Bedeutung einer naturgemäßen, reichlichen und vor allen Dingen mannigfaltigen Aesung und verdient in weitesten Kreisen bekannt zu werden.

VI.

Zur Behandlung der Schälbestände.

Bei der großen Verbreitung und Intensität, welche die Schälschäden durch Rothwild in fast allen wildreichen Culturforsten heutzutage angenommen haben; bei dem Umstande, daß wir außer Stande sind, das Schälübel mit einem Schlage zu beheben, weder das schälende Wild ausrotten, noch die schon in allen Altersklassen vorkommenden Schälbestände in schneller Folge abnutzen können und dürfen, drängt sich die hohe Bedeutung einer umsichtigen Bestandesbehandlung ganz von selbst in den Vordergrund, einer Behandlung, welche die dem einzelnen Baume, wie dem Bestande in seiner Gesammtheit drohenden Gefahren kennt, würdigt und alle wirthschaftlichen Maßnahmen aus den Gesichtspunkten leitet, wie sie den nachtheiligen Folgeübeln der Schälverwundung einigermaßen vorbeugen und entgegenarbeiten können.

Wir haben im vorigen Abschnitt eine Anzahl schälvorbeugender Mittel kennen gelernt, die mehr oder weniger auch dem Wirkungskreis der Bestandespflege angehören, mit dieser Hand in Hand gehen müssen; wir haben speciell in der Umbindung des dem Schälangriffe ausgesetzten Schafttheiles mit einem deckenden Reisigmantel ein Stammschutzmittel empfehlen können, das bei sachkundiger Ausführung mit verhältnißmäßig geringem Aufwande der Beschädigung wirksam vorbeugt, beziehungsweise die Angriffe des schälenden Wildes vom Haubarkeitsbestande auf den Zwischenbestand ablenkt. Nichtsdestoweniger wird man in allen Revieren, welche die Last eines schälenden Wildstandes zu tragen haben, stets auch mit Beständen oder Bestandespartien zu thun haben, in denen unzureichend oder verspätet angewendete Schutzmaßregeln oder auch ein in zufälligen Umständen sich begründender, außergewöhnlich früher Schälangriff des Wildes gefahrdrohende Zustände geschaffen haben, und die Zukunft des Bestandes zum großen Theil von der Conservirung und Leistung der geschälten Stämme mit abhängig ist. In solchen und ähnlichen Fällen muß eben der Betrieb mit einem für den Augenblick unabänderlichen Uebelstande rechnen lernen, er muß seine Maßnahmen der Bestandesbeschaffenheit anzupassen und so zu disponiren bemüht sein, daß der einzelne Baum als Bestandesglied und der Schälbestand in seiner Stellung und Haltung im geregelten Forsthaushalte allen wirthschaftlichen, finanziellen und forsttechnischen Anforderungen nach Möglichkeit zu genügen vermag.

Die nachtheiligen Folgen der Schälverwundung sind namentlich nach zwei Richtungen hin recht prägnant zum Ausdruck gekommen und zwar in Bezug auf die Stammgesundheit und in Bezug auf die Beeinträchtigung des Baumzuwachses.

Sehen wir, ob und in wie weit diesen Uebelständen abgeholfen, beziehungsweise entgegengearbeitet werden kann.

1. Die Prophylaxis der Wundkrankheiten, speciell der Wundfäule.

Wie die Obstbaumzucht des Baumwachses und der Schutzbandage &c., der Aufastungsbetrieb des Theeranstriches sich bedient, um den nachtheiligen Folgen einer Verwundung lebender Baumtheile vorzubeugen und bis zu gewissem Grade wirklich auch vorbeugt[1]), so liegt es wohl auch sehr nahe, die Schälwunde allen nachtheiligen Einflüssen von Außen her unzugänglich zu machen, beziehungsweise die Wirksamkeit derselben abzuschwächen. Bei der verhältnißmäßig großen Ausdehnung, um welche es bei der Schäl-

[1]) Man hat mit übertriebenen Grünaufastungen vielfach recht schlimme Erfahrungen gemacht und den Aufastungsbetrieb als Bestandes-Pflegemaßregel im Großen als unanwendbar wohl für alle Zeiten verworfen; gleichwohl ist nicht in Abrede zu stellen, daß der Theeranstrich gerade im Dienste des Aufastungsbetriebes recht dankenswerthes geleistet hat.

wunde in der Regel sich handelt, sind Schutzmaßregeln, seien sie auf eine antiseptische Behandlung oder aber nur auf einen mechanischen Abschluß des bloßgelegten Holzkörpers gerichtet, ungleich schwieriger und bei gleichen Mitteln gewiß auch nicht so erfolgreich anwendbar, wie bei der Aufastung. Gleichwohl aber regen die Erfahrungen, welche man im Allgemeinen mit dem Theeranstrich der Astwunden an Laub- und Nadelhölzern gemacht hat, zu ähnlicher Behandlung der Schälwunde an und bieten gewiß sehr willkommene Fingerzeige, die Wundfläche ohne größeren Aufwand so zu verwahren, daß der von ihr ausgehende rapide Zersetzungsproceß des unteren Schafttheiles hintangehalten oder wenigstens hinausgeschoben wird. Die Hoffnung, dem Eintreten der Wundfäule, überhaupt den nachtheiligen Folgen der Verwundung bis zu gewissen Grenzen vorzubeugen, gewinnt gerade bei der Schälwunde noch mehr Halt, weil bei dieser der Holzkörper nie verletzt und den äußeren Einflüssen nie so direct und so leicht zugänglich erscheint, als dies bei der durch den Sägeschnitt zerrissenen und rauh gemachten Astwunde stets der Fall ist.

Derartige Erwägungen mögen auch den als fürstlich Rohan'schen Forstrath in Svijan verstorbenen, damaligen „Reitjäger" L. Domin beherrscht haben, wenn er schon zu Anfang der 60er Jahre im Lomnitzer Thiergarten Versuche anstellte, durch Anwendung einer „stark riechenden Baumsalbe" von Lehm mit Steinkohlentheer „den Harzausfluß zu verhindern und die Ueberwallung zu begünstigen". Schmiedl behandelt diese interessanten Versuche, die ersten und ältesten, welche uns in dieser Richtung aufgestoßen sind, in seinem bereits erwähnten Aufsatze[1]) einigermaßen reservirt: „Die Sache war ziemlich kostspielig, besonders als durch den vermehrten Wildstand auch die Zahl der geschälten Stämme zunahm; doch war der Harzausfluß ganz gehemmt und man fand nach und nach Stangen, an denen die Ueberwallung bereits begonnen

[1]) Vereinsschrift des böhm. Forstvereins I. 1866.

hatte .... Leider kann weder ein zuverlässiges noch ein günstiges Resultat dieses Verfahrens angegeben werden, denn es wurde nicht andauernd fortgesetzt, weil sich, obzwar nur auf kurze Zeit, die Meinung geltend machte, daß der Theer das Wild anzieht. Nachdem aber späterhin trotz der Wiederanwendung der Baumsalbe, durch wiederholtes Schälen die arg zugerichteten Stangen dennoch eingingen, oder gerade an den meist geschälten Stellen vom Wind und Schnee gebrochen wurden, so zwar, daß man im Jahre 1865 sich genöthigt sah, 10 Joch dieser ehemals ausgezeichneten Stangenhölzer abzutreiben, so wurde das besagte Verfahren nach einer Anwendung von ca. vier Jahren gänzlich aufgelassen."

Wenn nun auch in diesen ersten Versuchen ein günstiges Resultat nicht erzielt wurde, so wäre es unseres Erachtens doch sehr voreilig, die in ihnen verwirklichte Idee ohne weiteres zu verwerfen, und die Unthunlichkeit einer erfolgreichen Anwendung des Schutzanstriches daraus herzuleiten. Ein entscheidender Werth kann den Ergebnissen schon deßhalb nicht beigemessen werden, weil erfahrungsmäßig der Grad der Theerbeimischung die Wirkung derartiger Wundsalben ungemein alterirt. Dies würde hier um so mehr der Fall sein, weil an den Rändern, unter Umständen auch auf der Innenfläche der Schälwunde (wie z. B. die Cambialwucherungen auf winterlichen Schabwunden beweisen) ein nachhaltiger Vernarbungsproceß vor sich geht, welcher durch eine stärkere Theerbeimischung nicht nur nicht angeregt und gefördert, sondern in Folge Abtödtung des zarten Bildungsgewebes geradezu verhindert werden kann. Es ist daher zu bedauern, daß die Versuche nicht mit anderen Mischungsverhältnissen wiederholt werden konnten; schon die günstige Einflußnahme auf den Harzausfluß, welche man beobachtet haben wollte, wäre darnach angethan gewesen, zu weiteren Untersuchungen in dieser Richtung anzuregen[1]).

---

[1]) Aus einer sehr zuvorkommenden Mittheilung des fürstl. Auersperg'schen Forstrathes Fr. Domin in Nassaberg, an den wir uns um weitere Auskünfte

In jüngster Zeit hat Forstmeister Rivnač auf der Domaine Opočno, in den mit der preußischen Oberförsterei Reinerz grenzenden Revieren, die früher seiner Verwaltung unterstanden, sehr beachtenswerthe Versuche mit einer von ihm zusammengesetzten Baumsalbe angestellt, durch welche die Förderung des Ueberwallungsprocesses und der Abschluß aller äußeren Einwirkungen von dem bloßgelegten Wundholze in bis jetzt nicht erreichtem Maße bewirkt werden kann.

Bevor wir deren Anwendung und Wirksamkeit näher erörtern, sei es gestattet, auf die Wichtigkeit einer nachhaltigen Förderung des Ueberwallungsprocesses kurz einzugehen, und aus den massenhaft vorgenommenen Untersuchungen von Schälstämmen die Bedeutung des Schutzanstriches für die Schälverwundung und ihre Folgen im Allgemeinen zu begründen. Wir greifen zu diesem Behufe auf die Tabellen Seiten 80—89 zurück und reproduciren die untersuchten Schälstämme nach dem Alter ihrer Wunden gruppirt in separater Zusammenstellung, um zunächst darzuthun, wie rapid die Rothfäule mit dem Wundenalter sich steigert und wie dieselbe um so schneller und weiter um sich greift, je länger und intensiver alle zersetzungsfördernden Einflüsse von Außen her auf die schutzlose Wundfläche einwirken.

---

wandten, sind wir in der Lage, die Geschichte dieses Versuches zu ergänzen: Zum Schutze der in den Jahren 1836—1839 gegründeten, später stark geschälten Pflanzbestände wurde zunächst ein reiner Theeranstrich verwendet. Dieser erwies sich als schädlich. Man ging darauf zur Lehmbeimischung über, ohne jedoch günstige Erfolge zu erzielen; auch der Harzfluß wurde auf die Dauer nicht zurückgehalten. In späteren Jahren wurden die Bestände vom Schnee stark durchbrochen. Derzeit sind sie „wahrscheinlich" schon abgetrieben.

Wundenalter Jahre	Ortsbezeichnung, Revier und Abtheilung	Stammzahl Stück	Die Rothfäule wurde constatirt bei Procenten der untersuchten Stammzahl %	auf d. durchschnittl. Schaftlänge von Metern.
unter 8	Chousava 40[a] Königsstuhl 5[e]	11	0.00	0.00
8—15	Königsstuhl 5[e]	16	44	2.10
16—20	Königsstuhl 6[i], 5[f]	23	52	2.60
21—25	Chousava 24[b], 41[b] Königsstuhl 6[i], 6[f]	27	67	3.60
26—30	Chousava 24[b], 41[b] Königsstuhl 6[f]	26	81	2.70
über 30	Chousava 31[a], 24[b]	25	84	3.70

Aus dieser Uebersicht dürfen wir wohl ohne Weiteres schließen, daß bis zum 8. Jahre nach der Verwundung die Rothfäule an Schälstämmen als Folge der Beschädigung im Allgemeinen gar nicht oder nur sehr selten auftritt, daß aber von diesem Zeitpunkte an ihr Vorkommen nach Intensität und Häufigkeit ungemein rapid und nachhaltig sich steigert, so zwar, daß nach 15 Jahren schon 44 %, und 25 Jahre nach der Schälverwundung gar schon 67 % der beschädigten Stämme auf durchschnittlich 2.1 beziehungsweise 3.6 m Schafthöhe von der Rothfäule befallen waren. Weiter erkennen wir in kurzer Studie der Details der Stammanalysen, daß im Allgemeinen bei Wunden von gleichem Alter und annähernd gleicher peripherischer Ausdehnung der geringere Grad der Wundfäule zusammenfällt mit der höheren und erfolgreicheren Thätigkeit des Ueberwallungsringes. Wenn auch diese Wahrnehmung sich ziffermäßig aus den Tabellen durchaus nicht belegen läßt — dagegen spricht schon die ungemein veränderliche Einflußnahme anderer Zersetzungsfactoren, deren Mitwirkung nicht zu isoliren — so darf doch schon aus rein logischen Gründen jede Förderung des Ueberwallungsprocesses als eine Präventivmaßregel gegen die Rothfäule selbst empfohlen werden, insofern durch sie die Einwirkung aller nachtheiligen Einflüsse, atmosphärischer wie parasitärer Natur, auf den bloßgelegten Holzkörper nach Grad und Dauer beeinträchtigt erscheint.

Wir glauben daher, daß sowohl Domin als Rivnač von sehr richtigen Anschauungen geleitet wurden, wenn sie bei Mischung der Baumsalbe in erster Reihe auch auf die Förderung der Ueberwallungsthätigkeit Gewicht legten: glauben auch, daß eine Baumsalbe, welche, wie wir zu constatiren Gelegenheit hatten, diese gute Eigenschaft besitzt, in vollem Maße unsere Beachtung verdient.

Das quantitative Mischungsverhältniß der Rivnač'schen Baumsalbe, sind wir in der angenehmen Lage nachstehend mitzutheilen:

7.0 Kilo	Steinkohlentheer	à 0.10 fl.	=	0.70 fl.
1.0 „	Terpentinöl	à 0.60 „	=	0.60 „
0.6 „	Siccativ-Pulver	à 1.00 „	=	0.60 „
0.8 „	rectificirten Spiritus (ca. 1 Ltr.	à 0.40) „	=	0.40 „
0.6 „	Kienruß	à 1.50 „	=	0.90 „
5.0 „	Kalkstaub	à 0.01 „	=	0.05 „
15.0 Kilo	Baumsalbe zum Gestehungspreise . .		=	3.25 fl.

Für die Zubereitung selbst giebt College Rivnač folgende kurze Anleitung: Ziemlich dickflüssiger Steinkohlentheer wird mit rectificirtem oder möglichst gradhaltigem Spiritus, der die ätzende Eigenschaft des ersteren wenn nicht ganz behebt, so doch sehr mildert, gut durchmischt und gelöst. Das zur Beschleunigung des Abtrocknens des Schutzanstriches zuzusetzende Siccativpulver wird zunächst mit dem Terpentinöl sorgfältig verrieben und mit diesem, womöglich unter lebhafter Handhabung eines Quirles, dem aufgelösten Theer beigegossen. Sodann werden unter beständigem flotten Umrühren die festen Stoffe: Kienruß und Kalkstaub, allmählig zugegeben, bis die Mischung schwer-, doch aber eben noch kleintropfbar-flüssig wird. Durch den verhältnißmäßig starken Kienrußzusatz erzielt man eine hochgradige Elasticität des Schutzanstrichs, eine Eigenschaft, die seine günstige Wirkung wesentlich erhöht. Um der Gefahr eines zweiten Schälangriffes an ein und demselben Stamme einigermaßen vorzubeugen, pflegt man als abschreckendes Mittel etwas Asa foetida beizugeben (auf das obige Quantitätsverhältniß etwa 6—8 Dekagramm), welche ebenfalls in Terpentinöl verrieben eingemischt wird. Bezüglich der Anwendung der Baumsalbe, die, nebenbei erwähnt, einigermaßen feuergefährlich, sei bemerkt, daß der Arbeiter dieselbe mit kräftiger Bürste oder kurzborstigem Pinsel aufträgt. Er hat dabei nur darauf zu achten, daß der Anstrich auf der ganzen Wundfläche, namentlich aber auch an den ungleichmäßigen, rissigen Rändern, vollkommen gut haftet, nicht die geringste leere Stelle bleibt. Ueberdies ist es ganz gut, wenn der Schutzanstrich über die Wundränder noch um 1—2 cm breit auf die Rinde übergreift. Die Ausführungszeit soll thunlichst so gewählt sein, daß die wenig vorgeschrittene Verharzung der Wunde die innige Berührung der Salbe mit dem Wundholze nicht beeinträchtige. Die winterlichen Schabwunden sind deshalb zeitig im Frühjahr, vor Beginn der Saftzeit, die Sommerschäden dagegen möglichst bald nach ihrer Entstehung zu bestreichen. Um in letzterer Beziehung rechtzeitig bei der Hand zu sein, wird man während der Schälzeit im Sommer die gefährdeten Stangenorte wiederholt abgehen lassen, um die laufend zugewachsenen Schälstämme, welche man überhaupt vor Wundkrankheit schützen, also dem Haubarkeitsstande zuweisen will, vor stärkerer Harzincrustirung zu tünchen.

Forstmeister Rivnač hat diese Salbe, namentlich in den Jungbeständen des Satteler Revieres, woselbst das Rothwild schon vor Eintritt des Bestandesschlusses die Fichtenjugenden bis herab zu 10—12 jährigem Alter stark anging, seit dem Jahre 1879 in sehr großer Ausdehnung angewendet.

Zunächst wollten auch hier die erzielten Erfolge nicht recht befriedigen, und wenn auch von allem Anfang an den gestrichenen Wunden eine recht auffällige Hemmung des Harzausflusses wahrzunehmen war, so blieb doch speciell die günstige Beeinflussung des Ueberwallungsprocesses vielfach weit hinter den gestellten Erwartungen zurück, ja, es schien sogar mehrfach, als ob der Schutzanstrich gerade in entgegengesetzter Richtung wirke. Hierdurch angeregt, wurden im Jahre 1884 Probefällungen vorgenommen und in der That auf manchen Stammscheiben constatirt, daß der Ueberwallungswulst nicht die geringste Thätigkeit entfaltet, vielfach überhaupt sich nachweisbar gar nicht gebildet hatte, während wieder andere gestrichene Wunden ganz ungewöhnliche Ueberwallungsleistungen aufwiesen. Offenbar hatte in den ersteren Fällen eine zu reichliche Theerzugabe die Bildung des Ueberwallungswulstes verhindert, beziehungsweise dessen zwischen Rinde und Holz hervordringendes zartes Gewebe zerstört — eine Vermuthung, die auch durch den Umstand bestätigt werden dürfte, daß bei Schabwunden vielfach die zarten Baststreifchen, welche auf der Wundfläche eine selbstständige Vernarbung hätten einleiten sollen, unter dem Einfluß der Salbe abgestorben waren. Es kam nun darauf an, das Mischungsverhältniß so zu reguliren, daß der Callus nicht mehr angegriffen wurde, was dem Erfinder nach Reduction der Theerbeimischung auch ohne Schwierigkeiten gelang. — Wir hielten es für wichtig genug, der Angelegenheit volle Aufmerksamkeit zuzuwenden, und haben wir im Frühjahr 1885 mit der nach obiger Angabe zusammengesetzten Rivnač'schen Baumsalbe folgenden practischen Versuch angestellt.

In einem etwa 40 jährigen Fichtenstangenorte auf mittelmäßigem Thonschieferboden wurden 20 Stämme von normaler Kronen- und Höhenentwickelung ausgewählt und an diesen je zwei gleich große etwa 7 cm breite, 20 cm lange Schälwunden mit dem Messer — also glattrandige Wunden — in Brusthöhe angelegt, so daß der Splint auf der ganzen Wundfläche vollständig entblößt erschien. Die eine dieser Wunden wurde an jedem Versuchsstamme mit der Baumsalbe sorgfältig bestrichen, die zweite nicht.

In der fleißigen Beobachtung dieses Versuches, in dessen Bereich jede, die Gleichmäßigkeit der bisherigen Bestandesstellung störende Handlung unterblieb, wurden folgende interessante und beachtenswerthe Wahrnehmungen gemacht: die geschmierte Wunde zeichnete sich zunächst aus durch den im Vergleich zu der nicht geschmierten Wunde sehr geringen Harzausfluß; nach Verlauf von kaum zwei bis drei Monaten wurde bereits der sich vorschiebende Ueberwallungswulst bemerkbar, der sich im folgenden Jahre auffallend kräftig entwickelte und schon damals ganz unzweideutig erkennen ließ, daß der Ueberwallungsproceß unter dem Schutze der Salbe ungemein lebhaft, nicht allein früher beginne, sondern auch weit energischer verlaufe, als an der nicht gestrichenen Wunde. Letztere verharzte, wie jede Schälwunde, namentlich an den Rändern sehr stark. Im Herbste des ersten Jahres wurde kaum ein leichtes Hervorquellen des Callus an einigen wenigen Stämmen constatirt, wenn man die dicken Rand-Harzstränge behutsam entfernte. Im zweiten Jahre durchbrach der Ueberwallungsring mehrfach die Harzincrustation und in diesem Falle war die Ueberwallung ebenfalls eine ziemlich lebhafte; bei der Mehrzahl der Wunden war aber in Bezug auf den Vernarbungsproceß auch im zweiten Jahre äußerlich ein Fortschritt nicht wahrnehmbar. Dahingegen trat schon im Hochsommer des zweiten Jahres an den meisten nicht geschmierten Wunden eine sehr bedenkliche Erscheinung in Form von feinen, in der Längsrichtung der Wunde und des Stammes verlaufenden Haarrissen auf. Dieselben mehrten sich nach Zahl und Dimension, wurden aber auf den gestrichenen Wunden nicht in einem einzigen Falle beobachtet. Die noch im Verlaufe des ersten Sommers angetrocknete Salbe überzog die Wundfläche vollständig wasserdicht, glasurartig; sie war nirgends abgebröckelt und bildete sonach von allem Anfang an einen sicheren Schutz gegen alle atmosphärischen Einflüsse, wahrscheinlich auch gegen parasitäre Infection. Im heurigen Herbste (1887) wurden die Versuchsstämme, deren Anzahl vermuthlich durch Frevel auf 19 reducirt war, nach Abschluß der Vegetationsperiode zu Anfang November gefällt und die Wundflächen einer eingehenden Untersuchung unterzogen. Die Resultate waren folgende:

Dreijährige Ueberwallungsthätigkeit der gestrichenen / nicht gestrichenen Wunde

Stamm lauf. No.	gestrichenen	nicht gestrichenen	Bemerkung
1	1.80 cm	0.85 cm	Die eingestellten Ziffern geben die beiderseitige Ueberwallung von den Wundrändern her. Dieselbe ist gemessen auf den der Wunde entnommenen Stammscheiben.
2	2.60 „	0.30 „	
3	1.35 „	0.40 „	
4	1.20 „	0.74 „	
5	2.09 „	1.32 „	
6	1.53 „	0.92 „	
7	1.90 „	1.41 „	
8	2.90 „	1.15 „	
9	2.30 „	1.85 „	
10	1.42 „	0.95 „	
11	0.72 „	0.73 „	
12	1.18 „	0.21 „	
13	1.85 „	0.37 „	
14	1.44 „	0.70 „	
15	1.59 „	0.93 „	
16	1.64 „	0.72 „	
17	1.85 „	0.85 „	
18	1.64 „	1.42 „	
19	1 34 „	0.83 „	
i. Sa.	32.34 cm	16.65 cm	
i. D.	1.70 „	0.88 „	

Hier steht der günstigere Verlauf des Ueberwallungsprocesses bei Anwendung der Baumsalbe außer Frage; die Leistung der geschmierten Wunde steigt nahezu auf die doppelte Höhe der nicht geschmierten an. Zur Bekräftigung dieser Daten bemerken wir, daß die auf Seite 71 mitgetheilten Ueberwallungsleistungen der geschnittenen Schälwunde ebenfalls weit hinter denjenigen der angestrichenen Wunde zurückstehen[1]), wiewohl der dort behandelte Versuch unter viel günstigeren Boden- und Zuwachsverhältnissen angestellt wurde. — Auch Rivnač bestätigt aus seinen reichen Erfahrungen rückhaltslos die überwallungfördernde Eigenschaft der Baumsalbe, weist aber mit Recht darauf hin, daß die ätzende Eigenschaft mit der verschiedenen Consistenz des Steinkohlentheeres

[1]) Die durchschnittl. Ueberwallungsthätigkeit pro Stamm in 3 Jahren betrug 0.98 cm.

sehr variire und daß deßhalb ein zu dickflüssiger Theer mit mehr Terpentinöl und Spiritus versetzt werden müsse, um die nachtheilige Wirkung auf die bloßliegenden Bildungsgewebe zu beheben. Wir möchten die oben normirte Theerbeimischung als Maximalsatz bezeichnen und empfehlen weiter, die Salbe einige Monate vor dem Gebrauch schon anzusetzen. Sie wird durch Aufheben viel milder.

Auch für eine direct zersetzungsvorbeugende Wirkung des Schutzanstriches boten die Untersuchungen der Schälwunde mancherlei Anhaltspunkte dar. Zunächst ergiebt sich aus der Zusammensetzung der Salbe, in der die antiseptischen Stoffe entschieden vorherrschen, die fäulnißwidrige Eigenschaft derselben von selbst. Weiter haben wir bereits erwähnt, daß der Anstrich das Eintrocknen der bloßgelegten Splintschichten, wenn nicht ganz verhindert, so doch verlangsamt, daß auf der Wundfläche gar keine Haarrisse entstehen, welche augenscheinlich allen Zersetzungsfactoren Thor und Thür in das Bauminnere öffnen. Die schutzlosen Schälwunden zeigten bei der Fällung durchweg 2—4 klaffende Längsrisse bis zur Breite einer schwachen Messerklinge und die Abtrocknung der Splintschicht war im Laufe der drei Jahre bis auf 0.5 cm Tiefe eingedrungen. Es leuchtet ein, daß ein Anstrich, der die Entstehung dieser Schwindrisse verhindert, der weiter die Abtrocknung des Wundholzes nach Grad und Zeit so sehr beeinträchtigt (die gestrichene Wunde zeigte abgestorbenes Holz in der Regel nur auf Jahresringbreite, d. i. ca. 0.2—0.6 mm), nicht allein den Eintritt der Wundfäule wesentlich hinausschieben, sondern auch deren Verlauf und Vordringen ungemein verzögern muß, insofern die fördernden Einflüsse von außen her nicht oder nur in viel beschränkterem Maße zur Wirkung gelangen können.

Ganz abgesehen von diesen mehr physikalischen Wirkungen der Baumsalbe scheint auch der Terpentinölgehalt eine eigentliche Imprägnirung der äußersten Splintzellen zu bewirken, denn der Rand des letzten Jahresringes zeigte auf dem Querschnitt eine leichte gelblichbraune Färbung, als wenn die abgestorbenen Zellen mit Terpentin infiltrirt wären. Bestätigt sich diese Vermuthung, so hat die Schälwunde neben der glasurartig dichten, äußeren Schutzschicht, die im Sommer elastisch dehnbar, im Winter aber auch steinhart wird, in der imprägnirten Zellenschicht eine zweite, vielleicht noch wirksamere Isolirschicht gegen Nässe, Luft und Pilzparasiten, welche die antiseptische Bedeutung der Salbe mittelbar und unmittelbar noch wesentlich erhöht.

Unsere Bemühungen, die zersetzungshemmende Einflußnahme der Baumsalbe am Schälstamme auch ziffermäßig und ihrem Grade nach in vergleichenden Versuchsergebnissen nachzuweisen, sind erfolglos geblieben. Die selbst in dieser Richtung angestellten Versuche waren noch zu jung, als daß sie schon positive Antwort auf die gestellte Frage hätten geben können, und die schon im Jahre 1884 auf der Domaine Opočno angestellten Studien, konnten ein einigermaßen zuverlässiges Resultat eben auch nicht liefern, weil vergleichende Versuche überhaupt nicht angestellt, außerdem die Wunden regellos — bald nach Tagen, bald nach Monaten, bald auch erst nach Jahren — angestrichen waren und somit die Zersetzung vor Ausführung des Schutzanstriches mehr oder weniger schon eingeleitet sein konnte. Aus den Stammuntersuchungen von der Domaine Opočno (conf. Seite 108, 109. Die hier mit * versehenen Stämme haben geschmierte, d. h. mit dem Schutzanstrich versehene Wunden) geht hervor, daß

von 11 geschmierten Stämmen nur 6 Stück = 55% auf die Länge von 2.47 m,

von 29 nicht geschmierten Stämmen aber 26 Stück = 90% auf die Länge von 3.56 m

im Durchschnitt rothfaul waren, doch können und dürfen wir diesem (auch zu wenig umfangreichen) Resultate aus oben angedeuteten Gründen eine entscheidende Bedeutung hier keineswegs beimessen.

Entschieden noch schwieriger war es, eine etwa günstige Einwirkung des Schutzanstriches auf den Zuwachsgang des beschädigten

Baumes nachzuweisen, weil im geschlossenen Bestande offenbar weit wichtigere Factoren ihren Einfluß zur Geltung bringen, der nach Grad, wie nach Zeit seines Eintrittes nie eliminirt werden kann, und weil die concrete Zuwachsbeeinträchtigung durch die von der Schälwunde ausgehenden Krankheitserscheinungen stets verwischt wird. Uebrigens darf man vermuthen, daß ein Mittel, welches den Harzfluß hemmt, welches die Wunde gegen alle nachtheiligen Einflüsse von außen her abschließt, sozusagen die physikalisch-mechanische Function der Rinde bis zu gewissem Grade ersetzt, auch auf den Zuwachsgang des Baumes nur günstig einwirken könne.

Forstmeister Rivnač faßt in einem freundlichen Handschreiben die mit der Schutzsalbe erzielten Erfolge dahin zusammen:

a) „Der Harzausfluß ist bei richtiger Bereitung und Anwendung der Salbe ein minimaler.“ Wir möchten hinzufügen: Wenn der Anstrich schon einige Zeit vor Beginn einer stärkeren Harzung ausgeführt nnd etwas angetrocknet ist; denn in diesem Falle versetzt die Salbe die Mündungen der Harzcanäle um so wirksamer, je consistenter und widerstandsfähiger sie durch Abtrocknung geworden ist. Im Uebrigen dürften Täuschungen bezüglich des Harzungsgrades der geschmierten Wunde nicht ganz ausgeschlossen sein, da die frisch aufgelegte Salbe das ausdringende Harz löst, aufnimmt, so daß dessen schnelle Erstarrung an der Luft zu stärkeren Harzsträngen seltener ist. Wir wären sogar geneigt, speciell diesen Umstand mit der Förderung der Ueberwallungsthätigkeit in engsten Zusammenhang zu bringen, weil die verhärtete Randincrustation dem Vorschreiten des Callus entschieden ein mechanisches Hinderniß entgegenstellt. —

b) „Die Salbe ist und wirkt unzweifelhaft antiseptisch und deckt den bloßgelegten Splint gegen äußere Einflüsse um so mehr, als sie bei guter Zubereitung sehr elastisch ist und selbst den dehnenden Einflüssen, denen sie an den Wundrändern, bei Winterschäle auch auf der inneren Wundfläche, durch die Ueberwallungsthätigkeit ausgesetzt ist, bis zu gewissen Grenzen sich anzupassen vermag."

c) „Der Anstrich mit der Baumsalbe befördert die Ueberwallung."

d) „Bei den mit der Salbe behandelten Schälstämmen merkt man selbst nach Jahren kein Zurückbleiben im Wuchse. Die Stämme wachsen fort, wie unberührt."

e) „Nach wiederholten Untersuchungen wurde beobachtet, daß die Rothfäule bei mit der Baumsalbe behandelten Schälwunden bedeutend geringere Fortschritte macht, als bei den nebenstehenden nicht geschmierten Stämmen; ganz bleibt dieselbe, selbst bei sorgfältigster Anwendung der Salbe nicht aus."

f) „Mit der Baumsalbe behandelte Fichten wurden selten und nur bei großer Winternoth ein zweites Mal vom Wilde angegriffen." Mit einem stärkeren Zusatze von Asant dürfte in dieser Richtung noch ein sicherer Erfolg zu erzielen sein. Uebrigens scheint es zweifelhaft, daß die Baumsalbe andauernd abschreckend wirkt. —

Was nun den Kostenpunkt dieser schützenden Behandlung des Einzelstammes im Schälbestande anlangt, so leuchtet ein, daß die Größe und Zahl der Wunden ebenso wie die Consistenz der Salbe ziemlich bedeutende Schwankungen verursachen. Nach der auf Seite 213 gegebenen Specification beträgt der Gestehungspreis der Baumsalbe pro 1 Kilo $\frac{325}{15}$ abgerundet 22 Kreuzer, und nach mehrfach angestellten größeren Versuchen streicht ein schon etwas eingeschulter Arbeiter pro Stunde und Kilo 100—120 Stämme, je nachdem dieselben ein- oder doppelseitig beschädigt waren. Darf man hiernach eine Leistung von etwa 110 Stämmen als Durchschnittssatz ansehen, so würden 1000 Schälstämme etwa kosten:

a) an Materialaufwand 9 Kilo Salbe . . . rund = 2.00 fl.
b) an Arbeitsaufwand 9 Stunden oder 1 Tag . . = 0.70 „
zusammen . . . . 2.70 fl.

oder 4.50 RM. Bei Unterstellung der Engros-Preise würde die Herstellung der Rivnač'schen Baumsalbe um etwa 20% billiger sich gestalten. — Die Wirkungsdauer des Schutzanstriches, welche ja auf die Kostenfrage hervorragenden Einfluß nimmt, ist bei Winter- und Sommerschäle ganz verschieden. Auf der glatten Wundfläche der letzteren, die äußerlichen Veränderungen durch das fortschreitende Wachsthum des Baumes nicht ausgesetzt ist, haftet der Anstrich, nach den nunmehr 8 jährigen, ältesten Versuchen zu urtheilen, durch Decennien fest und vollständig wasserdicht; auf den winterlichen Schälwunden, auf denen Baststreifchen hängen bleiben, und an den Rändern der Sommerwunden wird sie dagegen durch Wachsthum und Neubildung bald gesprengt. In der Regel hat sie aber auch dann schon ihre Dienste geleistet, so daß eine Wiederholung des Anstriches auf ein und derselben Wunde wohl nie nothwendig werden dürfte.

2. Die Bestandes- und Zuwachspflege der geschälten Stangenhölzer.

In allen vom Wilde angegriffenen Junghölzern geben die Schälschäden selbst die Hauptrichtschnur für die Ausübung der Bestandespflege und bringen oft Rücksichten zur Geltung, welche mit den Zwecken und Zielen, die sich die Durchforstung im Allgemeinen da steckt, wo es sich um die Entscheidung des Existenzkampfes zwischen angehend ebenbürtigen oder wenigstens in ihrer Stellung zur Bestandeszukunft gleichwerthigen Bestandesgliedern handelt, oft wenig oder gar nicht zusammengehen, deren Beachtung aber für die wirthschaftliche Behandlung von größter Wichtigkeit, für die Haltbarkeit und Ertragsleistung des Bestandes geradezu ausschlaggebend ist. Es handelt sich eben hier nicht allein darum, die dominirende, wuchskräftigste Stammclasse zu begünstigen, deren

Leistungsfähigkeit zu erhalten und zu fördern, sondern oft mehr noch darum, die durch Schälung beschädigten und deßhalb für die Bestandeszukunft sehr zweifelhaften Stämme, so weit sie zur Sicherung einer normalen Haubarkeitsbestockung überhaupt entbehrt werden können, rechtzeitig auszuscheiden.

Wenn in einem Schälbestande die Beschädigung einen Grad erreicht hat, daß die Haltbarkeit sichtlich gefährdet, die Abtriebserträge ernstlich beeinträchtigt erscheinen, so ist damit die Bestandesschutzfrage in den Vordergrund getreten. Alle unverletzt gebliebenen Stämme sind zunächst ohne Unterschied ihrer Entwickelung in entsprechender Anzahl und Vertheilung nach Anleitung des V. Abschnittes ungesäumt durch wirksame Schutzmittel zu sichern. Sind sodann die Schälschäden nach Ausdehnung und Gruppirung so glücklich geartet, daß eine angehend normale Haubarkeitsbestockung von gesunden Stämmen noch erzielt werden kann, so sind die Behandlung des Bestandes und speciell die Gesichtspunkte für die Durchforstung klar vorgezeichnet: Die geschälten Bestandesglieder scheiden im Verlaufe des Zwischennutzungsbetriebes aus und zwar so schnell und frühzeitig, als es mit anderen Rücksichten auf die Erhaltung der Bodenkraft und Bestandessicherheit gegen Elementarschäden vereinbar erscheint.

Es ist allerdings von mehreren Seiten behauptet — aber eben nur behauptet — worden, daß die geschälte Fichte sehr bald im Wuchse zurückbleibe, ihre nicht beschädigte Umgebung ihr weit vorauseile, sehr kräftig sich entwickele, wohl auch für die Zuwachsverluste und sonstigen schädlichen Folgen, welche die Schälschäden involviren, reichlichen Ersatz biete. Nun, wir haben, von ähnlichen Anschauungen durchdrungen, dieser Frage bei den massenhaft vorgenommenen Fällungen von geschälten und nicht geschälten Stämmen große Aufmerksamkeit zugewendet, aber absolut nicht den Eindruck gewinnen können, als ob die Höhenentwicklung der geschälten Stämme durch die Verwundung und deren Folgekrankheiten wesentlich beeinträchtigt würde. Nicht einmal bei Stämmen gleicher Rang- oder Entwickelungsstufe haben wir eine ausgesprochene Ueberflügelung der Schälstämme durch die gesunden Bäume als Regel gefunden, geschweige denn constatiren können, daß zurückgebliebene Bestandesglieder dominirende Schälstämme überholt hatten. Die einzige Wahrnehmung, welche vielleicht zu Gunsten oben erwähnter Ansicht spricht, ist die, daß wir eigentlich dominirende Schälstämme verhältnißmäßig selten gefunden, an manchen aber ganz unzweifelhaft nachweisen konnten, daß sie zur Zeit der Beschädigung ihre Umgebung überragt hatten. Hiernach kann allenfalls angenommen werden, daß der Höhenwuchs nach der Verwundung so lange abnehme, bis der geschälte Stamm in das Höhenniveau der Umgebung eingetreten ist, von diesem Momente aber überwiegen andere Einflüsse die concrete Nachwirkung der Schälverwundung; der einzelne Baum, ob geschält oder nicht geschält, ob gesund oder krank, wird im Gedränge des Bestandesschlusses eine Zeit lang zur Höhenentwicklung gezwungen und strebt — allerdings auf Kosten des Stärkenzuwachses — nach oben. Wenn sonach wirklich eine Beeinträchtigung des Höhenwuchses durch die Schälschäden vorliegt, so verliert dieselbe im geschlossenen Bestande sehr bald jede wirthschaftliche Bedeutung und bleibt speciell für die Ausführung der Bestandespflege ohne alle practischen Consequenzen.

Wir müssen es daher entschieden als verfehlt ansehen, etwa im Vertrauen auf die Entwickelungskraft der unbeschädigten Bestandesglieder die Durchforstung zu vernachlässigen, halten vielmehr gerade im Schälbestande die umsichtige und energische Führung der Art für die Entwickelung und Ertragsleistung von weit höherer Bedeutung, Versäumnisse in dieser Richtung für weit bedenklicher, als bei normaler Bestandesbeschaffenheit, wo die Rücksichten für den Aushieb einer ziemlich einheitlichen Beurtheilung unterstehen. Die Durchforstung findet im Schälbestande vielleicht das dankbarste Feld ihrer Thätigkeit; sie soll den Schälstamm — gleichviel, ob dominirend, mitherrschend oder unterdrückt — entfernen, so lange noch ein entwickelungsfähiger Ersatz in den anderen Stammclassen zu finden ist. Bei der hochgradigen Duldsamkeit der Fichte gegen überschirmende Einflüsse darf man sich in dieser Beziehung sehr weit vorwagen. Selbst der unterdrückte Kümmerling, der durch Jahrzehnte ein elendes Dasein unter dem Kronenraum der dominirenden Stammclassen gefristet hat, erholt sich, wenn ihm die Vorbedingungen zu seiner Entwickelung, Licht und Wachsraum, wieder zurückgegeben werden; ohne diese Hülfe aber würde er für die Bestandesbildung nie eine Bedeutung erlangen. Daß Besorgnisse vor Elementarschäden vielfach ein abweichendes Vorgehen bedingen, in Schneebruch-Lagen z. B. große Vorsicht walten muß, um nicht von zwei Uebeln das größere zu wählen, ist ebenso selbstverständlich, wie die Einreihung etwa vorhandener unbeschädigter Mischhölzer in den Haubarkeitsbestand.

Häufig wird allerdings Ausdehnung und Vertheilung der Schälschäden ganz andere Gesichtspunkte für die Bestandesbehandlung zur Geltung bringen. In diesen Fällen ist es die nächste und wichtigste Aufgabe des Durchforstungsbetriebes, die Haubarkeitsstellung aus der minder stark angegriffenen Stammkategorie zu ergänzen und diese durch thunlichst rechtzeitiges Anstreichen mit der Baumsalbe zu conserviren. Dabei liegt es nahe, daß für die Wahl des bleibenden Hauptbestandes auch mehr der geringere Beschädigungsgrad, als etwa die dominirende Stellung des Stammes den Ausschlag geben solle.

Bestimmte, allgemeine Vorschriften für die Details der Bestandes- und Zuwachspflege im Schälbestande lassen sich übrigens in beiden Fällen noch viel weniger ertheilen, als für die Behandlung normaler Stangenorte, weil die Rücksichten, welche in ersterem beachtet sein wollen, gar so mannigfach sich gestalten. Locale Erfahrungen über das Auftreten und Umsichgreifen der Rothfäule, Absatzverhältnisse, dann die Frage, ob mehr der Quantitäts- oder der Qualitätszuwachs den Abtriebsertrag beeinflußt, die Wundenausdehnung, Zuwachs- und Ueberwallungsthätigkeit müssen wohl ermittelt und gewürdigt werden.

Des weiteren dürfen wir bezüglich der Durchforstung von Schälbeständen und ihrer Stellung zur Schälfrage auf die früheren Erörterungen verweisen, hier nur nochmals betonend, daß eine kräftige aber umsichtige Durchforstung in geschälten Beständen von entschieden weit höherer Bedeutung, ihre richtige Ausführung aber weit schwieriger ist, weit mehr wirthschaftlichen Tact erheischt, als die Pflege des normal entwickelten Bestandes.

In Gegenden, wo die Schneidelstreu gesucht und gut bezahlt wird, kann auch die Entgipfelung jener Schälstämme, auf deren Theilnahme an der Hauptbestandesbildung man nicht mehr reflectirt, mit bestem Erfolge angewendet werden. Den Rücksichten der Zuwachspflege wird damit vollständig genüge gethan, überdies aber der beachtenswerthe Vortheil gewahrt, daß die Individuenzahl, auf welche die Schälangriffe sich vertheilen, nicht zu sehr verringert wird. Die Entgipfelung würde sonach auch der vielfach vertretenen Forderung Rechnung tragen, den Bestand nicht unnöthiger Weise zu durchlichten, dadurch dem Wilde zu öffnen und zugänglich zu machen. Eine Erleichterung des Verkehres ist ja mit der Verringerung des Bestockungsgrades überall und stets verbunden. Bei verständnißvoller Durchführung halten wir die Besorgniß vor einer in Folge der Entgipfelung eintretenden Insectengefahr nicht für begründet.

Daß man endlich Aufastungen — Grün- ebenso wie Trockenastung — der unteren Schaftpartien in schälenden Wildständen ganz unterlassen soll, bedarf kaum der Ausführung. Die Beastung bildet die natürliche Schutzwehr des Baumes gegen den Andrang des Wildes. Diese soll und darf man dem Stamme nicht vorzeitig rauben.

3. Die Abnutzung der geschälten Bestände.

Eine so hochgradige Bestandesentwerthung, wie sie die Schälbeschädigung einleitet, übt selbstverständlich auch auf den Verlauf des Abnutzungsbetriebes und vornehmlich auf die Nutzungszeit einen hervorragenden Einfluß aus. Wenn auch nach den angestellten Untersuchungen angenommen werden darf, daß der empfindlichste Entwerthungsfactor, die Rothfäule, in vorgeschritteneren Stadien wohl selten vor dem zehnten Jahre aufzutreten pflegt, so steht anderseits doch auch außer Frage, daß die Fichte durch die Schälverwundung selbst, durch den Harzfluß, welcher dem Stamme ein schurfig-grindiges Aussehen verleiht, durch die Ueberwallung, welche unregelmäßige Formbildungen, schwulstige Aufbauchungen des Stammes in Schälhöhe veranlaßt, durch die Abtrocknung des Splintholzes, welche eine innige Verbindung der durch Ueberwallung aufgelegten Holzringe für alle Zeiten aufhebt, von vornherein an technischer Gebrauchsfähigkeit wesentlich einbüßt und zu bestimmten Verwendungszwecken (Verschnitt) absolut unbrauchbar wird. Würde die Beschädigung zu einer Zeit erfolgen, wo der Bestand seinem technischen Schlagbarkeitsalter einigermaßen nahe gerückt ist, also schon werthvollere, marktgängige Sortimente liefert, so würde es jedenfalls am richtigsten gehandelt sein, den Abtrieb nach Maßgabe der sonst einflußnehmenden Umstände möglichst bald und nicht später als 5 Jahre nach der Beschädigung folgen zu lassen. Die Zeit aber, in welcher die Fichtenbestände concurrenzfähige Nutzholzsortimente auf den Markt liefern, tritt in der Regel erst 25—40 und mehr Jahre nach der Schälbeschädigung ein, und in dieser Frist erstreckt sich, wie wir gesehen haben, die Rothfäule mit rapid zunehmender Intensität bis auf 60 und 80 Procent der geschälten Stämme, deren werthvollsten Schafttheil oft in einer Länge von vier und mehr Metern occupirend. Bei stärkeren Nutzholzsortimenten steigt der Cubikgehalt des in dieser Weise bis auf geringsten Brennholzpreis entwertheten Schaftstückes auf 20 bis 30 Procent des Stamminhaltes an. Da hat man denn wohl nicht nöthig, die finanzwirthschaftliche Bedeutung der Schälschäden und ihre Einflußnahme auf Umtrieb und Abtriebsalter näher zu erörtern. Die Reinertragstheorie und die Schälfrage standen und stehen zu allen Zeiten auf gespanntestem Kriegsfuße.

Für eine ersprießliche Ertragswirthschaft in Fichtenforsten mit schälendem Wildstande wäre es offenbar von großer Wichtigkeit, die Grenzen zu bestimmen, bei welchen die Gesammtwirkung der in Kraft tretenden Entwerthungsfactoren mit der durch den a-, b-, c-Zuwachs repräsentirten Werthssteigerung sich ausgleicht, denn diese Begrenzung würde schätzbare Anhaltspunkte für eine einigermaßen zutreffende Beurtheilung der Hiebsreife bieten und sonach wenigstens vor einer ausgesprochenen Verlustwirthschaft schützen können. Die in dieser Richtung angestellten Calculationen boten wohl eine recht anregende Unterhaltung, in gewisser Beziehung auch interessante Resultate, doch waren letztere je nach Einstellung der jeder haltbaren Unterlage entbehrenden Werthe so grundverschieden und geradezu widersprechend, daß wir die Herstellung einer wegweisenden Basis aus dem disponibelen Materiale als absolut aussichtslos fallen lassen mußten. Wir möchten zugeben, daß mit Hülfe einer erdrückenden Anzahl von Versuchsschlägen und Probestämmen für verschiedene Standorte und Beschädigungsgrade sich Erfahrungssätze über das nach Zeit und Grad wechselnde Auftreten der Rothfäule würden bilden lassen, so lange aber diese Massendaten nicht vorliegen, haben alle auf die finanzwirthschaftliche Leistung des Schälbestandes gerichteten Ertrags-Calcüle keinen anderen Werth, als den der theoretischen Schwärmerei. Man denke nur an die Berechnung des Weiserprocentes. Wenn auch der Entwickelung des Grundkapitales (B+V+S+C) im Schälbestande keine außergewöhnlichen Schwierigkeiten entgegentreten, so thürmt doch die Unsicherheit der für den a-, b-, c-Zuwachs eingestellten Zukunftswerthe eine solche Unzahl von halt- und gestaltlosen Hypothesen, daß man von allen Ermittelungen im Berechnungswege absieht und vielleicht als einziges Resultat nur die in ihren practischen Consequenzen so traurige Ueberzeugung profitirt, daß man einen finanzwirthschaftlichen Maßstab an die Leistungen des Schälbestandes überhaupt nicht anlegen darf, um so weniger, je mehr die Gesammtverhältnisse für eine Beschleunigung der Entwerthung geartet sind.

Bei Bestimmung der Hiebsreife von Schälbeständen müssen deßhalb derartige Erwägungen dem Urtheil des erfahrenen, gewiegten Practikers weichen, und wenn die Reinertragsschule in nicht unberechtigter Sorge vor zu niedrigen Umtrieben eine Erhöhung des finanziellen Umtriebes um 10—20 Jahre zuläßt, je nachdem Hiebsfolge, Marktconjuncturen ꝛc. es gebieten, so wird man sich bei dieser Concession auch im Schälbestande ohne höhere Finanzrechnung zurechtfinden, die ja ohnehin in der Regel (und besonders bei glücklich gewählten Suppositionen) dasselbe Ziel auf Umwegen erreicht, welches der erfahrene Practiker nach klarer Prüfung und Würdigung der Sachlage in directem Griffe erfaßte.

Schon die Rentenwerthe des durchaus geschälten und gar nicht geschälten Bestandes, welche wir auf Seite 126 zur Vergleichung stellten, lassen im Allgemeinen eine umtriebserniedrigende Tendenz der Schälschäden erkennen, und weit klarer tritt diese Einflußnahme hervor, wenn unter Zugrundelegung der dort für Z, C, V und S eingestellten Werthe die Bodenrente für die factisch eingegangenen, erntekostenfreien Abtriebserträge der drei Versuchsschläge ermittelt wird:

Versuchsschlag u. Alter	Grade der Beschädigung	Erntekostenfreier Abtriebsertrag	Berechnete Bodenrente
I. 60 j.	76% der Stämme	1460 Mark pro ha	7.53 Mark
II. 80 j.	18% „ „	2255 „ „ „	7.40 „
III. 70 j.	91% „ „	1020 „ „ „	3.22 „

Der 80 jährige (allerdings nicht normal bestockte) Bestand erreicht also, ungeachtet seines sehr geringen Beschädigungsgrades, nicht einmal die Bodenrente des stark beschädigten 60 jährigen Stangenortes, und der 70 jährige Ort bleibt wieder bei unwesentlich abweichendem Beschädigungsgrade in seiner Rentenleistung weit unter der Hälfte des 60 jährigen Bestandes zurück.

Nach diesen, dem practischen Wirthschafts-Betriebe entnommenen Nutzungsbeispielen wäre sonach das 60 jährige Abtriebsalter unbedingt das finanziell vortheilhafteste. Es ist nicht ausgeschlossen, daß die Nutzung im 55- oder gar schon 50 jährigen Alter eine noch höhere Rente ausgeworfen hätte, doch dürfte man — ungewöhnliche Fälle ausgenommen — bei allen, die normale Haubarkeitsbestockung ernstlich gefährdenden Beschädigungsgraden, finanzwirthschaftlich im Allgemeinen richtig operiren, wenn man die Nutzung zwischen dem 60. und 80. Jahre in den Schälbestand einlegt, in diesen Grenzen freie Wahl treffend, je nach den Rücksichten, welche Standorts- und Zuwachsverhältnisse, Ausdehnung der Schäden und deren Folgeübel dictiren. Will man eine theoretische Richtschnur für das concret vortheilhaftere Abnutzungsalter des einzelnen Bestandes markiren, so ist eine solche vielleicht noch am zutreffendsten gefunden, wenn man, von der Annahme ausgehend, daß in späterem Alter die Werthssteigerung durch die entwerthende Tendenz der Wundkrankheiten compensirt werde, den Umtrieb an das Haubarkeitsalter des höchsten Massenertrages anlehnt und den Abtrieb einlegt, wenn der Durchschnittszuwachs culminirt, also $\frac{V + Z_{1..2..}}{a}$ unter den laufenden Zuwachs zu sinken anfängt.

Jede practische Betriebsleitung wird sich übrigens nicht selten zu bedeutenden Abweichungen von den, wenn auch ziemlich weit gesteckten Umtriebsgrenzen, genöthigt sehen; sie wird in dem einen Falle einen stark beschädigten Ort, in weiser Voraussicht, daß er in der gegebenen Bestandesgruppirung später ohne Gefährdung der Umgebung nicht mehr geschlagen werden kann, schon im 40. Jahre herunterhauen; sie wird auch in anderen Fällen Stangenhölzer, die ihre Werthsleistung längst hinter sich haben, über das 80. Jahr hinaus gehen lassen müssen, bevor die Rücksichten der Hiebsfolge 2c. die Nutzung gestatten. Immer aber möge für diesbezügliche Erwägungen der Thatsache gebührend Rechnung getragen werden, daß die Schälschäden stets eher für den verfrühten als für den verspäteten Abtrieb disponiren, auch schon deshalb, weil die wirthschaftlichen Gefahren, denen der Schälbestand ausgesetzt ist, mit dem Alter sich sehr bedenklich steigern und jeden Augenblick elementare Ereignisse von unberechenbarer Tragweite eintreten können.

Den Interessen der Hochwildhege und des practischen Jagdbetriebes würde die Wahl eines niedrigeren Umtriebes nicht zuwiderlaufen. In reinen Fichtenbeständen wird der Kahlschlag die Regel bilden; Auslichtungen der Schälstämme und Vorverjüngung durch Unterbau dürften nur ganz ausnahmsweise in ungewöhnlich geschützten Lagen in Frage kommen. Im gemischten Bestande ist dagegen unter Umständen Lichtungsbetrieb mit künstlichem Unterbau wohl anwendbar.

Einigermaßen beeinflußt wird nun die Bestimmung des Nutzungsalters unter allen Umständen durch die Frage, ob man von den nachzuziehenden Jugenden die Schälgefahr mit Erfolg wird abwenden können oder nicht. Je bestimmter diese Frage mit „ja" beantwortet werden kann, um so beruhigter darf man je nach Lage der Dinge zu einer frühzeitigen Abtriebsnutzung greifen, sobald man in dem vorliegenden Beschädigungsgrade die Ueberzeugung gewinnt, daß die Haubarkeitsbestockung sich zum Theil schon aus den geschälten Bestandesgliedern rekrutiren muß. Hat man dagegen die Gewißheit, daß die nachzuziehenden Bestände den Schälschäden eben auch wieder verfallen sind, so braucht man sich über die richtige Wahl der Nutzungszeit kaum ernstliche Skrupel zu machen.

Es erübrigt endlich noch, auch die Frage mit wenigen Worten zur Erörterung zu stellen, welchen Einfluß die Bestandes-Sicherungskosten auf die Ertragsleistung und somit auf die richtige Bemessung der Abnutzungszeit von Schälbeständen zum Ausdruck bringen. In der Praxis begegnet man in der Regel ziemlich erstaunten Mienen, wenn der Schutz der gefährdeten Stangenorte in Erwägung gezogen wird; denn man schreckt gar zu leicht vor einer, die Gegenwart allerdings nicht unempfindlich treffenden Ausgabe zurück, ohne sich darüber klar geworden zu sein; daß man der Zukunft die denkbar werthvollsten Dienste leistet und durch die Sicherung einer unbeschädigten Haubarkeitsbestockung erst die nothwendigsten Vorbedingungen für ein normales Ertragsvermögen schafft. Mit dem Grundprinzip der Reinertragslehre, „die höchste Summe der Werthe mit dem geringst-möglichen Aufwande", scheint allerdings der Bestandessicherungs-Aufwand nicht recht zu harmoniren, doch aber darf die Praxis keinen Augenblick darüber in Zweifel sein, welches von zwei Uebeln sie zu wählen hat.

Nehmen wir an, daß ein Fichtenbestand im 25., 30. und 35. Jahre zum Schutze der Haubarkeitsstammclasse gegen die Angriffe des schälenden Wildstandes jedesmal einen Aufwand von 10 Mark pro ha erfordert hätte, so erhalten wir unter Beibehaltung der auf Seite 125 eingestellten Werthe für Z, K, V, S und p und unter Zugrundelegung der erntekostenfreien Abtriebserträge der gar nicht geschälten Bestandestheile von

2500	Mark pro ha im	60j.	Best.	Vers.-Schlag	I.
2460	„ „ „ „	80j.	„	„	II.
2920	„ „ „ „	70j.	„	„	III.

nach der mit obigen Bestandessicherungskosten = Bs belasteten Rentenformel:

$$r = \left(\frac{(H + Z_a 1.0p^{u-a} + Z_b 1.0p^{u-b} \ldots) - (K 1.0p^u + Bs_a 1.0p^{u-a} \ldots)}{\frac{1.0p^u - 1}{0.0p}}\right) - (V + S)$$

für den gesicherten Bestand der verschiedenen Versuchsschläge u. zwar

	I.		II.		III.	
	Alter —	Grad d. Besch.	Alter —	Grad d. Besch.	Alter —	Grad d. Besch.
	60j.	76%	80j.	18%	70j.	91%
folgende Rentenwerthe:	A. 14.71	Mark	7.81	Mark	13.04	Mark
während die Rente des unbeschädigten Bestandes ohne Belastung mit dem Sicherungsaufwande betrug: . . .	B. 15.18	„	8.22	„	13.44	„
und endlich die bei dem vorgefundenen Beschädigungsgrade wirklich erzielten Renten sich bezifferten auf: . . .	C. 7.53	„	7.40	„	3.22	„

Berücksichtigt man nun noch, daß bei einer rechtzeitig durchgeführten Bestandessicherung von vorn herein ein rationeller Durchforstungsbetrieb gehandhabt werden kann, der die Besorgniß vor einer gefahrdrohenden Begünstigung der Schäden nicht kennt, und daß in Folge dessen nicht nur die Zwischennutzungserträge zeitlicher und reichlicher fließen, sondern auch der Abtriebsertrag unter dem Einflusse einer zielbewußten Zuwachspflege wesentlich gesteigert wird, so erhellt, daß der Aufwand, den die Sicherungsmaßregeln erheischen, in der Massen- und Werthssteigerung des Haubarkeitsbestandes reichlichsten Ersatz findet, und man kann in diesem Sinne mit Zuversicht behaupten, daß die Bodenrente relativ zwar durch den Sicherungsaufwand belastet wird, daß jedoch der Ertragsvergleich aus geschützten und nicht geschützten Beständen stets zum Vortheil der ersteren ausfallen wird, ganz abgesehen davon, ob und in welchem Grade die Beschädigung wirklich eingetreten ist. Wie sehr aber die Erträge des mit Erfolg gesicherten Bestandes gegen diejenigen des geschälten Bestandes sich hervorheben, das ergiebt sich aus dem Vergleiche der Rentenwerthe ad A und C.

Diese Betrachtung wird genügen, um darzuthun, daß das Reinertragsvermögen durch die Kosten einer Bestandessicherung gegen den Andrang des Wildes nicht nennenswerth beeinträchtigt wird, und daß man mit den im V. und VI. Abschnitt behandelten Maßnahmen zur Vorbeugung der Schälangriffe und der Wundkrankheiten weit, sehr weit vorgehen kann und soll, ohne die Walderträge nur im Entferntesten so sehr zu gefährden und so herabzudrücken, als dies stets der Fall ist bei der Schälbeschädigung.

Buchdruckerei von Gustav Schade (Otto Francke) in Berlin N.

GPSR Compliance

The European Union's (EU) General Product Safety Regulation (GPSR) is a set of rules that requires consumer products to be safe and our obligations to ensure this.

If you have any concerns about our products, you can contact us on ProductSafety@springernature.com

In case Publisher is established outside the EU, the EU authorized representative is:

Springer Nature Customer Service Center GmbH
Europaplatz 3
69115 Heidelberg, Germany

Batch number: 10682427

Printed by Printforce, the Netherlands